조선의 칼과 무예

조선의 칼과 무예

숭실대학교 한국문예연구소
학술총서 44

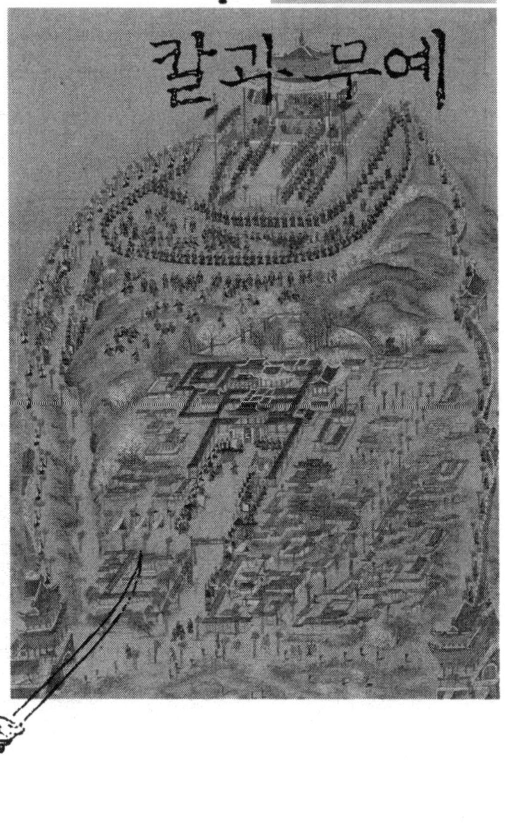

곽낙현 지음

學古房

| 의례용 |

고려대학교박물관, 경인미술관, 『칼, 실용과 상징』도록, 2008, 199쪽

| 군사용 |

고려대학교박물관, 경인미술관, 『칼, 실용과 상징』도록, 2008, 199쪽

| 동북아시아(조선, 중국, 일본) |

고려대학교박물관, 경인미술관, 『칼, 실용과 상징』도록, 2008, 199쪽

서문

필자는 지금까지 선조들의 지혜를 배우기 위해 학문의 바다에서 '절차탁마'호를 타고 항해 하고 있다. 한국무예사에 처음 관심을 갖고 무작정 승선하여 나침반도 챙기지 못했다. 어느 방향으로 키를 잡고 가야 할지 몰라 망망대해에서 헤매다 암초와 풍랑을 만나 좌초되는 위기도 있었다. 이러한 모습을 보던 동료호가 잔잔한 바닷가로 길잡이를 해준 덕분에 잠시 휴식을 취하면서 배의 키 운행방향을 배웠다. 곧 다시 힘을 얻어 학문의 바다로 나갔고, 이번에는 한결 자신감이 생겼다. 그러나 더 큰 태풍이 나를 기다리고 있었다. 학문의 태풍을 보면서 해결할 방법을 모색하던 중에 때마침 훌륭한 선생님들을 만나 필자에게 태풍을 피할 수 있는 방법을 알려 주시고 격려해주셔서 무사히 등대가 있는 항구로 피할 수 있었다.

학문의 바다에서 '절차탁마'호를 타고 항해하는 것은 쉽지 않다. 내가 예측하고 대처할 수 있는 장비를 준비하더라도 환경과 여건에 따라 변화무쌍한 일이 생기기 때문이다. 무작정 시작한 학문의 바다에서 포기하고 좌절하고 싶은 욕망이 있어날 때 마다 스스로에게 극복할 수 있다는 자신감과 인내심을 불어넣었다. 여전히 필자는 그 과정에 있다. 아직도 학문의 종착지를 찾아 항해 할 길은 멀었지만 적어도 두렵지는 않다. 그것은 '절차탁마'호를 통해 결과보다는 열심히 배우고 익히는 수련과정을 더욱 중요하게 여기게 되었기 때문이다. 시간이 지나면 '대기만성'의 육지에 도착할 수 있다고 믿고 있다.

나는 이러한 여러 관문 중 첫 번째 항구인 '저술 항구'로 들어왔다. 저술을 통해 학문의 바다에서 좌절과 고통을 극복하고 이루어낸 첫 번째 산실인 박사학위 논문을 전공자들과 일반 대중들에게 보이는 것이다. 이는 필자의 '절차탁마'호가 새로운 힘을 얻어 또 다른 학문의 바다로 나아가는 발판을 마련하기 위함이다.

이 책은 필자의 박사학위논문인 「조선후기 도검무예 연구」(2012)를 바탕으로 서술되었다. 지금 시점에서 반추하여 나의 연구 성과와 수준을 고백하고 훗날 부족한 부분을 채워가며 학문적 성장을 기대하는 하나의 기폭제로 삼고자 한다. 이 책은 조선후기 도검무예의 실제와 보급실태를 통한 실상을 규명하는 목적으로 모두 3개의 장으로 구성되었다. 1장에서는 임진왜란 이후 도검무예의 수용과 추이, 2장에서는 18세기 도검무예의 정비와 실제, 3장에서는 18세기 이후 도검무예의 보급과 실태의 측면을 검토하는 내용으로 서술하였다. 조선후기 도검무예의 기법과 시재들의 내용을 토대로 실제 시행했던 도검무예가 무엇인지를 찾는 것이다. 아울러 조선후기 도검무예의 도입에서 정착까지 전체적인 그림 안에서 실제적으로 사용되고 활용되었던 도검무예의 기법을 파악함으로써 조선후기 무예사에서 이론과 실제가 하나가 되는 연구모델을 제공하는 것이다.

제1장에서는 임진왜란 이후 도검무예의 수용과 추이를 검토하였다. 먼저 임진왜란 이전의 도검무예의 역할을 찾아보기 위하여 조선 전기의 전술체계 안에서 단병무예를 살펴본 후, 근접전 전투방식에서 도검이 갖는 역할은 무엇인지를 찾아보았다. 또한 임진왜란 중 도검무예의 도입과 수용이 어떻게 이루어지는지를 명나라 척계광이 고안한 단병전술과 도검무예의 도입이 되는 과정을 통해 추적하였다. 이어 『무예제보』의 편찬과 도검무예의 수용이 어떻게 이루어지는지를 살펴보았다. 마지막으로 17세기 이후 조선에서 도검무예가 어떻게 변화하는지에 대한 추이를 왜검을 중심으로 검토하였다.

제2장에서는 18세기 도검무예의 정비와 실제를 중심으로 살펴보았다. 먼저 정조대에 완성된 『무예도보통지』의 편찬과 도검무예 정비를 『무예도보통지』 24기 구성과 내용을 임진왜란 당시 편찬된 『무예제보』와 『무예제보번역속집』의 편찬배경을 중심으로 설명하면서 무예 24기 구성과 내용을 검토한 후, 도검무예에서의'세'에 대한 내용을 도법무예와 검법무예로 구분하여 언급하였다. 이어 『무예도보통지』에 나오는 도검무예인 쌍수도, 예도, 왜검, 왜검교전, 제독검, 본국검, 쌍검, 월도, 협도, 등패 등의 10기를 대상으로 도검무예의 실제 차원에서 기법을 전체적으로 분석하였다. 마지막으로 도검무예 10기에 나타나는 기법의 특징이 무엇인지를 살펴보았다.

제3장에서는 18세기 이후 도검무예의 보급과 실태를 중심으로 분석하였다. 먼저 도검무예에 보이는 시취규정을 『속대전』, 『대전통편』 등의 법전류와 『만기요람』에 실려 있는 시예 내용을 중심으로

살펴보았다. 이어 『어영청중순등록』과 『장용영고사』 등의 군영등록을 이용하여 실제적으로 어영청과 장용영 군사들에게 어떠한 도검무예가 보급되었으며 합격인원과 포상 등은 어떻게 이루어졌는지에 대한 보급과 실상을 검토하였다. 마지막으로 18세기 이후 도검무예의 특성과 의의가 무엇인지를 찾아보았다.

이러한 연구는 역사학의 이론과 체육학 분야의 실기가 하나로 융합되어 연구하는 모델을 제공할 수 있으며, 역사학, 군사학, 체육학 분야 등 오늘날 학제간 연구의 학문적 기초 토대 작업이 된다는 점에서 의의가 있다. 또한 오늘날 조선시대 도검무예를 재현하고 있는 전통무예 단체들에게 올바른 도검무예에 대한 자료를 제공할 수 있기를 기대한다.

앞으로의 연구 과제로는 조선후기 중앙 군영 중 아직까지 검토하지 못한 훈련도감과 금위영, 용호영의 군사들이 실시한 도검무예 보급실태를 추적하는 연구를 보충해나가고자 한다. 이를 통해 조선후기 중앙 군영에서 도검무예가 갖는 위상과 역할이 무엇이었는지를 총체적으로 규명하고 본 논문에서 밝히지 못한 연구의 미진한 부분을 채워 나가고자 한다.

필자의 이 책이 나오기까지 많은 분들의 지도와 보살핌과 격려가 있었다. 인생과 학문의 길을 함께 갈 수 있도록 길잡이가 되어 주셨던 좋은 분들과의 만남에 감사드린다. 최진옥 선생님은 필자의 학문적 스승이시자 자애로운 어머님 같은 분이시다. 생활의 작은 부분에서부터 학문에 이르기까지 꼼꼼하게 원리원칙의 가르침을 주셨다. 나영일 선생님은 체육학에서 한국사학으로 공부할 수 있는 안목과 길을 열어주신 분이시다. 심승구 선생님은 한국사학에서 한국무예의 학문적 안목을 키워주신 분이다. 심재우 선생님은 학문에 대한 애정 어린 눈빛으로 응원해 주시고 용기를 주셨다. 정해은 선생님은 격의 없는 학문적 조언을 통해 격려를 해 주셨다.

조선사회연구회의 여러 선생님들과 동학들에게 학문 활동에 대한 많은 조언을 받았다. 체육사상연구회의 여러 선생님들과 동학들에게도 감사하다. 필자의 모교인 용인대학교 김영학 선생님은 검도 지도를 통해 필자의 학문적 호기심을 깊이 자극해 주셨다. 전도웅, 최종삼, 최승권, 이동철 선생님은 학문의 자세와 공부에 대한 열정을 선물해 주셨다.

필자가 공부의 끈을 놓지 않도록 많은 은혜를 베풀어 주시고 지금도 인생에 대해 몸소 가르침을 주시는 부모님께 이 책이 작은 보람이 되어 줄 수 있기를 기원한다. 항상 너그러운 마음과 사위의 앞날을 위해 기도해주신 장인과 장모님께도 작은 선물이 되었으면 한다.

말없는 후원과 나의 도전을 격려하는 사랑하는 아내 김정은의 내조는 너무나 소중하다. 민호의 밝고 건강한 모습은 인생의 가장 큰 선물이다. 무엇보다 이 책을 편찬할 수 있는 지혜와 용기를 주신 하나님께 감사한 마음을 올린다.

이 책을 숭실대학교 한국문예연구소 학술총서로 발간할 수 있게 인도해 주신 문숙희 선생님, 그리고 조규익 소장님의 배려에 감사드린다. 아울러 이 책에 들어갈 칼 관련 그림과 사진 수집에 도움을 준 허인욱 선생, 책에 들어갈 그림에 대한 조언과 도움을 준 양지혜 선생께 고마움을 전한다.

이 책에 다양한 도검 사진을 사용할 수 있도록 협조해 주신 경인미술관의 이석재 관장님, 수원화성박물관의 이민식 학예팀장님, 간송미술관, 계명대학교 동산도서관, 고려대학교박물관, 국립고궁박물관, 국립중앙도서관, 국립중앙박물관, 규장각한국학연구원, 서울대학교 박물관, 육군박물관, 예산전씨 종가, 한국고전번역원, 한국학중앙연구원, 해주오씨 추탄후손가 등 기관과 문중에게 고마움을 전하며 책이 간행될 수 있도록 예쁘게 만들어주신 도서출판 학고방의 하운근 사장님, 김지학 편집장님과 박은주 선생님에게 고마운 마음을 전한다.

2013년 12월
학술정보관 연구실에서
곽 낙 현

차례

제2장/ 18세기 도검무예의 정비와 실제 • 99

표차례

그림차례

들어가며

| 대쾌도(유숙) |
서울대학교 박물관 소장

| 책가도십폭병(册架圖十幅屛) |

조선 129.0cm×409.0cm 중 한폭

모두 10폭으로 구성된 책가도 병풍 중 7번째 폭. 제7폭은 의자도(義字圖)로 '의(義)'자의 처음 두 획을 새의 모습으로 대신하였다. 화면 속 장도는 칼집 전체를 대모갑(玳瑁甲)으로 만든 것으로 보인다.

고려대학교 박물관, 경인미술관, 『칼, 실용과 상징』 도록, 2008, 132쪽

| 갑을상부 |

조선시대의 무예는 한국무예사에서 중요한 위치에 있다. 조선시대의 무예는 삼국시대를 거쳐 고려에 답습된 수박(手搏) 등과 같은 신체문화를 발전시키는 한편, 이웃 나라인 중국과 일본의 최고 수준의 궁시, 창, 도검무예 등을 흡수하여 한국의 무예를 체계화하여 비약적으로 발전시켰기 때문이다. 오늘날 '전통무예'라고 부르는 국궁, 씨름, 택견, 24반 무예, 무예 십팔기 등도 임진왜란 이후에 정비된 무예들을 전승하거나 복원한 형태가 대부분이다.

이와 같이 조선시대의 무예는 복합적인 변화에 의해 이루어졌다. 그러므로 조선시대의 무예에 대한 구조와 성격을 이해하지 못한 상태에서 한국무예를 제대로 파악하기란 거의 불가능한 일이라고 할 수 있다. 그런 점에서 볼 때, 조선시대의 무예는 한국 무예의 특성을 간직한 원형으로서의 가치를 지니는 동시에 한국의 전통무예를 이해하는 열쇠라는 의미를 가지고 있다.[1]

『대사례도』 중 〈어사례도〉와 〈시사례도〉 연세대학교 박물관 소장
조선 1743년(영조 19), 비단에 채색, 46.7cm×60.4cm
〈어사례도〉는 왕이 직접 활 쏘는 모습을 그린 것이고, 〈시사례도〉는 종친・의빈・문무관 등 신하들이 짝지어 활쏘는 모습을 그린 것이다.

조선은 집권적 관료체제를 지향하던 사회였기 때문에 조선의 무예는 군사제도와 밀접한 관련을 맺고 발달하였다. 조선시대의 무예는 원칙적으로 병기를 사용하는 기술체계를 가지고 있었기 때문에 병기를 이용한 기술체계 변화는 결국 무예의 변화를 이끌었다.[2] 고려말 화약무기의 등장으로 종전까지 전통무기체계의 주류를 이끌어오던 궁시 및 창, 도검류의 비중은 크게 축소되기 시작하였다. 그러나 화약무기의 결함을 창, 도검류보다 궁시가 보완시켜주자 조선전기 군사 전술 및 무기체계는 궁술과 총통을 중심으로 구성되었다.

조선전기에는 궁술연마를 위해 강무·도시·취재·연재 등의 훈련체계를 강조하는 한편, 관사·대사례·향사례 등 활쏘기의식을 마련하였다. 또한 편전·격구 등을 새로이 무과의 시험과목으로 채택하였다. 이와 함께 궁마를 강조하기 위해 사모구(射毛球)를 도입하는가 하면 갑을사(甲乙射), 갑을창(甲乙槍)은 물론이고 삼갑사(三甲射), 삼갑창(三甲槍) 등 이른바 삼갑전법을 새로이 익히게 하였다. 반면에 창술과 검술은 보조적인 병기로 전락하고 말았다. 그나마 마상의 창술은 무과나 시취에 포함되어 명맥을 유지한데 비해, 검술은 무과시험에 아예 포함되지 않았다. 그 결과 '우리나라에는 검을 쓰는 사람이 끊어져 없다'라는 인식이 보편화될 정도로 조선의 검술은 눈에 띄게 쇠퇴하였다.

그러나 조선은 임진왜란을 중심으로 한국무예사의 획기적인 전환점을 맞았다. 특히 조총의 등장은 수 천년동안 이어온 조선의 궁술과 기마전술의 자존심을 크게 무너뜨렸다. 전쟁이 끝난 이후에 북방의 만주족 방비를 위해 궁술과 기마전술은 폐기할 수가 없었다. 그러나 새로이 도입된 포수와 도검·창 등의 살수에 의한 단병전술은 종래 궁술과 총통 중심의 장병전술 체계를 압도하기 시작하였다.[3]

임진왜란을 기점으로 다양한 도검무예가 도입되었다. 이로 인해 쇠퇴의 길을 걷던 조선의 검술이 다시 부활할 수 있는 기반을 다지게 되었다. 전투방식 중에서 근접전에서 활용도가 높은 도검무예는 임진왜란 당시 조총에 가려 주목받지는 못했으나 실상은 일본군이 지닌 단병기인 도검은 살상력이 매우 컸다.[4] 이미 16세기에 왜구를 통해 명나라에도 위력을 떨친 일본의 도검 전술은 임진왜란에 조선군이나 명나라 군에게 위협적인 무기로 인식되었다. 유성룡은 왜인의 장기로 조총, 용검, 돌격의 세 가지를 꼽을 정도로 일본군의 도검을 위협적으로 파악하였다. 특히 일본의 단병기인 도검은 조총과 긴밀히 결합된 전술에 힘입어 이전 시기보다 더 큰 위력을 떨쳤다.[5]

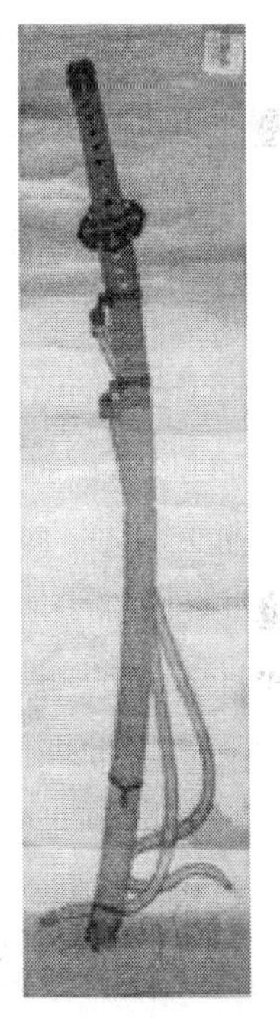

| 오명항왜검 | 한국학중앙연구원 장서각 편, 『수양세가 : 해주오씨추탄후손가』 도록, 2008, 211쪽. (27×93cm)

이에 조선은 일본을 상대할 수 있는 단병전술에 주목하게 되었고, 명나라 장수 척계광이 편찬한『기효신서』의 도입을 결정하게 되었다. 특히『기효신서』의 도입에 따라 보군전술인 단병무예의 사용법을 파악하기 위해 1598년(선조 31)에는 한교가 주도하여 곤·등패·낭선·장창·당파·장도 등 6가지

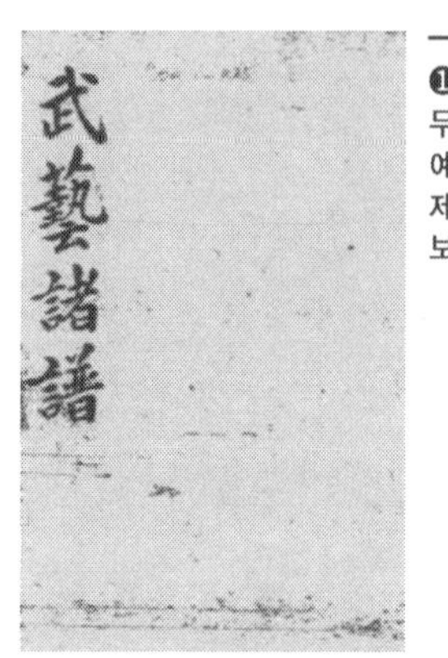

❶ 무예제보

❷ 무예제보번역속집

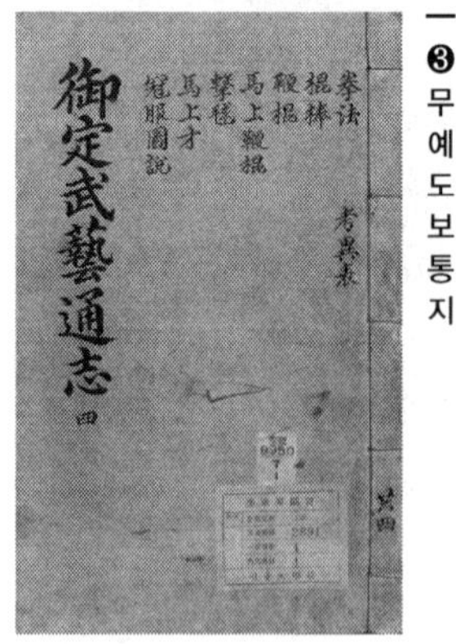

❸ 무예도보통지

의 병기에 대한 '세'와 '보'를 실은 최초의 무예서인 『무예제보』를 간행하였다. 그리하여 조선은 종래의 궁술 위주의 장병전술에서 탈피하여 신무기 조총을 쏘는 포수와 창과 도검을 다루는 살수를 강조하기 시작한 것이다. 단병기의 보급과 확산은 일본과의 전투 뿐 아니라, 종래 기병중심의 진법체제를 변화시키는 계기가 되었다.

단병무예에서 도검무예는 근접전에 사용하는 독자적인 무예인 동시에 다른 전술체계에 혼합할 수 있는 장점을 지니고 있었다. 단병무예는 거기보(車騎步) 전술과 보병인 포수, 사수, 살수를 활용한 삼수병 전술 등 다양한 전술체계의 약점을 보완할 수 있는 기능을 담당하였다. 또한 도검무예는 단병무예서의 편찬과 함께 증가하였다. 선조대 『무예제보』의 장도(쌍수도), 등패 2기를 시작으로 광해군대 『무예제보번역속집』의 언월도(월도), 협도, 왜검의 3기, 영조대 『무예신보』의 예도(조선세법), 왜검교전, 협도, 본국검, 제독검 등 5기, 정조대 『무예도보통지』의 마상쌍검, 마

---

❶ **『무예제보』** 프랑스동양어학교 소장 국립중앙도서관 마이크로필름 (M古4-1-205), 목판본

❷ **『무예제보번역속집』** 계명대학교 동산도서관 소장 고문헌총서 1, 1610년(광해군 2) 간행 (청구기호 399.11-최기남ㅁ), 목판본

❸ **『무예도보통지』** 서울대학교 규장각 奎 2893-v1-4. 正祖命撰, 1790년(정조14), 4권 4책 목판본

상월도의 2기에 이르기까지 200년의 시공간의 터널을 지나면서 도검무예가 추가되면서 증보 완성되었다.

이와 함께 선조대 『연병실기』와 정조대 『병학지남연의』·『병학통』등 전술서의 편찬은 임진왜란을 기점으로 조선후기의 장병기와 단병기를 종합적으로 운영하는 장단종합전술체계를 반영한 것으로 볼 수 있다. 특히 단병무예서의 완성인 『무예도보통지』는 화기와 궁술을 제외한 도검, 창, 권법, 마상 등 24기의 무예를 보병과 기병이 훈련할 수 있도록 정리한 것이 특징이다. 아울러 『무예도보통지』가 무예사적 가치로 높이 평가되는 이유는 18세기 조선·명·왜의 동양삼국 무예를 조선의 새로운 안목으로 체계적으로 정리하고 종합한 것에서 찾을 수 있다.

조선후기 단병무예의 종류와 유형을 구분하는 방법은 『무예도보통지』 범례에 잘 정리되어 있다. 찌르는 자법(刺法), 찍어 베는 감법(砍法), 치는 격법(擊法)의 3가지 기법을 사용하되, 창(槍), 도(刀), 권(拳)의 명칭을 3가지 기법에 맞추어 종류별로 구분하였다. 이외에 왜검에서 나온 교전과 마상무예를 별도로 구분하는 방식을 선택하였다. 기존의 『무예제보』, 『무예제보번역속집』, 『무예신보』의 단병무예가 보병을 중심으로 훈련하는 보병무예 18기에 치중했다면, 『무예도보통지』는 보병전술뿐만 아니라 마상무예 6기를 더하여 기병전술까지도 포함하는 특징이 있었다.

도검무예는 근접전에 군사들에게 사용되는 단병전술인 단병무예에 속한다. 마상무예는 원거리에서 적에게 돌격하는 형태로 기병전술에 가까운 반면에, 창, 도검 등은 적과 가장 가까이 대치하여 단병전술을 펼치는 근접전 병기이다. 특히 병기의 활용을 중심으로 구분한다면, 창의 찌르는 자법 보다는 살상력이 높은 도검의 찍고 베는 감법을 사용하는 근접전 단병전술이 중요하게 부각되었다. 그리하여 임진왜란 이후 장도, 왜검, 제독검, 월도 등 일본과 중국의 도검무예가 수입되고, 본국검, 예도 등 조선의 검법이 보완되면서 도검무예는 단병무예 24기 중에서 12기로 단연 높은 비율을 차지하였다.[6]

이는 단병전술을 수행하는 근접전에서 도검을 사용하는 도검무예가 다른 종류의 병기보다 뛰어난 살상력과 사용이 용이하다는 점에서 활용도가 높았기 때문이다. 따라서 도검무예는 단병무예 안에서 그 위상과 역할이 여느 단병무예보다 월등했다. 이처럼 도검무예는 조선후기 선조대부터 정조대까지 200년간 단병무예서의 증보편찬을 통한 발전도식에서 도검무예의 비중이 크게 증가하였다. 이를 통해 기존의 조선의 전술과 무기는 궁술만 있고 도검무예는 미비하다는 인식을 새롭게 바꿀 수 있는 직접적인 계기가 되었다.

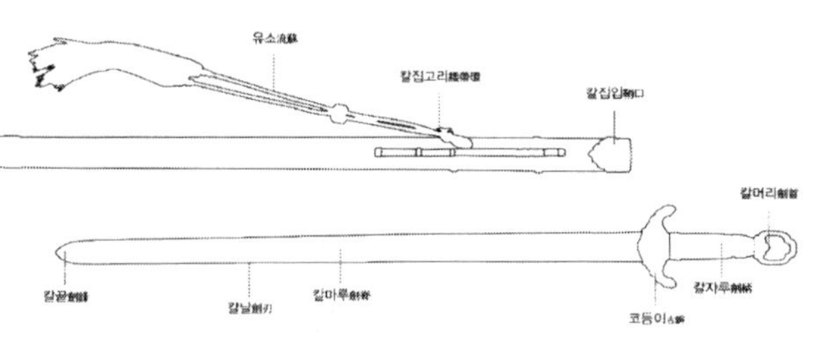

| 칼의 세부 명칭 및 구조 – 검(劍) |

고려대학교 박물관, 경인미술관, 『칼, 실용과 상징』도록, 2008, 197쪽

기존의 연구들은 무예서의 편찬배경 및 발달과정과 의의 그리고 도검무예의 자세나 동작기술 등에 치우쳐 있고, 조선후기 군영에 도

검무예의 보급현황이 어느 정도 되는지에 대한 연구는 부족한 실정이다. 임진왜란 이후 단병무예서의 증보편찬과정에서 이루어진 도검무예의 수용과 증가에 대한 내용, 그리고 조선후기 중앙 군영을 중심으로 도검무예가 어느 정도 보급되고 활용되었는지가 규명되어야 한다. 이를 위해서는 연대기자료, 법전류, 무예서 등의 기존연구 자료와 함께 장서각에 소장된 군영자료를 새롭게 발굴하여 활용하는 연구를 시도함으로써 조선시대 도검무예 연구에 대한 새로운 시각을 제공할 필요가 있다.

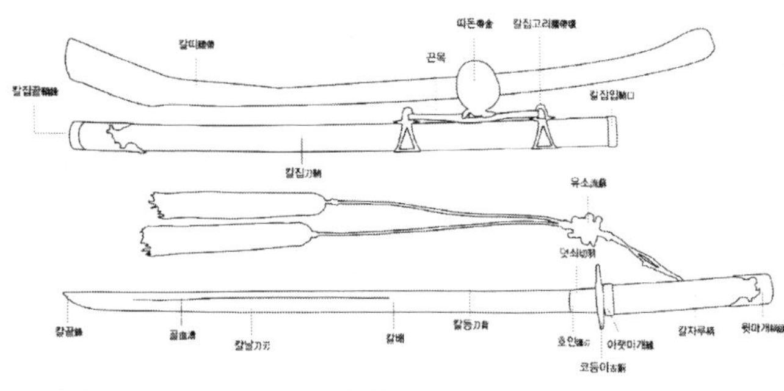

| 칼의 세부 명칭 및 구조 – 도(刀) |
고려대학교 박물관, 경인미술관, 『칼, 실용과 상징』도록, 2008, 196쪽

기존연구는 특히 임진왜란을 기점으로 척계광의 『기효신서』와 절강병법의 도입 이후 단병무예가 조선의 새로운 단병전술로 부각되었다는 점에 주목하고 있다. 이를 토대로 진행된 연구는 단병무예서의 편찬배경과 무예의 증가 그리고 양란을 거치면서 조선과 중국, 일본의 동양 삼국 무예를 종합적으로 수용하고 정리하여 조선만의 독자적인 무예서를 완성했다는 사실 확인에만 그치고 있다. 이는 지금까지의 단병무예 연구가 거시적인 안목으로 무예의 흐름을 통관하는 연구에 집중했기 때문이다. 따라서 조선에서 단병무예로 불려지고 있는 도검, 창, 권법, 마상 등의 무예가 개별적으로 얼마나 보

급되어 활용되었는지, 또는 정조가 『무예도보통지』에서 마련한 도검, 창, 권법, 마상 등 무예의 모범이 당대에 어느 정도 수용되었고 그 파급효과는 어떠했는지에 대해서는 아직까지 구체적인 연구가 진행되지 못하였다는 문제를 제기할 수 있다.

이 연구자는 여기서 단병무예 중 도검무예에 초점을 맞추어 조선에서 도검무예의 실제와 보급이 어떠한 양상으로 전개되고 집중되었는지에 주목하고자 한다. 특히 정조대 편찬된 『무예도보통지』에 실려 있는 단병무예 24기 중에서 보군이 군사훈련으로 실시하고 사용한 도검무예 10기를 중점적으로 검토하고자 한다. 다른 단병무예에 비하여 도검무예가 절반을 차지하고 있는 점은 단병전술 즉 근접전에서 도검이 차지하는 비중이 매우 높다는 것을 의미한다. 이는 외부 또는 내부의 적을 근접전에서 가장 빠르고 신속하게 제압할 수 있는 전술무예로써 활용도가 가장 높기에 많은 도검무예를 수용하였다고 생각한다. 그러므로 도검무예가 중앙 군영 군사들에게 얼마나 보급되었는지에 대한 실태를 파악하고자 한다.

18세기 『무예도보통지』에 실려 있는 쌍수도, 예도, 왜검, 왜검교전, 제독검, 본국검, 쌍검, 월도, 협도, 등패 등의 도검무예가 실제적으로 중앙군영인 훈련도감, 금위영, 어영청, 장용영 등의 군사들에게 얼마만큼 보급되는지에 대한 실상을 검토하면서, 『무예도보통지』가 간행된 시점을 전후하여 조선후기 사회에서 군사적으로 도검무예가 차지한 위상이 어느 단계에 있었는지 살펴보고자 한다. 이로써 단병무예에서 도검무예의 위치를 확인할 수 있을 것이다.

또 군영에서 군사들에게 실시한 도검무예의 실제적인 활용여부도 파악할 수 있다. 특히 각 군영에서 시행한 군사훈련을 세부적으로 들여다보면, 군사들이 실시한 도검무예 중에서 많이 선호한 유형과 내용을 파악함으로써 도검무예를 연마한 목적이 무엇인지를 밝힐 수 있다.

이 연구의 목적은 조선후기 도검무예의 실제와 보급실태를 통한 실상을 구명하는 것이다. 도검무예의 기법과 시재들의 내용을 토대로 실제로 시행한 도검무예가 무엇인지를 찾는 것이다. 아울러 조선후기 도검무예의 도입에서 정착까지 전체적인 그림 안에서 실제적으로 사용되고 활용되었던 도검무예의 기법을 파악함으로써 조선후기 무예사에서 이론과 실제가 하나가 되는 연구모델을 제공한다는 데 의의가 있다.

| 교검 |

조선시대 무예사에 대한 연구는 임진왜란을 기점으로 전기와 후기로 대별할 수 있다. 조선전기 무예사 연구는 군제사를 중심으로 군역, 군령권, 영토문제, 오위진법과 연관된 군제와 훈련, 무과제도, 무과시취 등 거시적인 안목에서 연구가 진행되었다. 조선후기 무예사 연구는 오위제에서 오군영체제로의 변화, 군사전술상의 절강병법, 단병전술, 장병전술, 기병전술, 도성을 방어하는 훈련도감, 금위영, 어영청, 수어청, 총융청 등의 중앙군, 지방군제의 영장제와 속오군, 『병학지남』, 『기효신서』, 『연병실기』, 무경칠서 등의 병서, 『무예제보』, 『무예제보번역속집』, 『무예신보』, 『무예도보통지』의 단병무예서 연구, 단병무예, 장병무예, 도수무예의 형태와 실제기법, 본국검, 쌍수도, 제독검, 쌍검, 예도, 왜검 등의 자세, 보검, 인검, 운검, 별운검, 환도의 외형적 특성, 칠성검의 규격, 정조와 장용영의 친위군영, 화성의 도성방위체제, 무과방목, 무

반가문 연구 등으로 주제가 구체화되고 역동적인 변화의 원인을 규명하는 내용으로 연구가 진행되었다.

위에서 언급한 전체적인 연구시각을 바탕으로 조선후기에 초점을 맞추어 선행연구들을 분석하면 다음과 같다. 조선후기 군사 분야는 중앙군제와 지방군제로 구분되어 연구되었다. 중앙군제와 관련해서는 조선후기 오군영 확립과정, 훈련도감, 그리고 수도방위체제, 도성수비와 삼수병제도와의 연관성을 추적하여 설명하는 방식의 연구가 이루어졌다.[7] 지방군제는 영장제와 속오군 제도를 군제측면에서 규명하는 연구가 있었고[8], 군사전술과 단병무예서 보급에 대한 연구가 진행되었다.[9] 이외에 조선후기 단병무예서의 모범이 되어준 『기효신서』에 대한 연구는 역사학, 군사학, 체육학, 건축학 분야에서 다양한 각도로 연구가 진행되었다.[10]

조선후기 군제와 병서에 관한 학술 연구 성과도 주목된다.[11] 연구의 방향은 주로 조선시대 간행된 병서들을 체계적으로 정리하거나 군사적으로 국방에 어떤 역할을 했는지를 규명하는데 맞추어져 있다. 이외에 군영등록의 대표적인 연구는 장서각 소장 자료의 군제사적 의미[12], 장서각 소장 군영자료의 기초적 검토와 『어영청중순등록』을 통한 무예 보급의 새로운 검토[13] 등이 있다. 이는 장서각 소장 군영자료를 전체 목록 작성 및 서지조사를 통한 서지학적 연구를 하였고, 『어영청중순등록』을 활용하여 18세기 무예 보급에 있어서 어영청 군사들의 무예보급현황을 전체적으로 검토한 것이다. 이 연구는 새로운 자료를 활용하여 무예의 보급과 실상을 실제적으로 조명했다는 점에서 주목된다.

조선후기 단병무예서 연구이다. 『무예제보』에 대한 연구는 역사학자들과 체육학자들에 의해 이루어졌다. 하지만 『무예제보』 자체를 다루기보다는 편찬배경이나 『무예도보통지』 관련성을 추적하는 연구가 주류를 이루고 있다.[14] 그렇기 때문에 『무예제보』의 간행과정과 무예서 편찬의 특성과 의미 등의 연구는 미흡하다. 『무예제보번역속집』의 연구는 군사자료에 대한 서지학적 접근과 병서언해 연구 그리고 『무예제보』와 『무예제보번역속집』을 함께 다룬 연구가 있지만[15] 앞으로 무예서의 연구도 활발히 이루어져야 한다는 과제를 남기고 있다.

『무예도보통지』는 무예서의 고전으로서 일찍부터 많은 연구자들에 의해서 연구되어 왔지만, 이 책의 전체적인 규명은 2001년 진단학회의 주최로 열린 학술대회에서 국어학, 역사학, 미술사학, 체육학 학자들에 의해 비로소 이루어졌다.[16] 그리고 『무예도보통지』의 편찬과정과 배경 등에 대해서도 연구가 이루어졌다. 정조시대의 무예를 통한 장용영 창설, 『무예도보통지』의 편찬배경, 법전의 시취내용을 통해 전체적으로 조망한 연구[17], 체육사적인 시각에서 무예가 24기로 성립되는 편찬과정을 살피는 연구[18]가 주로 이루어졌다. 이외에 『무예도보통지』 편찬책임실무자인 이덕무라는 인물을 중심으로 무예서의 편찬과정과 무예관을 설명한 연구[19]도 있다.

『무예도보통지』에 나오는 도검무예를 중심으로 다룬 연구 성과들이다. 쌍수도, 예도, 왜검과 교전, 제독검, 본국검, 쌍검의 단병기의 기술과정을 중심으로 한 연구[20], 개별적인 도검무예와 관련해서는 쌍수도에 관한 기원과 형성과정을 중심으로 살펴본 연구[21], 본국검에 대한 연구[22], 왜검에 대한 연구[23], 예도에 관한 연구[24], 쌍검에 관한 연구[25], 그리고 『무예도보통지』에 나오는 '세'를 중심으로 검토한 연구가 있다.[26] 이 연구들은 도검무예에 대한 동작기술 또는 자세, 그리고 연원에 관한 연구를 주로 하였다. 그러나 도검무예의 기법을 상호 비교하는 연구는 그 중요성에도 불구하고 미진한 형편이다.[27] 따라서 다양한 도검무예의 기법을 종합적으로 정리하기 위해서는 좀 더 활발한 도검무예에 대한 연구가 필요하다.

『무예도보통지』의 대표적인 단행본으로는 김위현의 『국역무예도보통지』[28], 김광석의 『무예도보통지 실기해제』[29], 임동규의 『실연・완역 무예도보통지』[30], 국립민속박물관의 『한국무예자료집성』[31], 나영일의 『조선 중기 무예서 연구』[32] 그리고 박청정의 『무예도보통지주해』[33], 박금수의 『조선의 武와 전쟁』[34] 등을 꼽을 수 있다. 이외에 송일훈・김산・최형국 공저의 『정조대왕 무예 신체관 연구』[35], 임성묵의 『본국검예』 1・2가 있다.[36]

외국인의 시각에서 도검무예를 순차적으로 연구한 사례도 있다. 일본인의 시각에서 『무예도보통지』를 바라보고 있는데, 특히 도검기 연구에 치중하여, 일본 도검기가 조선에 수용되었다는 점을 강조하고 있다.[37] 이외에 『무예도보통지』에 나오는 마상무예를 중심으로 기병전술에 초점을 맞춘 연구도 있다.[38]

이처럼 도검무예에 대한 연구는 주로 『무예도보통지』에 나오는 개별 도검무예 연구들로 진행되어 왔다. 하지만 도검무예의 기법들에 대한 종합적인 연구는 아직까지 부족하였다. 따라서 이를 구명하는 연구가 진행되어야 할 것이다. 아울러 중앙 군영의 군사들에게 도검무예가 어느 정도 보급되었는지에 대한 보급현황도 미진하였다. 따라서 이를 규명하기 위한 방안으로 군영자료를 활용한 연구를 통해 조선후기 무예사 연구에 대한 새로운 시각을 제공할 필요가 있다.

| 월 도(左) | 맹호장조세
| 제독검(右) | 식검사적세

이 연구의 시대적 범위는 임진왜란 이후 도검무예가 조선에 들어와 군영에 종합적으로 정비되고 체계화된 19세기까지이다. 특히 18세기 정조대에 완성된 『무예도보통지』의 도검무예의 보급과 기법에 초점을 맞추어 검토하고자 한다. 이 시기에 집중하는 이유는 군영에서 국가가 장려하는 군사무예에서 개인무예로 변화하는 실마리를 제공하기 때문이다.

조선전기는 세조대에 완성된 오위진법체제를 기반으로 궁시, 화포를 활용한 장병전술을 이용하여 북방의 여진족을 방비하는 것이 주 전술체계였다. '좌작진퇴(坐作進退)'와 같이 집단적인 군사훈련을 통해 대형을 유지하는 것이 중시되면서 개인의 기예는 소홀하게 다루어졌다. 결국 조선전기의 군사훈련에서 '선진후기(先陣後技)'라는 특징이 점차 부각되었다. 이로 인하여 단병무예인 창과 도검은 전투기술로서의 기능이 위축되었다.

하지만 임진왜란을 기점으로 조선후기의 군사전술은 대규모 전술대형보다는 분군법의 하나인 속오법을 바탕으로 한 소규모 전술부대의 양성과 함께 근접전을 펼칠 수 있는 단병전술에 주목하게 되었다. 단병전술에 핵심이라 할 수 있는 도검과 창을 중시하는 살수가 새롭게 등장하면서 조총을 쏘는 포수, 활을 쏘는 사수 등의 삼수병 체제로 전환되어 새로운 단병전술이 빛을 보게 되었다. 조선후기의 군사훈련은 '선기후진(先技後陣)'으로 조선전기와는 대조적인 방향으로 부각되었다.

특히 임진왜란 당시에 명나라의 『기효신서』의 도입을 토대로 조선식의 단병무예서 편찬은 선조대 『무예제보』, 광해군대 『무예제보번역속집』, 영조대 『무예신보』, 정조대 『무예도보통지』로 연결되어 완성되었다. 조선, 중국, 일본 등 동양 삼국의 단병무예를 조선의 새로운 안목으로 종합하여 체계적으로 정리한 단병무예 24기는 단병전술과 기병전술을 함께 융합하여 활용할 수 있는 보군과 기병의 군사훈련교범서의 역할을 담당하였다.

이 중에서 연구자가 연구대상으로 주목하는 것은 『무예도보통지』에 실려 있는 쌍수도, 예도, 왜검, 왜검교전, 제독검, 본국검, 쌍검, 월도, 협도, 등패, 마상쌍검, 마상월도 등 도검무예 12기이다. 실제 마상쌍검과 마상월도는 보군의 도검무예가 아닌 기병의 도검무예로 분류할 수 있다. 그러므로 필자는 기병의 도검무예 2기를 제외하고,

보군이 시행한 도검무예 10기에 한정하여 내용을 검토하고자 한다.

단병무예의 유형은 찌르기 중심의 창, 베기 중심의 도검, 치기 중심의 권법, 마상을 중심으로 하는 마상무예 등으로 구분할 수 있다. 여러 가지 유형 중에서 필자가 도검을 중심으로 하는 도검무예에 주목하는 것은 보군의 근접전 전술양상에 대한 전체적인 그림을 가장 효과적으로 그릴 수 있기 때문이다. 차후에는 이 연구를 기반으로 보군전술과 창의 개연성을 밝히는 작업, 권법을 통한 도수무예와 신체문화의 활용성 그리고 마상무예와 기병전술을 연계시켜 단병전술 안에서 각각의 단병무예가 전술양상에서 어떠한 역할들을 분담하고 협력해나가는지를 구명하는 연구로 확대해 나갈 계획이다.

연구대상 군영은 선조대에 창설된 훈련도감 그리고 인조대 창설된 어영청, 숙종대 설치된 금위영으로 도성방어를 책임진 삼군문과 정조의 친위군영인 장용영 등이다. 이 군영의 군사들이 『무예도보통지』에 실려 있는 도검무예 중에서 어떤 종류와 기법의 내용을 가지고 도검무예를 실시했는지 등을 검토하고자 한다. 중앙 군영의 군사들은 임진왜란과 정묘호란 이후 외부세력에 대한 방어보다는 내부로부터의 다른 세력을 방어해야 하는 임무를 가지고 국왕과 도성방위를 담당하였다.

이러한 상황에서 군사들은 개인의 무예수련을 게을리 할 수 없었다. 이러한 배경의 전제하에 중앙 군영에서 군사들에게 실시한 도검무예를 수용, 정비와 실제 그리고 보급과 실태라는 과정으로 구분하여 미시적으로 검토하고자 한다. 이를 통해 조선후기 중앙군의 도검무예의 실제와 보급을 구체적으로 분석하고, 도검무예가 조선후기 단병무예의 전술에서 어떠한 위치와 역할을 갖고 있었는지를 검토하고자 한다.

연구대상 자료는 조선후기에 편찬된 『무예제보』, 『무예제보번역속집』, 『무예도보통지』의 단병무예서와 『조선왕조실록』, 『승정원일기』, 『증보문헌비고』, 『속대전』, 『대전통편』, 『어영청중순등록』, 『장용영고사』, 『만기요람』 등의 연대기자료와 법전류, 그리고 각종 군영등록들이다. 위의 사료들을 이용하여 도검무예에 대한 내용을 규명하고자 한다.

1장에서는 임진왜란 이후 도검무예의 수용과 추이를 검토하고자 한다. 먼저 임진왜란 이전의 도검무예의 역할을 찾아보기 위하여 조선전기의 전술체계 안에서 단병무예를 살펴본 후, 근접전 전투방식에서 도검이 갖는 역할은 무엇인지를 찾아보고자 한다. 또한 임진왜란 중 도검무예의 도입과 수용이 어떻게 이루어지는지를 명나라 척계광이 고안한 단병전술과 도검무예의 도입이 되는 과정을 추적하고자 한다. 이어 『무예제보』의 편찬과 도검무예의 수용이 어떻게 이루어지는지를 살펴보고자 한다. 마지막으로 17세기 이후 조선에서 도검무예가 어떻게 변화하는지에 대한 추이를 왜검을 중심으로 검토하고자 한다.

2장에서는 18세기 도검무예의 정비와 실제를 중심으로 살피고자 한다. 먼저 정조대에 완성된 『무예도보통지』의 편찬과 도검무예 정비를 『무예도보통지』 24기 구성과 내용을 임진왜란 당시 편찬된

『무예제보』와 『무예제보번역속집』의 편찬배경을 중심으로 설명하면서 무예 24기 구성과 내용을 검토한 후, 도검무예에서의 '세'에 대한 내용을 도법무예와 검법무예로 구분하여 언급하고자 한다. 이어 『무예도보통지』에 나오는 도검무예인 쌍수도, 예도, 왜검, 왜검교전, 제독검, 본국검, 쌍검, 월도, 협도, 등패 등의 10기를 대상으로 도검무예의 실제 차원에서 기법을 전체적으로 분석하고자 한다. 마지막으로 도검무예 10기에 나타나는 기법의 특징이 무엇인지를 살펴보고자 한다.

3장에서는 18세기 이후 도검무예의 보급과 실태를 중심으로 분석하고자 한다. 먼저 도검무예에 보이는 시취규정을 『속대전』, 『대전통편』 등의 법전류와 『만기요람』에 실려 있는 시예 내용을 중심으로 살펴보고자 한다. 이어 『어영청중순등록』과 『장용영고사』 등의 군영등록을 이용하여 실제적으로 어영청과 장용영 군사들에게 어떠한 도검무예가 보급되었으며 합격인원과 포상 등은 어떻게 이루어졌는지에 대한 보급과 실상을 검토하고자 한다. 마지막으로 18세기 이후 도검무예의 특성과 의의가 무엇인지를 찾아보고자 한다.

이러한 연구는 역사학의 이론과 체육학 분야의 실기가 하나로 융합되어 연구되는 모델을 제공할 수 있으며, 역사학, 군사학, 체육학 분야 등 오늘날 학제간 연구의 학문적 기초 토대 작업이 된다는 점에서 의의가 있다. 또한 오늘날 조선시대 도검무예를 재현하고 있는 전통무예 단체들에게 올바른 도검무예에 대한 자료를 제공한다는데 의의가 있다.

| 총리대신 |

『원행을묘정리의궤』中 인용, 한국학중앙연구원 장서각

| 녹사 |

『원행을묘정리의궤』中 인용, 한국학중앙연구원 장서각

| 장교 |

『원행을묘정리의궤』中 인용, 한국학중앙연구원 장서각

제1장

임진왜란 이후 도검무예의 수용과 추이

| 임진전란도 |
서울대학교 규장각 소장

1절

임진왜란 이전 도검의 역할

1. 전술체계와 단병무예

고려의 국방전략과 전술은 북방민족과의 전쟁에 대비하는 것에 집중되어 성곽이나 산악지역을 거점으로 적을 방어하는 궁술과 기마술을 크게 중시하였다. 물론 창, 도검 등의 단병무예가 사용되지 않은 것은 아니지만, 궁시 등의 장병무예가 더욱 큰 비중을 차지한 것이다. 실제로 고려는 중앙의 관리들에게 궁술을 연마토록 하는 한편, 각 지방에서 매월 궁과 노를 연마하도록 하였다. 아울러 무과는 아니지만 궁과를 두어 무장을 선발하기도 하였다.[1]

북방에 대한 대외적인 방비를 위한 궁시 등의 장병기를 중심으로 하는 장병전술이 강조되는 분위기 속에서 단병무예인 창, 도검 등의 단병기는 고려 이전에 비해 크게 위축되지 않을 수 없었다. 하지만 국방전략과 전술상 백병전에 대비한 도검, 창 등 단병기의 훈련도 소홀히 할 수 없었다.[2]

조선을 건국한 이성계는 고려시대의 군사조직의 편제를 흡수하여 1392년(태조 2)에 2군 8위에서 의흥친군좌위와 우위를 설치하여 10위로 새롭게 편성한 후 1394년(태조 3)에 10사, 1418년(태종 18)에 12사, 1422년(세종 4)에 10사, 1445년(세종 27)에 12사로 개편되었다가 1451년(문종 1)에 5사의 체제로 전환되었다. 그리고 1457년(세조 3)에 5위 체제의 정착으로 조선전기 군사조직의 기틀이 마련되었다.[3]

특히 문종이 중앙군 편제를 5사로 개편한 목적은 5단위 진법 즉 오위를 기준으로 하는 전위, 우위, 중앙, 좌위, 우위의 군대를 오위 진법에 맞도록 새롭게 하는 것이었다.

조선전기 중앙군은 1394년(태조 3)에 10사로 명칭이 바뀌면서 각 사를 의흥삼군부의 좌, 우, 중군에 소속시켰다. 그러나 고려시대부터 활용한 오진 또는 오군으로 편성된 군대편제를 삼군에 소속시키면서 장수의 지휘계통, 전투의 효율성 등이 여러 면에서 혼선이 되었다.

이에 군사 분야에 조예가 깊었던 문종은 병학에 대한 심도 있는 고민을 거쳐 종래 군사 조직과 전투 편성의 이원적인 구조를 모두 5단위 체제로 전환하여 하나로 통일시켰다. 그리하여 성립된 5사는

1457년(세조 3)에 비로소 오위로 개편되고 최고 군령기관으로 오위도총부가 마련되었다. 따라서 조선전기 중앙군사조직의 골격을 만드는 과정에서 나왔고, 새롭게 편성된 전, 후, 좌, 우, 중앙의 오위의 체제는 군대편제와 군사훈련을 동시에 체계적으로 수행될 수 있도록 하기 위해 편찬한 것이라고 볼 수 있다.

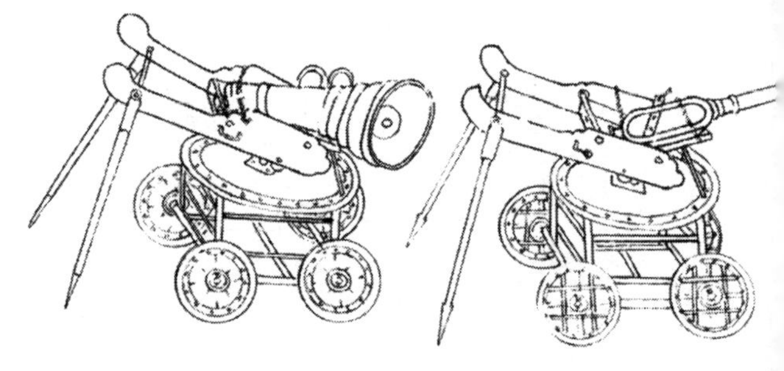

| 마반거 |
민승기, 『조선의 무기와 갑옷』, 가람기획, 2004, 306쪽

이를 통해 고려 말 화약병기가 출현하면서 결정적으로 화포(총통)와 궁시 중심의 장병기가 중시되면서 도검, 창 등의 단병기 무예는 쇠퇴하기 시작하였다. 특히 조선 전기의 전술은 대형을 유지하되 필요에 따라 대형을 변화하는 '오위진법'을 사용하였고, 무기는 주로 화포(총통)와 궁시 쓰는 장병전술이었다. 이러한 오위진법과 장병전술은 주로 북방민족을 대비해 만든 조선전기의 주 전술체계였다.[4]

오위진법에서 대형을 유지하면서 '좌작진퇴(坐作進退)'와 같은 집단적인 군사훈련이 중시되자, 자연스럽게 개인의 무예는 소홀하게 되었다. 이러한 조선전기의 전술훈련의 특징을 '선진후기(先陣後技)'라고 할 수 있다. 이를 통해 단병기인 도검과 창 등을 위주로 사용하는 근접전의 전술의 기능도 크게 위축되었다고 볼 수 있다.

15세기에 접어들면 조선의 궁마로 대표되는 장병전술 체제의 확

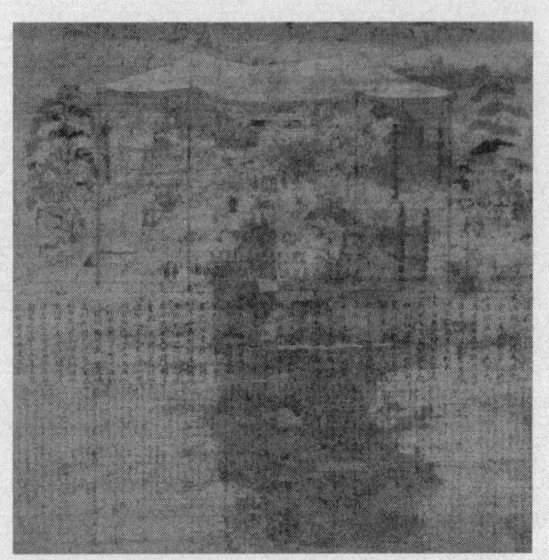

| 서총대친림사연도(瑞蔥臺親臨賜宴圖) |

국립중앙박물관 소장

조선

비단 위에 담채, 124.2cm×122.7cm

〈서총대친림사연도(瑞蔥臺親臨賜宴圖)〉는 1560년(명종15년) 9월 창덕궁 뒷뜰에 있는 서총대에 왕이 행차하여 재상들이 참여한 가운데 베푼 작은 연회 장면을 그린 것이다. 명종(明宗)은 이날 서총대에서 문신에게는 어제(御製: 임금이 직접 내린 제목)를 내려 시를 짓게 하고, 무신에게는 짝을 지어 활쏘기를 시켰다. 그리고 어찬(御饌)을 나누어주고 호랑이와 표범의 가죽, 말 등을 성적이 좋은 사람들에게 상으로 하사하였다.

산은 도검, 창 등의 근접전에서 활용하는 단병기의 사용이 제약되면서 단병무예의 약화를 가져오게 되었다. 특히 조선왕조는 전술보다는 전략을 중시하고, 전술에서도 보군에서 기병 중심으로 전환하여 궁마와 화기 위주의 무기체계를 발달시켰다.[5]

또한 '선진후기'라 하여 개인의 기예보다 집단적으로 대형을 유지하는 진법이나 병법을 강조하였다. 이러한 흐름 속에서 도검, 창 등의 단병무예는 궁시와 화포 등의 장병무예에 밀려서 그 기능을 잃을 수밖에 없었다.

16세기로 접어들면서 조선의 전술은 변화의 조짐이 나타난다. 그 변화를 이끌어 낸 사건은 1592년(선조 25)에 일어난 임진왜란이다.

조선은 임진왜란을 기점으로 군사전술은 대규모 전술대형보다는 분군법의 하나인 속오법을 바탕으로 한 소규모 전술부대의 양성과 함께 근접전을 펼칠 수 있는 단병전술에 주목하게 되었다. 단병전술에 핵심이라 할 수 있는 도검과 창을 중시하는 살수가 새롭게 등장하면서 조총을 쏘는 포수, 활을 쏘는 사수 등의 삼수병체제로 전환되어 새로운 단병전술이 빛을 보게 되었다. 조선후기의 전술은 '선기후진(先技後陣)'으로 조선전기와는 대조적인 방향으로 부각되었다.

임진왜란은 조선에 무기체계의 변화를 가져왔다. 화포와 궁시 위주의 장병기만을 사용하여 전쟁에 임한 조선군은 조총, 창, 도검 등의 장병기와 단병기로 무장된 왜군에게 크게 패하면서 척계광이 고안한 절강병법에 주목하게 된다. 이에 1593년(선조 26)에 중국 남병이 이미 왜군에 대비하여 만든 절강병법과 이를 체계화한 척계광의 『기효신서』를 도입하였다.[6] 이 전술은 살수, 사수, 포수 등 단병기와 장병기가 조화된 분대단위의 전투방식이었다. 이에 따른 전술체계의 변화는 자연스럽게 단병무예의 활성화를 위한 전술과 무기의 변화를 가져오게 되었다. 이를 토대로 도검무예는 일본과 중국에 의해 새롭게 조선에 수용되면서 새로운 무기체계와 전술편제에 적극적으로 활용되는 계기를 맞이하게 되었다.

이러한 배경 속에 1594년(선조 27)에는 『기효신서』에 의거하여 한교가 『무예제보』를 편찬하였다. 『무예제보』는 곤방, 등패, 낭선, 장창, 당파, 장도 등 6기의 무예로 구성되어 있다. 무기와 군사들의 동작이 포함된 무예가 그림·언해본과 함께 실려 있다. 특히 언해본

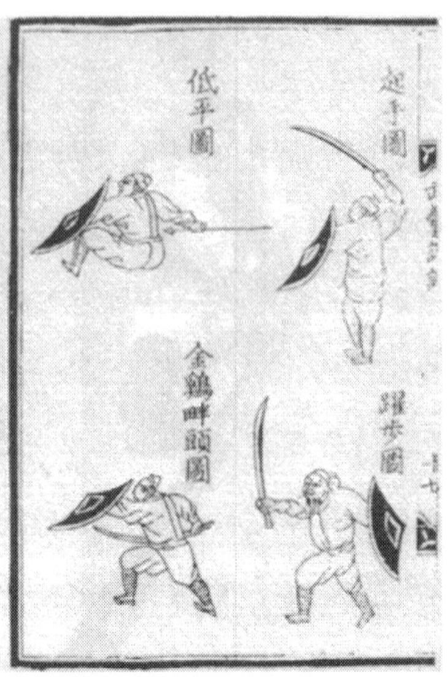

『무예제보』의 등패
국립중앙도서관 마이크로필름 (M古4-1-205)

은 특히 일반 병사들이라도 누구나 읽고 무예를 연마할 수 있게 한다는 취지를 지닌 것이었다. 실제로 1598년(선조 35)에 편찬된『무예제보』는 절강병법에 부합하기 위한 실전용 살수무예를 우선 도입한다는 목적을 띤 것이라고 할 수 있다. 이 중에서 도검무예는 장도와 등패 2기가 실려 있다. 이 도검무예들은 근접전에서 왜군을 상대하는 목적으로 전쟁에서 가장 실용성이 높았으며 그 위력을 발휘하였다고 볼 수 있다.

조선후기 최초의 단병무예서로 볼 수 있는『무예제보』의 편찬은 조선의 독자적인 무예체계는 아니었지만 새로이 창·도검 등의 단병기를 도입하여 종래 조선군의 궁, 포 위주의 장병전술의 한계를 극복했다는데 그 의미가 있었다.

2. 근접전 전투방식에서 도검의 역할

1) 도검의 어원과 특징

도검의 어원에 대해 『한국문화상징사전』에서는 다음과 같이 설명하고 있다.

> 15세기에는 '갈'이며, '갈'의 고어는 '갇'이다. 일본어 가타나(Katana, 刀)의 가타(Kata)는 우리말 갇(刀)의 반영이라고 한다. 갈(刀)은 나무를 파내어 끌어 고어 '글'과 어원이 같다고 할 수 있고, 송곳(錐)의 '곳'도 칼의 고어 '갇'에서 변형된 말이며, 가르다(割)의 어근 '갈-은'은 칼의 뜻을 지니는 고어이고 가새(鋏)의 어근 '갓(갇)-'도 칼의 조어 '갇'과 어원이 같다.[7]

이외에 도검의 어원에 대해 연구한 김태경은 도검의 어원을 '물건을 베거나 썰거나 깎는 데 쓰는 도구'라는 의미의 중국어 도자(刀子)에 해당하는 '칼'과 '죄인에게 씌우던 형틀'이란 의미의 중국어 어휘 가쇄(枷鎖)에 해당하는 '칼'이라는 두 개의 의미에서 파악하였다. 중세 한국어 자료에 전자는 '·갈'로 후자는 ':갈'로 표기되어 있다고 설명하였다. 여기서는 김태경의 주장한 전자의 경우의 전거를 찾아 살펴보았다.

> 『千字文』에 劒이 '갈 검'으로 표기되어 있고, 『訓蒙字會』에 劒은 '환도 검', 刀는 '갈 도'로 표기되어 있다. 그러나 『同文類解』와 『蒙語類解』에 중국어 刀子에 해당하는 한국어 칼이 '칼'로 표기되어 있는 것으로 보아 『訓蒙字會』(1527)의 간행 시기에는 '갈'이었다가 200여 년 후인 『同文類解』의 간행 시기에는 이미 거센소리 '칼'로 변화된 것으로 보인다. 『同文類解』에 실린 '칼'의 만주어는 'ㅇ훠시', 『蒙語類解』에 실린 '칼'의 몽골어는 '후타가'인 것으로 미루어 한국어 '칼'의 발음과는 거리가 있다.[8]

위 내용으로 알 수 있는 것은 도검의 어원에 대한 전거를 『천자문』, 『훈몽자회』, 『동문류해』, 『몽어유해』 등에서 찾아 설명하였다. 또한 서정범은 우리말의 '칼날'에 해당하는 일본어 '가타나(katana)'는 kata(片)와 na(刀)의 합성어로 보고, kata의 어근 kat은 국어 갈(刀)의 조어형 '갇'과 일치하는 것으로 보았다.[9]

김태경은 우리말 '칼'에 해당하는 한자에는 도와 검이 있다고 하였다. 도는 한쪽에만 날이 있는 칼이고, 검은 양쪽에 날이 있는 큰 칼을 이른다. 도의 상고 중국어음은 이방계(李方桂)의 재구음이 *tagw, 왕력(王力)의 재구음이 *tau로 현대 중국어에 이르기까지 큰 변화를 겪지 않았는데, 한국어의 '갈(칼)'과는 음의 차이가 크기 때문에 '칼' 음이 중국어 도에서 유래했을 가능성은 없다고 보았다. 그러나 검의 경우는 우리말 칼과 깊은 연관이 있다고 보았다. 결론적으로 김태경은 우리나라의 도검의 어원인 '칼'은 검의 상고 중국어음에서 유래했을 가능성이 있다고 주장하였다.

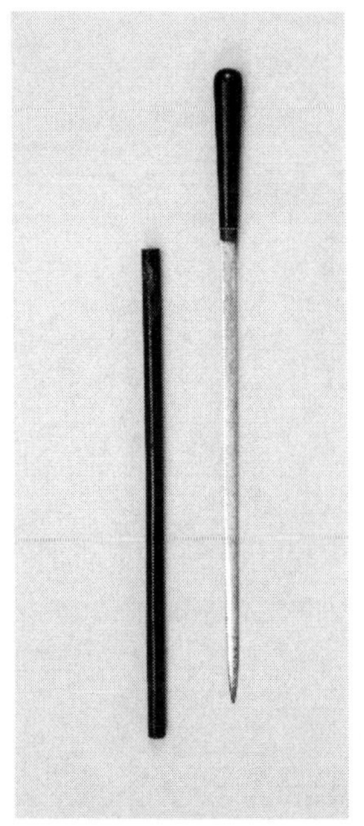

| 좌장검(坐杖劍) |

고려대학교 박물관 소장

조선
전체 59.1cm / 192.5g　　칼몸 57.5cm / 141.0g
칼집 44.6cm / 51.5g　　칼날 42.3cm / 1.3cm
자루 15.2cm

호신용 암장검으로서 일반적인 단장검보다는 짧고 좌장검보다는 약간 길다.

도검의 형태적인 기능을 바탕으로 정의하면 양쪽의 날이 있는 것을 검, 한 쪽에 날이 있는 것을 도라고 지칭한다. 이에 대한 전거는 다음과 같다. 『무예도보통지』 예도에서 "『사물기원』에 이르기를 수인씨가 도를 만들었다고 하니 이것을 도의 시작이라고 하고 관자에 이르기를 치우가 검을 제작했다 하니 이는 검의 시작이다."라고 하였고 또 칼 중에서 양쪽으로 날이 있는 것을 검이라 칭하고 한쪽으로 날이 있는 것을 도라고 정의하고 있다.[10]

| 패월도(佩月刀) | 국립고궁박물관 (궁중유물전시관) 소장

조선
전체 116.0cm / 1427.5g 칼몸 104.7cm / 861.5g
칼집 91.6cm / 566.0g 칼날 80.3cm / 3.0cm
자루 22.4cm

국립고궁박물관에는 이 패월도와 쌍을 이루는 또 한 점의 패월도가 전하는데, 망실·유실된 장식과 부속이 서로 달라 두 자루를 함께 분석할 때 전체 장식과 형태의 온전한 모습을 파악할 수 있다.

도검의 형태적 정의 이외에 손을 사용하여 칼을 잡는 방법으로 전통시대에는 손잡이가 짧고 휘두르는 원의 포용성을 둔 것을 검이라 하고, 손잡이가 길어 겨드랑이에 끼고 다니는 것은 도로 통칭하기도 하였다.

또한 도검은 쓰임새에 따라 형태가 다양하게 나타난다. 또 그 사용 방법에 따라 상징적 의미도 다르게 나타난다. 신화에서는 도검의 의미를 권위와 성조신의 창조물과 군사력으로 상징하고, 무속과 민속에서는 도검을 신의 위엄으로 나타내며, 풍습에서는 도검을 정절, 충성, 흉기로 표현한다.

한편 종교에서는 도검이 수호와 분신의 의미로 상징되고, 중국에서는 재능과 복수의 의미로 도검을 나타내며, 일본에서는 무사와 공포로서 상징된다. 그리고 역사・문학에서는 도검이 권위와 위엄, 의식용 장식과 기개, 우국충정, 저항수단으로 나타내며, 서양에서는 전쟁과 무기, 순교, 맹세, 왕위, 심판, 행운과 불행의 상징으로 구분할 수 있다.[11] 이처럼 도검이 다양한 사용목적과 용도에 따라 상징성과 의미가 변화되는 것을 볼 수 있었다.

또한, 도검의 기능을 살펴보면, 검은 의례용의 기능이 컸던 것에 비해, 도는 군사용의 기능이 컸다고 볼 수 있다. 그러므로 도가 검보다 주로 전투용으로 사용된 데는 이유가 있었다. 기능적으로 첫 번째는 칼등이 두껍기 때문에 접촉 시에 쉽게 부러지지 않고 베는데 유리하였다. 이것은 검이 양면의 얇은 날로 구성되었기에 접촉 시에 쉽게 부러지는 것과 비교되었다. 두 번째는 한 면의 날만 만들기에 제조 시간이 짧고, 비용이 저렴한 점이었다. 세 번째는 전투 기능과 보급에 유리하였기에 군대의 주요 전투장비가 되었던 것이다.

그러므로 도검은 근접전 전투에서 가장 효율적으로 사용하는 대표적인 무기였으며, 도검의 용도는 기본적으로 베고 찌르는 것이었다. 그리고 일반적으로 한 손으로도 조작이 가능한 단병기였다. 다른 말로는 화기무기에 반대되는 냉병기라는 용어로도 쓰였다.

| 언월청룡도(偃月靑龍刀) | 육군사관학교 박물관 소장

조선
전체 69.4cm / 876.0g 너비 5.8cm

『무예도보통지』의 월도 도해나 기존 박물관 등에 남아 있는 조선 월도와 달리 가지가 예리하고 뾰족한 각을 이루며 솟아있는 점과 수술 장식을 다는 환혈이 없는 점도 특이하다.

도검의 사용용도를 비교하면, 철제가 생산되면서부터 기마 전투에는 양 날의 검보다 한 날의 도가 살상의 범위가 넓어서 유리하게 활용되었다. 초기에는 양 날의 검이 제작되었으나 전쟁에 기마전술이 도입되면서부터 한 날의 도 즉 패도가 더 유용하게 되었다.

양 날의 검은 찌르기가 70%, 베기가 30%로 양 날을 대칭으로 단조하기가 어렵고 제작 시간이 오래 걸려 대량생산이 안 되었지만, 도검의 효용성에 있어서 한 날의 도는 베기가 70%, 찌르기가 30%로써 전쟁에서 기마전술이 도입된 이후에는 말의 달리는 힘을 가세한 위력적인 무기가 되었다. 한 날의 도는 휨이 클수록 성능이 우수하다고 보았다. 또한, 말에서 적을 내리칠 때 부러지지 않고 또 한 날만 단조하기 때문에 대량 생산이 용이하였다.[12]

이후에 양 날의 검은 전쟁보다는 의식에 사용되는 의례용으로 점점 치중하게 되어 수요가 많지 않은 반면, 한 날의 도는 실전용이면서도 지휘용으로 사용되어 수요량이 늘면서 대량으로 생산하게 되었다. 실전용 칼에 가장 두드러진 특징은 혈구와 고동이었다. 혈구는 도신에 홈을 파서 피가 흐리게 하여 적의 몸에서 쉽게 도를 빼내어 살상의 효과를 높이는 것이고 고동은 도병에 해당하는 손잡이 부분으로써 도를 강하게 내리칠 때 손을 보호해 주는 역할을 하였다.

조선 전기에는 70cm 내외의 크기로 쉽게 쓸 수 있는 호신용을 선호하였으며 군기감에서 제조하는 장인은 33인이나 되었다. 그러나 도검의 정해진 규격이 없었다. 임진왜란을 겪은 뒤 일본의 도검에 자극을 받아 조선후기에는 1~1.5m이상 되는 큰 칼을 선호하게 되었다.[13]

이를 통해 조선전기의 도검은 임진왜란 이전까지는 '직단'을 기본으로 삼았으며 편수도가 기본이었다. 그러나 임진왜란을 기점으로 일본의 도검이 수용되면서 도검의 형태가 변화한다는 것을 알 수 있었다. 특히 일본이 임진왜란을 통해 가장 유용하게 살상효과를 발휘한 것이 바로 도검이었다. 이는 조선에 큰 충격이었으며 근접전에 대비하기 위한 도검의 수용에 대한 신호였다고 할 수 있다.

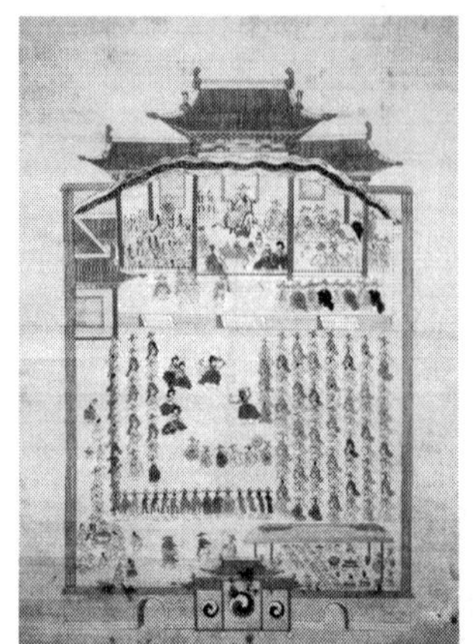

| 신관도임연회도(新官到任宴會圖) | 고려대학교 박물관 소장

조선(19세기경)
지본채색, 140.2cm×103.3cm

새로 부임한 지방관을 환영하는 연회를 그린 그림. 마당에서는 삼현육각(三絃六角)의 음악에 맞춰 검무가 공연되고 있다. 붉은 색 전복을 입고 검은 전립을 써서 무사의 모습을 표현한 기녀는 중간에 술이 달린 짧은 칼을 들고 춤을 추고 있다.

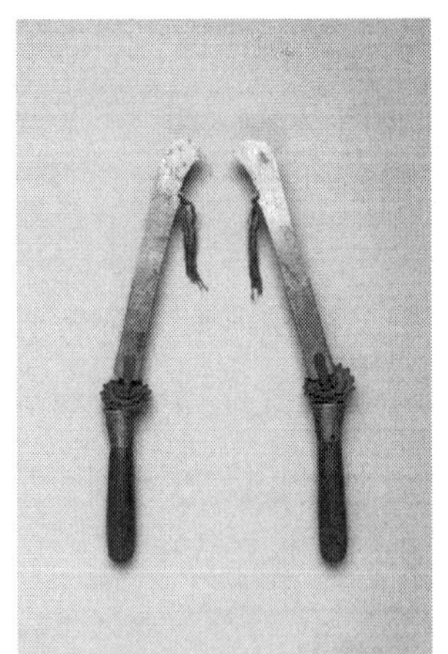

| 검무도(劍舞刀) | 고려대학교 박물관 소장

조선
칼몸 32.5cm / 80.0g 칼날 18.3cm / 2.9cm 자루 14.2cm
칼몸 32.4cm / 78.0g 칼날 18.2cm / 2.9cm 자루 14.2cm

도신과 손잡이는 긴 고리로 연결되어 자유롭게 칼을 돌릴 수 있다. 호인(護刃)은 도신의 1/3지점과 끝부분에 두 번 감싸며, 그 위에 '박금선(朴錦仙)'이라는 이름을 양각하였다.

2) 환도의 사용

조선전기 도검류의 대표는 환도였다. 환도는 군기감 산하의 환도장이 제작하였으며, 1460년(세조 6)에는 군기감 소속하에 환도장의 인원이 33명으로 증액되고, 5명이 체아직을 받아 경공장의 전속공장이 되었다.[14] 1485년(성종 16)에 완성된 『경국대전』에는 인원이 12명으로 감소되고, 소속도 상의원으로 바뀌게 되었다.

경공장 소속의 환도장에 의해서 제조된 환도는 양반 귀족들의 패용을 위한 하나의 장신구의 형태를 띤 의장용이었다. 그렇기에 이들 계층을 위한 의장용 환도는 자연히 은세공과 같이 고급화와 화려함을 갖추면서 사치품으로 되어가는 경향까지도 나타나게 되었다. 이처럼 환도는 군기감에서 군사무기로서 제조하여 군사들이 사용하는 용도와 양반 귀족들이 장신구의 하나로 갖고 있는 용도의 민간 의장용으로 구분이 되었다.

특히 환도는 지역적 특색을 가지면서 제조되었다. 예를 들면, 조선의 도성이 있는 한성에서 제조된 환도가 양반 귀족들의 의장용이라면, 여러 지방에서 제조된 환도는 군사들의 개인 휴대용 무기였다. 이처럼 환도는 상공의 물품으로도 선정되었기에, 모든 읍에서 일정량을 제조하였다.[15]

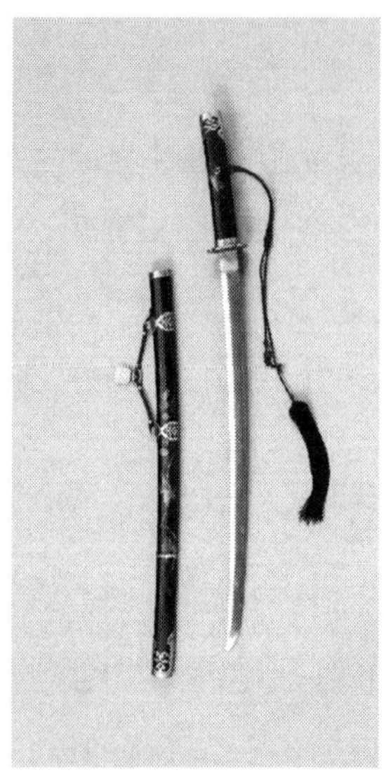

| 도(刀) | 고려대학교 박물관 소장

조선
전체 72.3cm / 838.5g　칼몸 70.6cm / 650.0g
칼집 54.5cm / 188.5g　칼날 37.1cm / 2.8cm
자루 18.6cm

일본도의 도신을 사용한 칼로서 일본의 공예기법을 사용하여 조선식 의장 환도의 법제대로 만든 독특한 칼이다.

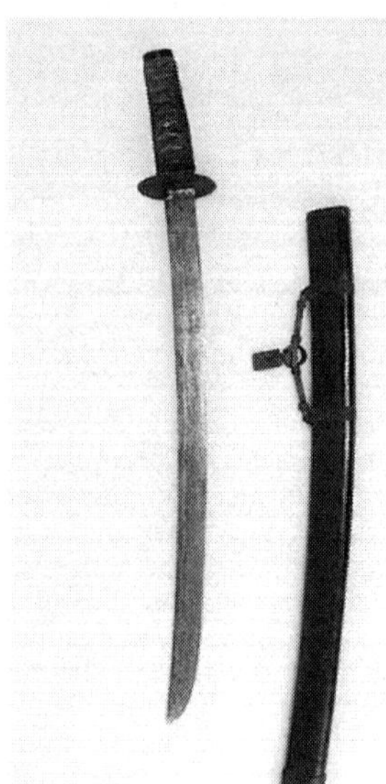

| 환도(環刀) | 육군사관학교 박물관 소장

조선
전체 93.4cm / 1821.5g　칼몸 87.6cm / 1486.0g
칼집 73.4cm / 335.5g　칼날 67.6cm / 3.5cm
자루 20.0cm

실전용으로 만들어진 조선 관제 환도의 전형적인 모습을 보여주는 칼이다. 현재까지 알려진 칼들 중에서는 1813년 훈련도감에서 간행한 군사시술서인 『융원필비(戎垣必備)』의 도해와 가장 유사한 칼이다.

조선전기의 대표적인 도검인 환도는 군사적으로 문종대에 큰 변화를 시도하게 된다. 그것은 바로 기존에 있는 환도는 너무 길어 군사들이 사용하기에 불편하므로 이에 대한 환도의 길이와 중량 등 전체적인 규격을 축소하여 표준화하는 작업을 시도하는 것이었다.

환도 표준화 작업에 발판은 함길도도절제사인 이징옥이 일선 지휘관으로서 실전에 필요한 환도의 제조와 공급을 요청하면서 토대가 마련되었다. 그가 제기한 환도의 형태는 모양이 곧고 짧은 것, 즉 '직단'의 형태였다. 이를 계기로 군사들이 전쟁에서 사용하는 실전용 환도에 대한 규격화에 대한 검토가 본격화 되었으며, 이를 통해 환도의 표준화가 결정되었다.

물론 실전용 환도의 규격화에 대한 반대를 주장하는 신하들의 의견도 제기되었다. 중추원사 김효성은 "인력의 강약이 같지 아니하므로 체제를 한 가지로 만들 수 없으니, 반드시 장단을 한 가지로 하지 말고 강약의 힘에 따라서 쓰게 함이 편리합니다."16 라고 말하면서 규격화에 반대하였다.

하지만 문종은 군사체제와 전술 그리고 무기 제조 등의 전체적인 안목을 고려하여 환도의 표준화는 실제적으로 필요한 현실적 요구였기에 환도의 표준화를 승인하였다. 이 시기에 승인한 보군과 마군의 표준적인 관례에 따른 환도는 보군의 환도길이는 1척 7촌 3푼(54.04cm), 너비가 7푼(2.19cm), 자루길이가 2권(19.42cm)이었다. 반면 마군의 환도 크기는 길이가 1

『융원필비』-환도(環刀)

강신엽 역주, 『조선의 무기II』, 봉명, 2004, 134쪽

척 6촌(49.98cm), 너비가 7푼(2.19cm), 자루길이가 1권 3지(15.54cm) 등으로 규격화 되었다.[17]

따라서 문종대 이후 대표적인 도검인 환도는 군사적으로 새로운 환도체제로 변화하였다고 볼 수 있다.

문종대 새롭게 편성된 군사전술인 오위진법은 기본적으로 북방민족에 대항하기 위하여 마군을 중심으로 궁시와 화포 등의 장병기를 결합한 전술체계였다. 따라서 환도의 표준화도 여진전(女眞戰)을 통한 마군의 사용할 환도의 표준화가 우선이었고, 이를 계기로 보군이 사용하는 환도도 표준화되었다. 이를 통해 환도는 마군과 보군의 모든 군사들이 휴대하고 사용하는 기본적인 실전용 무기였다는 점이다.

환도의 규격화 이후 군사들에게 실제적으로 사용이 제대로 실시되었는지의 여부는 의문시되고 있다. 환도를 규격화 시킨 1474년(성종 5)에 편찬한 『병기도설』에도 환도의 규격에 대한 일체의 언급이 없다는 사실은 환도의 규격화가 실제적으로 많은 효과를 보지 못한 것으로 볼 수 있다. 환도를 규격화시킨 목적은 편리성에 기준을 두었는데, 군사들의 신체능력에 따라 차이가 있었다. 이를 배제한 상태에서 환도를 획일적으로 규격화하여 그 효과를 기대하기에는 현실적으로 무리가 있었다.

문종대의 환도의 규격화에 대한 기준을 설정함에 있어서 실전의 경험을 중요시 하는 주장에서 환도는 칼날이 곧고 짧은 직단이 큰 고려 요소로 작용되었다. 환도의 직단의 형태는 도검류에 있어서는 초기 형태로 찌르기에 편리한 단검의 기능과 같았다. 이 직단은 빠른 시간에 사용이 편리한 점을 내세우고 있었다. 환도에 있어서 긴 것보다는 짧은 것을 선회한 것은 다음 사실을 통해 분명히 알 수 있다.

> 전교하기를 해마다 方物로 진상하는 環刀 또한 지나치게 긴 것이 들여온 것이 많지만 사용하기에 불편하다. 행여 군사들에게 내려주어 차고 다니는데 마땅치 않다. 이것 역시 지금 보내는 견본대로 짧게 만들도록 하라.[18]

|주칠어피갑환도(朱漆魚皮甲環刀)| 고려대학교 박물관 소장

〈세부 구조 모습〉

조선
전체 76.8cm / 1623.0g 칼몸 74.2cm / 1426.0g
칼집 57.1cm / 197.0g 칼날 54.3cm / 3.1cm 자루 23.5cm

검의 찌르는 용도와 도의 베는 용도 모두를 갖춘 실전용 칼이라 할 수 있다.

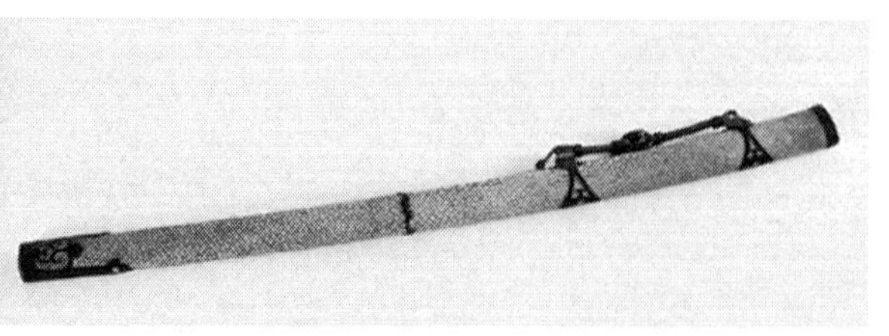

| 백옥코등이별운검(白玉古銅別雲劍) | 육군사관학교 박물관 소장

조선
전체 75.6cm / 474.0g　칼몸 72.0cm / 307.0g
칼집 56.2cm / 167.0g　칼날 52.7cm / 1.9cm
자루 19.4cm

의례용, 호신용으로 제작된 칼이다.

진상 환도의 규격이 점차로 커지는 추세를 개선하기 위해 패용 위주의 환도 규격을 요구하였던 것이다. 환도에 있어서 직단의 형태는 『군례서례』 상의 만곡과는 분명히 차이가 있음을 알 수 있다. 이것은 전술의 기능 변화와 관련이 깊다. 도검의 용도와 관련해서는 강성문이 크게 세 가지 기능으로 언급하였다. 치는 기능인 격법, 베는 기능인 감법, 찌르는 기능인 자법으로 구별할 수 있다. 칼날의 만곡은 기병전에서 격법 또는 감법으로 적합한 데 비하여, 직단의 칼날은 보군이 근접전에서 자법의 기능으로 사용하는 것이 적합하다고 보았다.

조선중기의 직단 모양의 환도는 대표적인 '방신물(防身物)'의 기능을 가지고 있었다.[19] 직단의 환도는 주요 전투무기 뿐만 아니라 평상시의 개인 호신용으로도 사용되었다. 그러므로 군기감 소장의 도검은 개인 소장의 도검과는 구별되는 칼날에 '군기'라는 글자를 전각하였다.[20] 환도의 민간 사용을 제한하기 위해서 환도에 한하여서 소속 주진명을 새기는 것을 원칙으로 삼았다.

환도가 개인 호신용으로 소지 사용되었음을 성종대에 발생된 창원군 성(晟)에 의한 고읍지(古邑之) 살해 사건으로 알 수 있다.[21]

환도는 전투용 무기였지만 개인 소장일 때에는 호신용기능이 더 중요한 것이 되었다. 전투용보다는 호신용 기능으로의 전환은 휴대의 간편성과 빠른 시간에 사용할 수 있는 효용성에 우선해서 환도의 규격은 자연스럽게 짧아지게 된 것으로 보았다.[22]

검법은 도검에 맞추어서 성립되는데 대체로 중국의 검은 언월도처럼 무겁고 등이 두터워서 치는 기능 위주인 격법이다. 일본의 도는 가볍고 검신이 얇아 베는 기능 위주인 감법이다. 조선의 도검은 양국의 중간 정도라서 검법이 양쪽으로 운용할 수 있는 다양성은 있지만 검법의 발달과는 별개의 문제였다. 특히 당대에 보편적인 개인 휴대무기였던 도검류를 기준으로 비교하면 그 차이를 알 수 있다.

조선의 환도는 중국의 요도나 단도 혹은 왜검과 유사한 종류의 검이라 볼 수 있다. 그러나 현재 남아있는 유물이나 혹은 도면 및 설명문을 통해서 이들은 서로 약간의 차이가 있음을 또한 알 수 있다. 조선식 환도는 중국의 단도나 혹은 왜검에 비하여 칼날이 별로 굽지 않아 거의 직선에 가까운 직도인 것이다.[23]

칼날에 있어서 이처럼 중국의 검이나 일본의 왜검이 조선의 검보다 만곡으로 굽어 있다는 점은 베기 동작에 유리하게 작용하였다.[24] 직도의 형태가 찌르기에 유리한 반면에, 굽은 형태는 풀 베는 낫의 날이 굽은 것처럼 베기 동작에 유리한 것이다. 찌르기 동작은 장창이 가지고 있는 주요한 특성이라면, 베기 동작은 도가 가지고 있는 중요한 특성이었다. 이러한 특성을 고려한다면 조선의 환도는 치고 베는 전투용 도가 가진 기능면에서 중국의 검이나 일본의 왜검에 비해 예리함과 강도가 낮다고 볼 수 있다. 특히 일본의 왜검은 형태뿐만 아니라 그 금속의 강도와 예리함이 제일 탁월해서 왜검은 실제적으로 군사적 기능을 갖춘 도검으로서 실전에서 우수한 전투용 무기였다고 할 수 있다.[25]

2절

임진왜란 중 도검무예의 도입과 수용

1. 단병전술과 도검무예 도입

1) 임진왜란과 단병전술의 도입

임진왜란은 조선의 무기체제에 일대 변화를 가져단 준 획기적 전환기였다. 마치 서양사에서 십자군전쟁 이후 총포의 유입이 중세의 기사제도를 무너뜨렸듯이 동양사에서 임진왜란 중 조총의 유입은 수 세기 동안 조선이 가장 중시한 궁술과 기마 전술체계를 크게 붕괴시켰다.[26]

물론 임진왜란이 끝난 후에도 북방의 적을 방비하기 위해 사수에 의한 궁술과 기병 전술을 폐기할 수는 없었지만, 새로이 도입된 단병무기를 주축으로 하는 포수와 살수에 의한 보병전술이 종래 궁술과 기병중심의 전술체계를 압도하기 시작한 것이다. 특히 단병전술체계의 변화는 곧바로 무기 운영체계인 무예의 정비와 변화를 초래하였다.[27]

조선전기 이래 북방의 여진족을 방어하기 위해 발전시킨 무기체계는 대포와 궁술 위주의 장병무기 체계였다. 『무예도보통지』 서문에는 "금원에서 군사 훈련하는 것은 광묘조(세조) 때 가장 활발했지만 궁시 한 가지 기예에 그쳤을 뿐 창검을 비롯한 다른 기예를 훈련시켰다는 말은 들어보지 못했다고 언급하고 있다.[28]

이처럼 조선 전기에 가장 군사훈련이 잘 이루어졌다는 세조대에도 궁시만 강조되었을 뿐 창검은 거의 연마되지 않았다. 실제로 조선의 무장을 선발하는 무과시험도 궁술(목전, 철전, 편전)과 마상무예(기사, 기창, 격구)로 이루어져 있었다.[29] 또한 내금위를 비롯한 금군은 물론 조선전기 오위 병종들 모두 사어(射御) 중심의 무예로 선발 내지 연재를 시행하였다. 이러한 사실은 조선 전기 이래 근접전 내지 백병전에 대비한 창검과 같은 단병무예는 아예 연마되고 있지 않고 있음을 잘 보여주는 예이다.

창, 도검 등의 단병무예가 연마되지 않았기 때문에 그의 기초적이고 보조적인 수박과 같은 맨손무예도 발달하기 어려웠다. 물론 창술이 무과시험으로 채택되기는 했지만, 그것도 보군의 창술이 아닌 마군의 창술이라서 접근전이나 육박전에는 거의 쓸 수가 없었다. 이처럼 조선전기에는 궁시를 위주로 하되, 포술과 기마술이 결합되어 무기체계를 이루었다. 궁과 포 위주의 장병기로 전쟁을 맞이한 조선군은 총포, 궁시의 장병기와 도검, 창 등의 단병기의 혼합전술체계로 무장된 일본군에게 전쟁 초기에 크게 패퇴하였다. 원래 단병전술의 왜군은 종래 조선의 장병전술에 압도당해 왔는데, 1453년(단종 1) 포르투갈인에 의해 전해진 조총을 얻게 됨으로써 전술적인 약점을 극복할 수 있었다. 장병기로서의 조총이 조선의 궁시를 능가하였을 뿐더러 일본의 단병기인 창과 도검도 조총의 비호를 받아 효과적으로 활용되었던 것이다.[30]

조선전기 이래 궁시 위주의 장병기만으로 전쟁을 접한 조선군은 조총, 궁시의 장병기와 도검, 창 등의 단병기로 무장된 일본군에게 초전에 크게 패퇴하는 원인이 되었다. 조선군의 단병기 부재가 임진왜란 초전 패퇴의 가장 큰 이유 중에 하나였던 것이다. 물론 궁술이 조선의 가장 큰 장기이기는 했지만, 일본군이 새롭게 선보인 조총은 개인화기이자 휴대용 화기로서 큰 효력을 나타냈다. 조총의 소리에 놀라는 동시에 활보다 유효사거리가 훨씬 멀었기 때문에 살상력이 더 컸다.

하지만 조선군에서 무기체계의 열세를 느낀 것은 1593년(선조 23) 정월 평양성이 탈환되면서부터였다. 당시 명장 이여송에게 승리의 배경을 물은 선조는 승리의 배경이 바로 중국의 남병이 익힌 척계광의 병법과 그에 따른 단병무기의 우수성을 알리면서였다. 이에 1593년(선조 23)에는 중국 남병이 이미 일본군에 대비하여 만든

절강병법과 이를 체계화한 척계광의 『기효신서』를 도입하였다.[31]

절강병법은 살수(도검, 창), 사수(궁시), 포수(조총) 등 단병기와 장병기가 조화된 분대단위의 전투방식이었다. 절강병법을 완성하기 위해서는 무엇보다도 곤봉, 등패, 낭선, 장창, 당파, 도검을 중심으로 하는 살수의 조련이 요구되었다. 또한 단병무예를 배울 때 가르치는 명군의 진영마다 달라서 자칫 교련체계에 혼선이 발생하였다. 더구나 『기효신서』에 수록된 자세에 대한 설명이 충분치 않아 자세 연결이 되지 못하는 문제점이 발생하였다. 이에 『기효신서』의 기예를 보다 알기 쉽고 체계적으로 가르칠 수 있는 살수의 여러 기예보가 필요하게 되었다.

| 임란전승평양입성도병(壬亂戰勝平壤入城圖) |
고려대학교 박물관 소장

무엇보다 『무예제보』는 장병기와 단병기의 상호보완을 통해 효과적으로 사용한다는 의도로 만들어졌다. 소위 단병장용(短兵長用)과 장병단용(長兵短用)의 전술체계는 척계광의 절강병법에서 채택하고 있던 기본적인 전술이자 가장 효율적인 전술방식이었다.[32] 이처럼 절강병법은 『기효신서』에 나오는 단병장용과 장병단용을 통해 군사편제의 이점을 최대한 살린다는데 장점이 있었다. 결국 조선은 이 군사체제를 갖추기 위해 훈련도감을 설치하고 삼수병체제를 도입하게 되었다.

2) 아동대의 설치와 살수 양성책

임진왜란을 통하여 조선에서는 기존의 북방의 여진족을 대상으로 펼치던 장병전술을 대신하여 남방의 왜를 방어하기 위한 새로운 군사전술인 단병전술을 선택하게 되었다. 이 전술은 근접전에서 군사들이 단병기를 활용하여 적을 방어할 수 있는 최선의 선택이었다. 이를 위해서는 새로운 군영과 군사편제를 만들어야 했다. 그래서 새롭게 창설된 군영이 훈련도감이다. 이 군영에는 조총을 쏘는 포수, 궁시를 위주로 하는 사용하는 사수, 도검과 창 등 단병기를 위주로 사용하는 살수로 구분하여 삼수병체제를 확립하였다.

삼수병 안에서도 포수와 사수는 장병기를 다루는 군사들이라면, 살수는 근접전에서 살상력이 높은 도검, 창 등의 단병기를 활용하여 단병전술을 펼치는 것이 특징이었다. 하지만 임진왜란 당시에는 조선의 군영에서는 포수와 사수는 훈련이 되어 있었지만, 살수들에 대한 훈련은 미비하였다. 따라서 조선 정부에서는 살수에 대한 양성을 강구하는 훈련방책을 강구하게 되었다.

이를 위해 명나라에 살수 교관을 요청하는 한편, 자구책으로 항복한 왜인을 대상으로 조선의 군사들에게 왜검을 교습하게 하였다. 또한 기존의 군사들 이외에 어린 아이들이 도검무예를 자연스럽게 습득할 수 있도록 강구하는 차원에서 아동대를 새롭게 편성하여 도검무예를 가르치고자 하였다.

이러한 배경 하에 훈련도감에는 살수와 관련되어 살수를 가르치는 교사대와 어린 아이들로 구성된 아동대 등이 편성되어 있었다. 일본군을 물리치기 위해서는 종래 사수 위주의 조선군에서 새로이 포수와 살수 위주로 전환하고 보강할 필요가 있었다. 훈련도감의 설치는 바로 그러한 시대적 요청에 의해 탄생한 군영이었다. 하지만 전란 중 시급히 군사를 모집한다는 것은 그리 쉬운 일이 아니었다. 그러자 조선 정부는 군역의 대기자라 할 수 있는 16세 이하의 아동 가운데 살수의 무예를 연마하는 예비군 성격의 부대를 조직하였다.[33]

1594년(선조 27) 6월에 조선 정부는 포수와 살수 기예를 연마하기 위해 아동대를 창설하였다. 이때에 창설된 아동대는 '포수 아동대'이었다. 전쟁 중 시급히 모집한 포수 중에는 아동들이 적지 않게 포함되어 있었던 것 같다. 이에 포수로서 시방(試放)하여 뽑힌 아동이 모두 15여인이었는데 그 방포 기술을 전수하여 완성시키기 위해 아동대라 이름하고 해체하지 않았다.[34] 이처럼 아동대는 전쟁 중의 시급함에 대비하기 위해서 군사를 모집하였을 뿐 아니라 앞으로의 전투체제의 기반을 위해 조직하였다. 훈련도감은 아동대의 수를 늘려 다시 뽑으려 했으나 급료를 지급하기 어려워지자 흐지부지 되고 말았다.

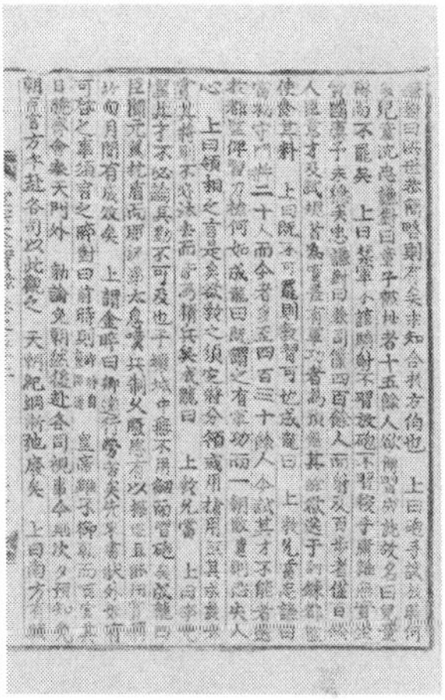

『조선왕조실록』
1594년(선조 27) 6월 26일(계유) 기사
아동대 관련 기록

조선 정부는 포수 아동대에 이어 1595년(선조 28) 6월에는 '검술 아동대'를 결성하였다. 아이들 가운데 검술에 익숙한 자를 다시 뽑아 훈련도감에서 시재를 통해 권장하고자 하였다. 시재를 통해 우수한 아이를 선발하여 논공행상을 시행하면 대오를 편성하되 급료를 지급치 않더라도 저절로 흥기될 것이라 보았던 것이다. 그리하여 훈련도감은 아동 50여명을 시재하여 그 가운데 검술에 합격된 아이가 모두 19명이었다.

이 아이들로서 한 부대를 만들어 통령하되, 여여문(呂汝文)에게 전적으로 맡겨 학습시키는 한편, 편을 갈라 시재하게 함으로써 승부에 따라 상벌을 주도록 하였다. 당시 아동대는 양천의 구분 없이 모았던 것으로 보인다. 그러한 사실은 50여명의 아동 및 입격한 아동 19명의 양천, 성명, 나이를 써서 아뢰도록 한 것으로 확인된다.[35]

1595년(선조 28) 7월 아동대는 항복한 왜인 산소우(山所佑)가 검술을 훈련시켰다. 아동대의 검술 연마는 비교적 성과가 있었던 모양이다. 항왜를 대우한다는 사관들의 비난에도 불구하고 아동대를 훈

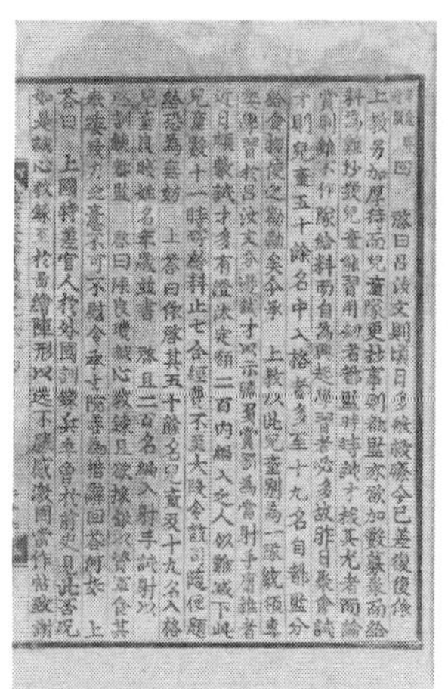

『조선왕조실록』

1595년(선조 28) 6월 21일(임술) 기사 훈련도감에서 아동대의 지공에 대해 아뢰다

련시킨 산소우를 포상하였다.[36] 이와 같이 포수와 살수를 양성하는 아동대는 뒷날의 급할 때 쓰기 위한 것으로, 환란이 눈앞에 닥쳐 있고 투사의 양식도 모자라는 판에 아동의 무리까지 양식을 대줄 수 없는 형편이니 임시로 폐지해야 한다는 주장이 끊임없이 제기되었다.[37]

당시 선조가 "평양이 성안에 검술과 포 쏘는 법을 익히지 않는 자가 없다"라고 할 정도로 당시 포수, 살수를 익히려는 움직임이 제법 컸던 것으로 이해된다. 1594년(선조 27) 6월 전쟁 중 군공으로 늘어난 수문장 430여명을 시험해 보아 재주가 미치지 못한 자는 훈련도감에 보내 창검을 익히도록 하였다.[38] 당시 포수와 살수에 대한 조련은 서울뿐 아니라 평양을 비롯한 평안도 지역에서도 활발하게 연마되었던 것 같다.

한편, 명나라 군사에 의해 군사조련은 그 가르치는 방식에 따라 서로 달라 혼선이 생겼다. 당시 조선군의 포수와 살수는 처음에는 '절강병법'을 배웠다. 그런데 1594년(선조 27) 8월에 유총병(劉總兵)이 서울에 있을 때 가르치는 진법은 절강병법과는 다른 진법이었다.[39] 이에 따라 조선군이 군사훈련에 혼선이 생길 가능성이 컸다. 이에 아동대를 모아 유총병이 진법을 배우게 하면 좋을 텐데 그나마 수가 적어 아이들의 놀이와 같아져 비웃음을 살까 우려되어 시행하기 어려워서 다시 논의토록 하였다.

다만, 선조가 가능한 절강병법 이외에 천병(川兵)의 진법도 배우도록 권하고, 아울러 천병의 검술과 왜인의 검술을 모두 배우지 않을 수 없으니, 속히 배울만 한 사람을 뽑아 착실하게 거행하도록 하였다. 1594년(선조 27) 8월에는 훈련도감이 아동을 뽑아 항왜 가운데 검술에 능한 자에게 왜인의 검술을 별도로 전습하도록 하였다.40

아울러 1595년(선조 28) 1월에는 항복한 왜장 가운데 검술에 뛰어난 여여문(呂汝文)에게 왜인의 검술을 가르치도록 하였다.41 이러한 조치는 당시 경상 감사가 있는 곳에 투항한 왜인 장수가 있는데, 검술 솜씨가 왜인 병졸의 검술 솜씨에 비할 바가 아니라는 보고 때문이었다. 선조는 항복한 왜장을 서울로 상경시켜 직책을 부여하고 검술을 가르치게 할 뿐 아니라 일본의 사정을 파악하게 되었다.

『조선왕조실록』
1595년(선조 28) 7월 17일(무자) 기사
아동대를 훈련시킨 항왜에게 포상을 명하다

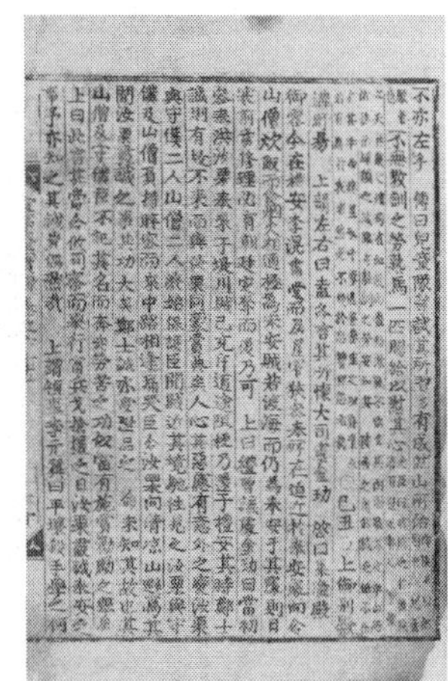

1595년(선조 28) 4월에는 아동포수는 시급히 적을 방어하는 것이 아니므로 그 급료를 감할 것을 요청하였으나 채택되지 않았다.42 뒷날을 대비하기 위해 필요하다는 선조의 판단 때문이었다. 동년 6월에는 평양에서 시재할 때 민간의 아동도 대오의 법을 알아 기를 사용하여 진을 쳤으며 또 살수의 무예에 능숙하여 입격한 자가 38명이나 되어 이들을 상등과 하등으로 포상하여 권장하였다.43

1595년(선조 28) 6월에는 항왜의 후대를 명하였다. 선조는 훈련도감의 살수 초관 한 사람을 차출하여 아동 수십 명을 뽑아 전적으로 여여문에게 맡겨 교습시키고 이영백(李榮白)과 항왜 산소우(山所于)로 좌편과 우편을 삼아 모든 시재에서 서로 승부를 겨루게 하고 등급을 매겨 논공행상을 하면 이기지 못할 까 두려워하여 각기 그 재주를 다할 것이니 멀지 않아 전습이 성취될 것이라 판단하였다.

만일 아동의 급료를 대기가 곤란하면 훈련도감으로 하여금 긴요치 않은 사람으로서 급료를 받는 자와 사수 가운데 쓸데없는 자를 도태시키고 그 급료로 지급하도록 명하였다.[44]

이상에서 살핀 바와 같이, 조선에서는 임진왜란을 통하여 왜를 방어하기 위한 수단으로서 16세 이하의 아동들을 대상으로 포수와 살수를 양성하는 목적으로 '포수 아동대'와 '검술 아동대'를 창설한 것을 알 수 있었다. 이 부대가 중점적으로 훈련한 무예는 조총과 왜검이었다. 왜검의 경우는 실제적으로 전쟁에서 근접전에서 적에게 살상력을 효과적으로 발휘할 수 있는 도검무예였기 때문이다. 실제적으로 전쟁 중에는 훈련과 실전이 양분되는 체계가 아니라 훈련을 통한 실전에서의 직접 체험을 통한 활용이라는 목적이 내포되어 있었다고 볼 수 있다.

조선후기 임진왜란을 통해 수용한 도검무예는 항왜들에 의해 교습된 왜검과 명나라 교관들에 의해 교습된 장도였다. 장도는 명나라 남병이 사용한 도검무예로서 척계광이 편찬한 『기효신서』에 실려 있는 기예이다. 이 장도(長刀) 역시 명나라 남방지역에 출몰한 왜구들을 소탕하는 과정에서 척계광이 왜구들이 사용한 장도를 실었다

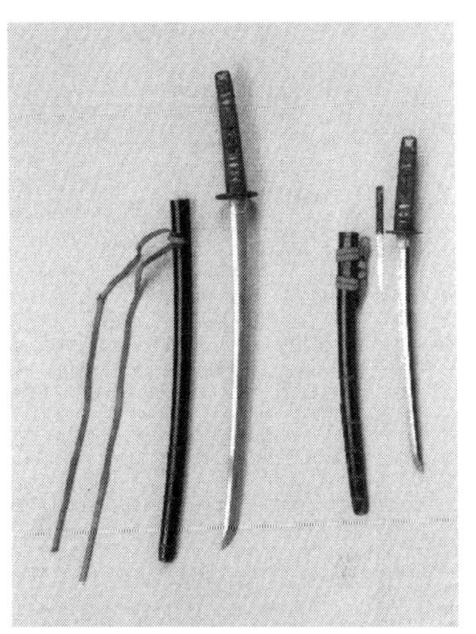

| 한타치(半太刀) | (좌) 경인미술관 소장

에도(江戶)
전체 103.8cm / 1472.0g 칼몸 99.5cm / 1141.0g
칼집 77.4cm / 96.5g 칼날 72.8cm / 3.0cm 자루 23.1cm

| 한타치와키자시(半太刀脇差) | (우) 경인미술관 소장

에도(江戶)
전체 70.7cm / 834.5g 칼몸 61.2cm / 607.0g
칼집 52.0cm / 189.0g 칼날 43.9cm / 2.7cm 자루 17.3cm
부속 20.4cm / 38.5g

한타치는 한타치와키자시와 대소로 한쌍을 이루는 칼로서 동형의 장식을 사용한 일치된 코시라에이다.

고 전하고 있다. 따라서 조선의 군사들에게 왜검과 장도의 도검무예는 전수되었지만, 실상 2개의 도검무예는 왜의 도검기법을 띠고 있는 검술이라고 할 수 있다. 이외에 천병의 검술이 나오고 있지만, 구체적인 언급이 없어서 어떤 형태의 모습인지 파악할 수는 없다. 다만 사천성 지역에서 온 명나라 군사의 검술을 지칭하는 것으로 보인다.

2. 『무예제보』 편찬과 도검무예 수용

임진왜란 중에 도검무예가 공식적으로 실려 있는 무예서는 『무예제보』이다. 『무예제보』의 편찬배경을 살피면서 그 안에 담겨 있는

도검무예의 내용을 설명하고자 한다.[45]

『무예제보』가 편찬되는 계기는 1594년(선조 27) 2월 선조가 훈련도감에 특명으로 『살수제보』를 번역토록 지시한 것에서 출발한다.[46] 선조는 훈련도감을 설치하고 절강 기예를 가르치기 위해 『기효신서』 중 살수무예를 언문으로 번역케 하였다. 이 작업은 한교가 전담하되 부모의 상으로 잠시 중단했다가 그해 5월 기복 후 다시 착수토록 한 것으로 확인된다.

따라서 1594년(선조 27) 갑오년 5월 이후에는 『무예제보』가 처음으로 간행된 것으로 보인다. 이러한 사실은 1714년(숙종 40)에 새로 발견된 『무예제보』의 발문에 『무예제보』가 갑오년에 간행된 지 120여년 만에 중각했다는 기록에서 확인된다.[47] 이점은 『무예제보』가 갑오년인 1594년(선조 25) 5월 이후 간행된 사실을 잘 말해준다. 즉 『갑오제보』가 곧 『무예제보』의 초간본이라고 할 수 있다. 『갑오제보』는 『기효신서』안에서 창검 위주의 살수무예를 뽑아 만든 조선의 첫 번째 단병무예서이다.

초간본인 『갑오제보』는 살수 가운데 곤보, 패보, 선보, 장창보(12세), 파보, 검보의 6가지 무예로 이루어졌다. 이 기예들은 척계광이 발전시킨 원앙진과 밀접한 관련이 있다. 원앙진은 왜군들의 장사진과 호접진에 대비키 위해 대장 1명, 등패수 2명, 낭선수 2명, 장창수 4명, 당파수 2명, 화병 1명 등 총12명을 전투 기본단위로 삼고 상황에 따라 협동이 가능한 대형이었다. 『갑오제보』는 『기효신서』의 기예를 거의 그대로 축소 정리한 것이었다. 그것은 왜적을 시급

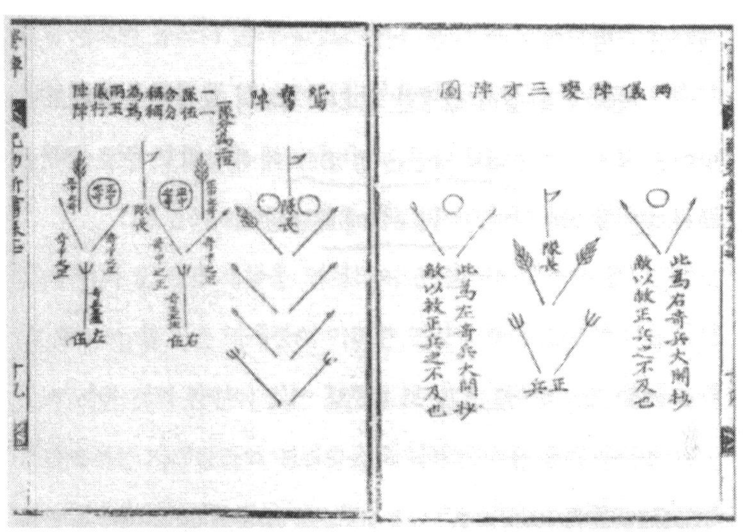

『기효신서』의 원앙진, 양의진, 삼재진圖

국방부군사편찬연구소, 『군사문헌집23-紀效新書(上)』, 2011, 371-372쪽

히 물리치기 위한 실전 무예를 발췌하여 조련하는 것이 긴요했기 때문이었다. 하지만 『갑오제보』는 최종적으로 완성된 형태가 아니었다. 『기효신서』가 난해한 병서로 인식되는데다가, 무예동작과 기법을 해독하는 일이 어렵고, 중국 사투리가 많아 의미 파악이 곤란하였다.[48] 한교 또한 자주 명나라 장수에게 물음을 청하였다. 하지만 그들조차 자세히 몰라 편찬은 지연되었다. 더구나 『갑오제보』는 장창 24세 중 12세 밖에 실리지 않았다.

이는 명나라 장수가 12세만 가르쳤기 때문이었다. 1595년(선조 28) 6월까지 『갑오제보』에 대한 수정과 보완은 계속되었다. 국왕의 독려 속에 한교는 "을미년 살수보를 번역할 때에 신이 빠뜨린 12세를 별보로 만들고, 그 아래 부기하여 사졸에게 익히게 하였다."[49]고 밝혀 을미년 『무예제보』를 편찬했음을 알리고 있다. 그리하여 갑오년 『무예제보』의 12세의 장창보를 '장창전보'라 명명하고, 을미년에 추가된 12세의 장창보는 '장창후보'라는 새로운 체제를 갖추게 되었다. 이로써 『기효신서』에 나오는 창세는 비로소 완비하게 되었다.

1598년(선조 31) 말경에는 장창 24세가 갖추어진 을미년 『무예제보』가 편찬된 것이었다. 『을미제보』는 별보만 간행해 『갑오제보』에 붙여 사용한 것으로 추정된다. 그 결과 곤보, 패보, 선보, 장창전보, 장창후보, 파보, 검보 등 무예 6기의 편찬체제를 갖추었다. 그러나 장창세를 비롯해 의문이 적지 않았다.『무예제보』가 수정 보완되는 까닭은 이 때문이었다. 이점에서 볼 때, 1598년(선조 31)에 편찬된 『을미제보』는 『무예제보』의 중초본적인 성격이었다고 볼 수 있다.

을미년에 『무예제보』는 일단 완성되었지만, 완벽한 이해는 얻지 못하였다. 전쟁이후 남병과 북병이 단병무예를 가르친 방식이 달랐고, 같은 남병의 장수 경우에도 창술이 서로 달랐다. 또한 남병에게 배운 단병무예조차 정법과 화법의 판별이 어려웠다. 더구나 전쟁 막바지에 명군이 떠나게 되면 살수의 기예는 의미를 상실하게 될 것이 우려되었다.

이에 1598년(선조 31) 7월에는 명군에게 단병무예를 배우게 하는 한편, 한교에게 의문 나는 점을 다시 묻도록 하였다. 특히 명나라 허유격에게 『기효신서』를 질정을 받되, 훈련도감의 살수 중에서 정예병 12명을 선발하여 이들을 교사대로 삼아 기예를 익히게 하였다. 한교는 명장인 허국위를 통하여 『기효신서』에 기록된 이화의 양가창에 대한 창술 보완을 시도하고, 격자술에서 음양수와 대소문을 정정하고 다시 찬술하여 번역하였다.

『을미제보』에 추가된 장창보가 바로 무술년에 또 한 차례 보완되었음을 암시하는 내용이다. 한교는 허국위와의 문답을 '기예질의'에 싣고, 『주해중편』에 기록된 각 기예의 대륙법을 권말에 붙임으로써, 『무예제보』를 마무리 하였다.

결국 『무예제보』는 갑오년과 을미년에 이어 1598년(선조 31) 무술년 10월에 최종 완성되었다. 이것이 바로 『무술제보』이다. 『무예제보』에는 종래의 곤보, 패보, 선보, 장창전보, 장창후보, 파보, 검보에 이어 새로이 무예제보목록, 허유격문답, 주해중편교전법을 추가하였다. 아울러 한교가 편찬과정을 적는 방식으로 글을 마무리 하고 있다. 오늘날 프랑스에 남아 있는 『무예제보』는 무술년인 1598년(선조 31) 10월에 최종 완성된 『무예제보』이다.

『무예제보』는 『기효신서』의 내용을 그대로 발췌했음에도 불구하고 철저히 조선적인 방식으로 이를 재구성했다는 점이 주목된다. 내용의 형식은 '제', '보', '총도', '니기는 보' 등으로 되어 있다. 특히 『기효신서』가 다양한 가결이라는 고난이도의 기술로 구성된 '세법' 중심으로 체계화한 것에 비해 『무예제보』의 '세'는 단순하면서도 실전 위주로 체계화된 특징을 갖는다.

또한 당시의 단병무예는 자법, 감법, 격법의 3가지 기법을 벗어날 수 없었다. 『무예제보』도 역시 장창, 당파, 낭선의 자법 3기, 장도, 등패의 감법 2기, 곤방의 격법 1기로 구성되어 있었다. 이는 왜를 격퇴하기 위한 단병무예의 모든 기법을 종합한 무예서로서의 성격을 지닌다고 볼 수 있다. 특히 『무예제보』의 형태도 군사훈련용의 교습서 역할을 할 수 있도록 투로 형태로 만들었다는데 의의가 있다.[50]

『무예제보』는 조선군의 궁시, 화포 위주의 장병전술의 한계를 극복한다는 의미가 있다. 그러나 전쟁이 끝나자 『기효신서』에 소개된 권법을 중심으로 한 다양한 무예의 필요성이 제기되었다. 더욱이 포수와 살수를 상호 결합하여 단점을 극복하는 한편, 북방여진에 대비하기 위해 거전(車戰)을 중심으로 마군과 보군의 장점을 통합해 만든 전술을 통해 남방과 북방의 방어체제를 구축하는 것이었다.

3절

17세기 이후 도검무예 추이와 변화

1. 『무예제보번역속집』의 도검무예

조선은 임진왜란을 통해 새로운 군영인 훈련도감의 창설과 함께 삼수병으로의 군사편제의 변화 그리고 도검, 창 등의 단병기의 수용을 통한 새로운 단병전술의 전개 등 조선의 군사제도는 전기와 완전히 다른 흐름 속에서 변화를 추진하였다. 특히 군사들을 위한 군사훈련 교범서의 편찬이 시급한 상황에서 한교의 『무예제보』의 편찬은 왜의 전술에 대한 임기응변으로서 새로운 대안을 제시하는 것이었다. 그러나 임진왜란이 종료된 이후 남병인 왜에 대한 방비책의 일환으로 편찬되었던 『무예제보』 이후 새로운 무예의 필요성이 제기되었다. 다시 북방의 여진족의 침입이 잦아지자 이들을 저지할 새로운 전술이 요구되었고, 『무예제보』 이외의 다른 무예가 추가로 필요하게 되었다.

이러한 시대적 요구 상황에서 새로운 단병무예서인 『무예제보번역속집』은 편찬하게 되었다. 1598년(선조 31) 한교의 『무예제보』 편찬 이후, 1610년(광해군 2)에는 『무예제보』에서 누락된 대권, 청룡언월도, 협도곤(구창), 왜검 등 도검무예의 3기와 도수무예의 1기를 포함한 총4기 단병무예를 새로이 보완하여 『무예제보번역속집』을 편찬하였다.

『무예제보번역속집』中 왜검

『무예제보번역속집』 표지

계명대학교 동산도서관 소장

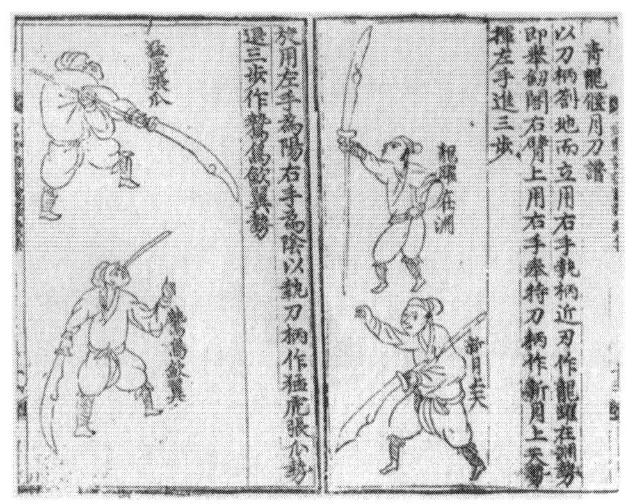

青龍偃月刀譜
以刀柄劃地而立用右手執柄近刃作龍頭在淵勢
即擧刀開右臂上用右手奉持刀柄作新月上天勢
推左手進三步

龍頭在淵

新月上天

次用左手爲陽右手爲陰以執刀柄作猛虎張爪勢
退三步作鷙鳥斂翼勢

猛虎張爪

鷙鳥斂翼

『무예제보번역속집』의 청룡언월도
계명대학교 동산도서관 소장

『무예제보번역속집』의 무예는 권, 청룡언월도, 협도곤(구창), 왜검 등 4기로 구성되어 있다. 이외에 일본국도, 일본고, 왜선, 구술, 왜도 등이 부록으로 추가되어 있다. 이 책은 『무예제보』에서 누락된 단병무예를 보완하여 남방의 왜를 방비하는 차원의 왜검과 권법 그리고 북방의 여진족을 방어할 무예로 청룡언월도, 협도곤(구창) 등을 새롭게 추가하였다. 또한 『무예제보』와 마찬가지로 『무예제보번역속집』은 한글 언해를 실음으로써 한자를 모르는 군사들에게 쉽게 무예를 접할 수 있도록 배려한 것이 특징이다.

또 『무예제보』에서는 도검무예가 장도 1기 뿐이었으나, 『무예제보번역속집』에 오면 청룡언월도, 협도(곤), 왜검의 3기로 증가하였다. 이는 남방의 왜를 제압하기 위해서는 그들이 사용하는 도검무예

『무예제보번역속집』의 협도곤
계명대학교 동산도서관 소장

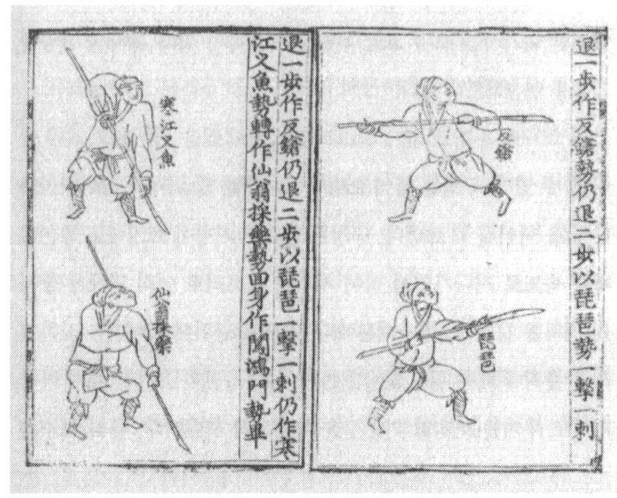

를 단시간에 익혀야 했고, 북방 여진족의 기병을 근접전에서 제압하기 위한 수단으로서 도검무예가 전술상 가장 효과적으로 인식되었기 때문이라고 볼 수 있다.

1612년(광해군 4)에는 척계광의 『연병실기』에 의거하여 『연병지남』이 편찬되고, 이어서 1613년(광해군 5)의 조총청을 화통도감으로 확대 개편한 것은 이러한 시대적 대세를 반영하는 것이었다. 그러나 광해군대 심하 전투에서 다수의 조총으로 조선군이 무장했음에도 불구하고 북방 여진족 기병의 급습은 살수의 필요성을 고조시켰다. 이러한 분위기에서 반청(反淸)을 기치로 반정에 성공한 인조는 후금에 대한 강경책을 구사하였고, 그 대비를 위한 살수무예가 강조되면서 『무예제보』가 관심을 갖게 되었다. 그럼에도 불구하고 갈

수록 포수의 중요성은 커갔고, 살수의 의미는 갈수록 약해져 갔다.

그 결과 숙종대 중반에 이르면 군영에서 『무예제보』 자체가 사라져 버렸다. 그러나 강원도 금화현에서 『무예제보』를 찾아냄에 따라 훈련도감에서 새로이 중간하였다. 당시 이이명(李頤命)이 쓴 중각본의 발문에 의하면,[51] 숙종 말기인 17세기 후반은 포수의 중요성으로 인해 살수무예의 비중이 크게 약해져 있었고, 『무예제보』가 사라져 교관들이 입으로만 살수무예를 가르치는 바람에 갈수록 교습이 잘못되어갔다.

그래서 살수무예를 익히지 않자, 군사훈련은 적이 진 앞에 닥치면 활과 총을 쏘기 두려워 총을 메고 겹겹이 나오며 빈손에 한갓 함성만 지르는 형국이었다. 그러던 차에 『무예제보』의 발견은 살수무예의 재인식에 큰 기여를 하였다. 그리하여 1714년(숙종 40)에는 훈련대장 이기하(李基夏)가 이를 중간함으로써 『무예제보』는 다시 세상에 빛을 보게 되었다. 또한 중각본의 간행은 훈련도감을 비롯한 중앙군영의 단병무예서로서 하나의 규범이 되었다. 당시 『무예제보』를 중간한 것은 단순히 살수무예를 복구하고 살수의 비중을 높이고자 한 의도만은 아니었다. 화기의 발달로 포수의 비중이 절대적이긴 했지만, 전투에서 사격 후에 장전까지 적의 공격에 취약한 점을 보완하기 위해 살수를 통한 엄호가 매우 중요한 문제였던 것이었다.[52]

따라서 숙종대 『무예제보』가 다시 세상에 알려지게 된 것은 무엇보다 이후 영조대 사도세자에 의해 『무기신식(武技新式)』 즉 『무예신보』가 편찬되는 결정적인 기여를 했던 것으로 보인다. 이 점에서 『무예제보』의 중각본은 곧 『무예신보』에 이은 『무예도보통지』를 발간하게 된 기반이 되었다고 해도 볼 수 있다.

특히 조선후기 도검무예에 대한 전체적인 흐름을 파악하기 위해서는 조선의 단병무예서인 『무예제보』, 『무예제보번역속집』, 『무예도보통지』에 주목해야 할 필요가 있다. 이 중에서 위에서 설명하지 못한 『무예도보통지』에 대한 편찬과 내용 등 실제 기법에 대해서는 2장에서 구체적으로 설명하고자 한다.

2. 김체건과 왜검의 추이

임진왜란은 조선, 중국, 일본 등 동양 삼국의 전술과 무기 그리고 군사가 총동원되어 벌인 국제전이었다. 이 전쟁을 통하여 조선은 군사전술이 북방의 여진족방어체제에서 남방의 왜를 방어하는 어왜전술(御倭戰術)로 전환하는 계기가 되었다. 이를 기반으로 훈련도감이라는 새로운 군영이 창설되었으며, 조총, 도검, 창 등의 다양한 무기가 새롭게 도입되었다. 무기를 효율적으로 사용할 수 있는 군사편제인 포수, 사수, 살수 등의 삼수병의 군사편제를 통하여 새로운 전술인 원앙진(鴛鴦陣) 등이 군사훈련으로 활용되고 실시되었다.

조선후기 보군 진법의 대표로 꼽을 수 있는 것이 원앙진이다. 원앙진은 단순히 장창과 당파, 등패와 낭선의 조합의 형태뿐만 아니라 12명이 일대를 이룬다. 장창이 등패를 방어하고 장창이 낭선을 방어하는 등 상호 조합을 통하여 통합적인 움직임으로 적을 방어하고 공격하는 진법이다. 또한 각각의 장창수, 당파수, 낭선수, 등패수는 원앙진 전체의 장단 원리에 맞게 또 하나의 무기를 운용하게 되는데, 『병학지남연의』에는 이러한 내용이 잘 설명되어 있다.

> 刀手와 牌手는 모두 적과 근접해 있을 때에 사용하는 병기를 휴대하였다. 그리고 각기 鏢창 하나씩을 주어 선봉을 삼고, 또 낭선에 의지하여 장거리 병기로 삼게 하였다. 狼筅手는 狼筅을 장병기로 삼고, 각기 腰刀를 하나씩 휴대하여 단거리 병기로 삼아야 하니, 방패 또한 낭선의 단병인 셈이다. 창수는 장창을 단병기로 삼고 겸하여 궁시를 익히게 하여 장병기로 활용하게 하며, 당파수는 당파를 단거리 병기로 삼고 겸하여 火箭을 주어 장병기로 운용하게 하였다.[53]

이러한 원앙진의 구성에서 등패의 도수와는 다르게 쌍수도를 단독으로 운용하는 병사가 원앙진에 들어가기도 했다. 쌍수도를 운용하는 병사는 원거리에서는 조총을 사용하다가 적과의 거리가 가까워지면 쌍수도를 뽑아 들고 근접전에서 효율적으로 사용하였다. 이처럼 근접전전투시에 장병기와 단병기를 조화롭게 배치하여 "모든 병기의 이로움은 곧 긴 것이 짧은 것을 위하고, 짧은 것이 긴 것을 구한다면 함락되지 않는다."라는 무기체계의 상호보완적인 다양화를 통해 왜의 단병전술에 대처해 나갔다.[54]

임진왜란은 근접전 전투에서 효율적으로 사용할 수 있는 단병기인 도검무예들이 주류를 이루었다. 임진왜란이전에는 도검이 운검, 별운검, 보검, 칠성검, 인검, 삼인검, 사인검, 환도 등 관직과 벽사용, 호신용 등의 용도로 사용되었다. 그러나 임진왜란을 기점으로 명나라의 도검무예인 제독검, 월도, 협도, 쌍검, 등패 그리고 왜의 왜검, 왜검교전, 쌍수도, 조선의 본국검, 예도 등의 도검무예들이 자연스럽게 도입되고 수용되면서 도검무예를 실제적으로 훈련할 수 있는 도검무예에 관한 교범서들이 필요하게 되었다.

| 원앙진기본대형 |

박금수, 『조선의 武와 전쟁』, 지식채널, 2011, 71쪽

16세기 명나라 척계광의 저술한 『기효신서』를 토대로 조선에서는 선조의 명에 의하여 1598년(선조 31) 한교가 『무예제보』를 저술하여 단병무예 6기를 군사들이 실전에 활용할 수 있도록 하였다. 이

중에서 도검무예는 장도와 등패가 실렸는데, 이중에서 장도(쌍수도)로 불리는 왜의 대표적인 도검무예를 수록하여 왜에 대한 방어를 강화하고자 하는 의도가 담겼다고 할 수 있다.

이어 광해군 시기에 1610년(광해군 2)에 저술된 『무예제보번역속집』에는 『무예제보』의 실린 장도, 등패 이외에 청룡언월도, 협도곤, 왜검 등 3기가 추가 되었다. 이 도검무예들은 보군과 함께 마군을 효과적으로 방어할 수 있는 장점이 있었다.

17세기 초에 편찬된 『무예제보번역속집』에 나오는 도검무예 중에서 가장 주목되는 도검무예는 바로 왜검이다. 왜검은 임진왜란을 통해 조선에 수용되었으며, 이후 18세기에 편찬된 『무예도보통지』에까지 그 실제 기법이 수록되는 도검무예이다. 하지만 『무예제보번역속집』의 왜검과 『무예도보통지』의 왜검, 교전의 비교 연구를 한 김영호는 시공간의 차이와 함께 세법, 세명 등에서 서로 큰 차이를 보이고 있어 연속성이 없다고 주장하였다.55 |

『무예제보번역속집』에 나오는 왜검은 두 사람이 갑과 을로 구분하여 교전의 형태로 구체적으로 설명이 되어 있다. 예를 들면, '조금 쪼그려 앉아 乙의 왼 손목을 치라', '오른편으로 나가 옆으로 비켜서며 乙의 목을 치라', '하접세로 甲의 오른다리를 갈겨 치라'는 등의 매우 구체적인 몸의 이동경로와 격자부위를 제시하고 있는 특징이 있다. 하지만 18세기 편찬된 『무예도보통지』에 가면은 왜검에 대한 구체적인 설명이 나와 있지 않다. 이는 17세기 후반부터는 도검무예를 전문적으로 연마하는 군사들인 살수들이 도검무예에 대한 기법에 익숙해졌기 때문이라고 생각한다.

또한 김영호는 왜검에 대한 기법의 차이를 『무예제보번역속집』의 왜검은 허리 아래를 치는 기법 위주인데 반해, 『무예도보통지』에 나오는 왜검인 토유류, 운광류, 천류류, 유피류 등은 머리와 목 아래를 치는 기법이 나오지 않는다고 언급하였다. 아울러 김체건(金體乾)이 17세기 후반에 입수하여 군영에서 익힌 왜검에 앞서 임진왜란을 통해 조선에 전래된 왜검이 『무예제보번역속집』에 교전 형식으로 실렸으며, 이후 왜검에 대한 기법이 실전되었다. 따라서 훈련도감에서 김체건을 왜관에 밀파하고, 통신사를 따라 왜에 건너가 왜검

『무예제보번역속집』의 왜검
계명대학교 동산도서관 소장

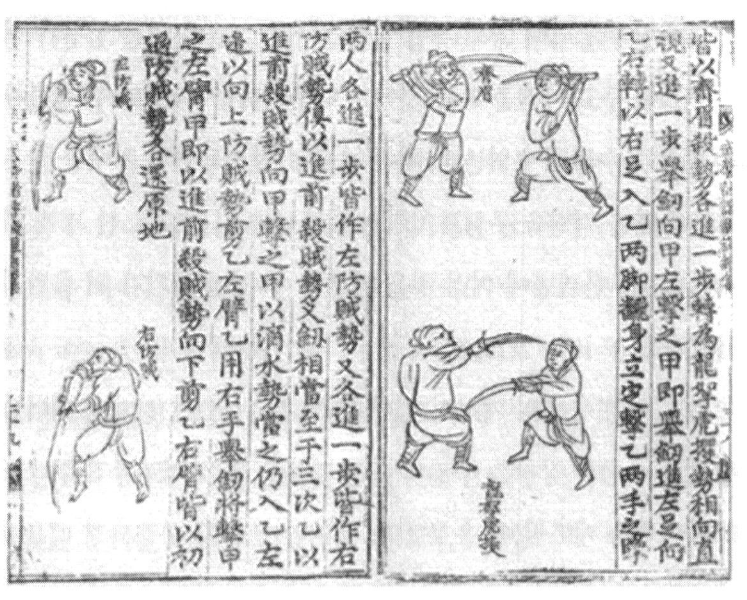

皆以齊眉殺勢各進一步特為龍拏虎攫勢相向直
視又進一步舉劍向甲左擊之甲即舉劍進左足向
乙右轉以右足入乙兩脚縱身立定擊乙兩手之際

齊眉

龍拏虎攫

兩人各進一步皆作左防賊勢又各進一步皆作右
防賊勢復以進前殺賊勢又斂相當至于三次乙以
進前殺賊勢向甲擊之甲以滴水勢當之仍入乙左
邊以向上防賊勢前乙左臂乙用右手舉劍將擊甲
之左臂甲即以進前殺賊勢向下剪乙右臂皆以初
退防賊勢各還原地

左防賊

右防賊

을 배워서 입수하도록 하였던 것이다. 따라서 숙종시대에 왜검수를 따로 두어 왜검에 대한 기법을 익히도록 하였다고 주장하였다.[56]

필자는 김영호의 주장에 동의하면서 17세기 이후 도검무예의 추이를 파악하고자 한다. 왜검이 조선에 수용되는 과정을 김체건을 중심으로 『조선왕조실록』, 『승정원일기』 등의 연대기자료와 『무예도보통지』의 왜검 기사를 통해 살펴보고자 한다.

김체건이 왜검을 습득한 경로는 두 가지로 추측해볼 수 있다. 하나는 동래 왜관에서 왜검을 배워온 것이고 또 다른 하나는 조선 통신사를 따라 일본에 건너가 왜검을 다시 배워온 것이다.

『무예도보통지』의 왜검 설명에는 여러 유파의 도검기법 중에서 김체건이 전한 왜검 중 운광류만이 남아있다고 서술되어 있다. 그러나 왜검의 내용을 읽어보면 운광류 이외에 토유류, 천유류, 유피류의 왜검 기법이 수록되어 총 4가지의 기법이 수록되어 있다는 것을 발견할 수 있다. 다만 교전에는 운광류의 내용만 싣고 있다.

다음은 『숙종실록』 1682년(숙종 8) 10월 8일 김체건에 대한 기사 내용이다.

> 領議政 金壽恒과 右議政 金錫胄가 入對를 청하여, 백성의 부역을 감면하고 가을갈이를 독려할 방책을 아뢰었다. 이때 김석주가 使命을 받들고 淸나라로 가게 되었는데, 大興山城 및 棘城·慈母·鐵瓮 등의 산성을 둘러보며 형편을 살피고 오겠다고 청하였다. 이어 訓鍊都監의 병사 중에 몸이 날래고 힘이 세며 무예에 뛰어난 1인으로서 柳赫然이 재직할 때 東萊에 내려 보내어 왜인의 劍術

> 을 배웠으며, 근래에는 禁衛營으로 소속이 옮겨진 자가 있는데, 이번의 가는 길에 데리고 가서 중국의 기예를 배우게 하자고 청하니, 임금이 모두 윤허하였다.[57]

위의 기사는 훈련대장으로 재직하던 시절 유혁연이 동래왜관에 군사 1명을 파견하여 왜검기법을 배우게 하였다는 것이다. 또한 금위영에 속한 군사 1명을 사행시에 함께 동행 하여 중국의 기예를 습득시키겠다는 내용이다.

여기서 동래왜관에 파견된 군사와 금위영에 속한 군사가 동일인물인지의 여부는 조심할 필요가 있다. 그러나 유혁연에 의해 동래왜관에 파견되고 왜검기법을 배운 이후 금위영으로 소속을 옮겼다는 점에서 동일인물로 해석하는 데에는 무리가 없어 보인다.

또한 이 기사를 보완하는 측면에서 『승정원일기』 1679년(숙종 5) 7월 27일 기사에 주목하면 다음과 같다.

> 柳赫然이 국왕에게 검술에 대해 아뢰기를, 천하에 검술의 다 있습니다. 그 중에서 일본의 검술이 최고입니다. 조선에만 홀로 전습한 사람이 없습니다. 신이 한 사람을 동래 왜관에 보내어 왜검의 기법을 배우고자 합니다.…국왕이 동래 왜관에 보내는 것을 좋아하였다.[58]

위 기사는 유혁연이 검술 중에 으뜸은 왜검이라고 설명하면서, 아직까지 조선에는 보급되지 않았고 가르칠 수 있는 사람이 없음을 개탄하는 내용이다. 덧붙여 동래왜관에 군사 1명을 파견하여 왜검기법을 배워오자는 것을 국왕에게 건의하고 있다. 위의 기사를 통하여 유혁연이 훈련대장 시절에 김체건을 동래왜관에 파견하여 왜검을 배우게 한 것을 확인할 수 있다.

한편, 『조선왕조실록』과 『승정원일기』의 연대기자료에서 김체건이 동래 왜관에 내려가 배웠다는 내용과는 달리 『무예도보통지』 왜검에는 숙종때 사신을 따라 일본에 들어가서 검보를 얻어 왜검을 배웠다고 서술하고 있다. 이후 '숙종께서 김체건을 불러서 시험하였는데, 체건은 칼을 떨치며 발굽을 들고 돌며 엄지손가락으로 서서 걸었다'[59] 라고 설명하고 있다. 이에 대한 사실은 『능허관만고』에서도 볼 수 있다. '군문인 김체건이 일본에서 왜검을 배워서 돌아오다'[60] 라는 기록이 남아 있다.

김체건이 동래왜관에서 왜검을 습득한 이후 다시 일본에 가서 배워온 검법의 내용을 통해 추측할 수 있다. 『무예도보통지』의 왜검에 보이는 4가지 유파의 검법과 『능허관만고』에 수록되어 있는 8가지 유파의 왜검을 배웠다는 기록이 있기 때문이다.[61] 여기서 4가지 유파는 토유류, 운광류, 천류류, 유피류를 지칭한다. 『능허관만고』의 내용에 나오는 8가지 유파는 '토유류부터 유피류까지'라고 되어 있어 정확한 8가지 유파의 내용을 확인할 수는 없다. 다만 김체건이 동래의 왜관에서만 왜검을 배웠다면 앞에서 언급한 4가지 또는 8가지 유파의 다양한 검술을 배웠을 가능성이 매우 적은 것으로 여겨진다.

조선통신사의 사행은 숙종시기에 1682년(숙종 8), 1711년(숙종 37), 1719년(숙종 45) 등 세 차례가 있었다. 1711년(숙종 37)과

| 동래부사접왜도 | 국립중앙박물관 소장

案 軍校金體乾趫(音喬善走也)捷工武藝 肅廟朝嘗隨
使臣入日本得劍譜學其術而來 上召試之體
乾拂劍回旋揭(擧也)踵豎拇而步倭譜凡四種曰土
由流曰運光流曰千柳流曰柳彼流流者猶義經
之派稱神道流信綱之派稱新陰流也體乾傳其
術至今行惟運光流中間失其傳體乾又演其法
間出新意爲交戰之勢稱交戰譜而舊譜另爲一
譜故今附于倭劍譜以其本出倭譜也且交戰譜
所畫刀皆兩刃今改正爲單刃腰刀兩人習交戰
之勢處其刺劀(音圍截也)也皮裹數尺之木以代腰刀俗

『무예도보통지』 왜검조 관련 기록
서울대학교 규장각 소장

1719년(숙종 45)의 사행은 김체건이 사행에 동행하지 않았음은 『무예도보통지』 왜검을 통해 알 수 있다. 김체건이 군교의 직에 있었기 때문이다. 김체건의 관력을 살펴보면 1697년 (숙종 23) 1월은 별무사의 직에 있었다.[62] 군교는 이보다 앞선 시기의 직이었을 것으로 생각되며, 따라서 김체건이 사행을 따라 일본에 건너가서 왜검을 배운 시기는 『숙종실록』에 나온 기사내용을 근거로 1682년(숙종 8)이었을 것으로 판단된다.

『무예도보통지』「병기총서」에는 왜검에 대하여 다음과 같이 설명하고 있다. 1690년(숙종 16) 11월에 내원에서 훈련도감의 왜검기법을 시험하였다.[63] 이는 1690년(숙종 16) 이전에 김체건이 왜검을 훈련원에 보급해 익힌 후에 시연했던 사실을 말해주는 것으로 볼 수 있다. 하지만 김체건이 일본 사행에서 얻은 검보만으로 왜검기법을 습득했을 것으로 보이지 않는다. 그러므로 김체건은 사행 이전에 이미 동래 왜관 등에서 왜검에 대해 어느 정도 배웠다고 볼 수 있다.

아마도 임진왜란 이후 조선에 투항한 항왜병으로부터 전수되던 왜검기법을 익히고 있었기에 가능했고, 조선에 명나라와 일본의 도검무예들이 군영에 자연스럽게 수용되면서 선조대부터 왜검기법이 전래되는 계기를 마련해 주었다고 할 수 있다. 이처럼 왜검을 접할 수 있는 다양한 주변 환경은 김체건이 동래 왜관에 들어가 기본적인 왜검에 대한 기법을 숙지하여 배우고, 검보를 통해 다양한 왜검 유파의 검술을 체득하는데 도움이 되었을 것이다.

반면, 일본인 학자인 오이시 준코(大石純子)는 『무예도보통지』에 실려 있는 왜검은 김체건이 통신사행을 통해 조선에 전파되었다는 일방적인 주장을 제기하였다. 그 내용을 요약하면, 『무예도보통지』에는 군교 김체건이라는 인물이 숙종조에 사신을 따라 일본에 들어가 검보를 얻어 그 기술을 배워 왔고, 숙종이 불러서 시험하였는데, 체건은 칼을 집어 들어 올리고 몸을 돌리며 발굽을 들고 엄지손가락을 세우고 걸었다고 하였다.[64]

당시 김체건이라는 인물이 왜검과 왜검교전을 개량하는데 큰 도움을 준 것만은 사실이라고 할 수 있다. 그러나 왜검과 왜검교전이 조선통신사로 일본에 갔던 김체건에 의해서 도입되었다는 오이시(大石)의 주장은 잘못되었다고 볼 수 있다. 이는 1610년(광해군 2)에 만들어진 『무예제보번역속집』에서 왜검보가 이미 만들어졌다는 사실을 몰랐기 때문에 나온 주장이라고 생각한다.[65]

그렇다면 『무예제보번역속집』에 왜검을 두고 왜 김체건이 동래왜관과 일본의 통신사행을 통해 왜검을 배워와야만 했는가에 주목할 필요가 있다. 실제적으로 광해군대 편찬된 『무예제보번역속집』에 수록된 왜검은 실전을 위한 교전으로서 살상을 위한 실용적인 훈련에는 적합할지는 모르지만, 전쟁이 종료된 이후 왜가 언제 다시 조선에 무력으로 넘어올지 모르는 상황에서 조선의 군영에서는 전쟁시기에 실용적인 임기응변식의 왜검의 기법으로는 조선의 군사들을 체계적으로 가르칠 수가 없었다.

조선에서는 도검무예를 장려하기 위하여 효종대 이후 국왕들이 군사들의 훈련과 사기진작을 위한 관무재 등의 시재를 실시하여 도검무예의 효율적인 훈련을 도모하였으며, 포상과 처벌을 통하여 군사 개인들이 평상시에 도검무예를 연마하여 항상 준비될 수 있도록 제도를 마련하였다. 현종과 숙종시기에는 군교 김체건을 동래왜관에 파견하여 여러 가지 도검무예 중에 으뜸이라고 할 수 있는 왜검을 배우게 했다. 이어 조선 통신사 사행에 김체건을 파견하여 그 나라에서 유행하는 다양한 유파의 왜검의 검보를 정리하고 배우게 하였다.

특히 조선의 군영에서는 군사들에게 왜검에 대한 전체적인 기법과 체계적인 전수가 필수적인 상황이었다고 볼 수 있었다. 그리하여 조선의 군사들 중에서 왜검 습득에 대한 적임자를 물색하던 중, 김체건이 그 책임을 맡겨 된 것으로 보인다. 이후 김체건은 국내의 동래왜관과 국외의 일본 통신사행을 통해 돌아다니며 배워온 왜검에 대한 기법을 체계적으로 정리하여 군사들에게 전수한 것이라 할 수 있다.

조선은 임진왜란 이후 도검무예를 투항한 항왜병들에게 왜검을 배우고, 아동대를 편성하여 살수 중에서 왜검을 습득하게 하였다. 이후 17세기 『무예제보번역속집』의 왜검을 토대로 실용적인 왜검을 배우다가 다시 김체건이라는 인물을 통하여 동래왜관과 일본의 통신사행을 통해 배워 온 왜검에 대한 기법을 체계적으로 군영의 군사들에게 전수하면서 점차 자리 잡고 정착되어 갔다. 이로써 17세기 이후 조선의 도검무예는 새로운 변화를 맞이하게 되었다.

| 변박개모 동래부순절도 | 육군사관학교 박물관 소장

제2장

18세기 도검무예의 정비와 실제

| 석천한유도(石泉閑遊圖) |

조선 83.0cm×59.0cm
그림의 주인공은 경기좌병사를 지낸 석천 전일상(全日祥 1700~1753)으로 누각 기둥에 걸린 환도와 바닥의 지필묵은 문무겸비를 갖춘 인물이었음을 시사한다. 육군박물관, 『조선의 도검 忠을 벼루다』 도록, 2014, 81쪽. 예산전씨 종가 소장.

1절

『무예도보통지』 편찬과 도검무예 정비

1. 『무예도보통지』 24기 구성과 내용

1) 『무예도보통지』 24기 구성

『무예도보통지』에는 모두 24기의 무예가 나온다. 권1에는 장창, 죽장창, 기창(旗槍), 당파, 기창(騎槍), 낭선 등 6기, 권2에는 쌍수도, 예도, 왜검, 교전 등 4기, 권3에는 제독검, 본국검, 쌍검, 마상쌍검, 월도, 마상월도, 협도, 등패 등 8기, 권4에는 권법, 곤방, 편곤, 마상편곤, 마상재의 6기를 각각 싣고 있다.

무예의 구성을 살펴보면 『무예도보통지』가 단순히 기존의 『무예신보』에다 별도로 마상무예 6기를 덧붙여서 만들어진 것은 아니라는 점을 알 수 있다. 즉, 마상무예는 권1의 기창(騎槍), 卷3의 마상쌍검, 마상월도, 권4의 마상편곤, 격구, 마상재로 각각 구분하여 싣고 있으며 기창은 창류에, 마상쌍검, 마상월도는 도검류에 각각 포함시켜서 구분한 것이다. 이는 『무예신보』가 만들어진 후 별도의 권에 마상무예 6기를 독립적으로 구분하여 『무예도보통지』로 만든 것이 아니라는 의미를 나타내는 것이다.

또한 마상무예라고 하는 것도 엄밀히 구분하면 살상을 위주로 하는 무예와 단순히 무예의 기량을 재주로 보여주는 기예로 구별된다. 각각의 권별로 구분한 내용과 범례에 나온 내용을 종합하면, 『무예도보통지』의 무예는 크게 창류, 도검류, 권법과 기타 무예의 세 가지 유형으로 구분할 수 있다.

『기효신서』에서는 장창을 장병편 권10에, 등패와 낭선을 낭선편 권11에 싣고 있다. 그리고 단병편에서는 차(叉), 파(鈀), 곤(棍), 창, 언월도, 구겸(鉤鎌)을 모두 단병이라고 칭하고 곤을 중심으로 구(鉤), 도, 창, 파를 각각 연습할 수 있는 방법을 권12에 싣고 있다. 권경(拳經)은 권14에 싣고 있다.

또 『무비지』에서는 권86에서 검, 도를, 권87에서 창, 당파, 패, 낭선을, 권88에서 곤에 대하여 각각 기술하고 있다. 모원의는 『무비지』 권84 「진련제 교예편(陣練制 教藝篇)」에서 말하기를 "지금의 무예에서 실제로 익힐 수 있는 것은 장병기는 궁(弓)과 노(弩) 두 종류이고, 단병기는 여섯 가지니 검, 도, 창, 당파, 패, 낭선이다. 그리고 곤은 수족으로 익히는 것이니 단병기의 근본이 된다"고 하였다.[1] 이를 보건대 『무예제보』를 편찬한 한교도 단병기로서 곤(곤방), 패(등패), 선(낭선), 창(장창), 파(당파), 검(장도)의 6기를 택한 것 같다.

『기효신서』와 『무비지』를 『무예도보통지』와 비교해 볼 때, 『무예제보』는 『기효신서』와 『무비지』의 단병기의 내용과 비슷하지만 『무예도보통지』는 그보다 훨씬 많은 유형의 무예를 담고 있다.[2]

무예를 그 종류별로 구별하는 것은 쉽지 않으며 학자들마다 그 의견 또한 다르다. 『무예도보통지』 범례에 따르면, 『무예도보통지』는 기본적으로 창, 도, 권의 기예로 나누고, 왜검에서 나온 교전과 마상무예를 별도로 구분하는 방식을 쓰고 있음을 알 수 있다. 이러한 분류방식은 중국이나 일본의 무예분류방식과 다른 독특한 것이다.

중국무술은 간략히 나누면 권술(拳術)과 병장술(兵仗術)로 나뉘는데 옛날에는 수박(手搏), 각저(角抵), 도인(導引), 검술 이 네 가지가 서로 같이 쓰였다.[3] 중국무술연구가인 일본의 마쓰다 류이치(松田隆智)는 중국무술의 종류를 맨손무술과 무기술로 크게 나누고, 맨손무술에는 남파와 북파의 권술, 공수탈기(空手奪器), 금나술(擒拿術), 솔각(摔角)으로 구분하였으며, 무기술에는 장병, 단병, 암기, 좌조기(佐助器)로 구분하였고, 무술과 함께 밀접한 관계에 있는 양생술과 권법수행에 필수불가분의 연경단련법(軟硬鍛鍊法)으로 구분하였다.[4] 한편, 일본의 타카하시 카오우(高橋華王)는 무술을

크게 도수무술과 무기술 그리고 기타 병법으로 나누었다.[5]

중국무술전문가인 한국의 양종언은 『무예도보통지』에 실려 있는 24기 무예를 중국의 무술과 비교하여 우리나라는 중국과 달리 도끼, 활, 쇠뭉치 사용법을 완전히 배제시키고 창, 칼을 세분한 반면, 중국은 창과 봉은 세분하면서도 칼은 검과 도로만 크게 분류시켜 놓아 우리나라 것이 중국 것에 비해 좀 더 근대화된 것 같다고 말하고, 무예를 칼, 창, 봉 그리고 방패, 격구, 마상재와 권술로 분류하고 있다.[6]

『무예도보통지』를 편찬한 이덕무, 박제가, 백동수 등은 『무예도보통지』 무예를 특성별로 나누어 책을 엮은 것은 나름대로 원칙과 의미가 있었다. 권1은 창류 6기를, 권2와 권3은 도검류로서 12기의 도검무예를 다루고 있는데, 쌍수도, 예도, 왜검, 그리고 왜검교전은 오래토록 연구되고 많이 시행했던 도검무예로서 그 분량이 많아 독립된 내용으로 만들어 권2에 배치했다. 권3은 제독검, 본국검, 쌍검, 마상쌍검, 월도, 마상월도, 협도, 등패의 8기를 실었다. 그리고 권4는 권법과 기타 무예 6기로 구분하였다.

『무예도보통지』의 내용을 자세히 살펴보면 다음과 같이 설명할 수 있다. 『무예도보통지』는 장령(將領), 졸오(卒伍)할 것 없이 모든 사람이 쉽게 익힐 수 있도록 실용성을 강조하면서 만든 책이다. 이 책의 편찬자들인 이덕무와 박제가는 병기총서(兵技總敍)에서 『무예도보통지』를 찬술한 뜻이 이미 만세 태평한 시대를 맞이하여 앞으로도 계속 태평성대를 이루려는 정조의 뜻에 부합하기 위함이었다라고 밝히고 있다.[7]

『무예도보통지』를 비롯하여 『무예제보』, 『무예제보번역속집』 그리고 『기효신서』 역시 일본을 염두에 두고 그에 대한 대비책으로서 무예를 최우선으로 고려하여 만들어졌다. 특히 근접전에 강한 왜검과의 전투에서 이길 수 있는 방책을 우선시 하였다는 점이다. 이는 왜검과 왜검교전의 분량이 보(譜)와 도(圖) 모두 다른 것보다 월등히 많은데서 알 수 있다.[8]

2) 『무예도보통지』 24기 내용

『무예도보통지』에 나오는 무예를 위에서 구분한 창류, 도검류, 권법 및 마상무예의 순서로 내용을 정리하면 다음과 같다. 권1에 나오는 창류는 장창, 죽장창, 기창(旗槍), 당파, 기창(騎槍), 낭선 등이다. 당파는 끝이 세 갈래로 된 삼지창을 말하고, 낭선은 9~11층의 대나무 가지가 붙어 있는 긴 창을 말한다. 당파가 7척 6촌으로 가장 짧고 죽장창이 가징 길어 20척이나 된다. 장창, 기창 모두 15척으로 창류는 모두 긴 무기이다.

기창(騎槍)의 길이에 대해서 『무예도보통지』에는 15척, 『경국대전』에도 15척 5촌이라고 하였고, 『무비지』에는 8척이라고 했다. 이에 대해 임동권·정형 호는 15척이라면 영조척(31.22cm)으로 계산하면 4m 68cm이고, 주척(20.795cm)으로 보면 3m 12cm인데, 이를 말 위에서 다루는 데는 무리가 있고, 실제로 기창의 실연에서는 180cm가 적당하다고 하였다.[9]

『무예도보통지』의 기창교전

그러나 시노다 고우이치(篠田耕一)는 『주례』 고공기(考工記)에 의하면 창은 신장의 3배를 초월하지 않는다는 장병기의 상한선이란 원칙을 적용해야 한다고 하고, 명말청초의 창가류의 대가인 오수(吳殳)의 『수비록(手臂錄)』에 의하면, 창의 길이는 유파마다 조금씩 다른데, 마가(馬家)의 창은 약 310cm, 사가(沙家)의 창은 약 576~768cm, 양가(楊家)의 창은 약 448cm이었으며, 오수의 견해에 의하면 약 384cm를 넘는 창은 쓰기가 힘들고, 약 310cm의 창이 전장에서나 연무에서 적당한 길이라고 하였다.[10]

이에 따르면 『무예도보통지』에 나와 있는 기창의 길이는 오수의 의견에 합당한 크기라고 볼 수 있다. 두 의견이 차이가 있는 것은 아마도 목숨을 건 싸움에서 상대를 이길 수 있는 방법과 연무의 아름다움과 동작이 계속 이어지도록 하기 위한 편리함의 차이에서 기인하는 것이라고 생각된다.[11] 기창의 경우, 『경제육전』이 공포된 1397년(태조 6년)부터 무과의 시험과목이었다.

그리고 1411년(태종 11년)에는 종전의 추인(芻人)을 맞추는 방식에서 기창을 사용하여 2인이 대결하는 갑을창제(甲乙槍制)를 시행하였다. 『무예도보통지』에는 기창의 동작만이 나와 있지 일정한 목표물이 없다. 기창의 방식은 일찍부터 정비되어 1429년(세종 11)에 시행된 「무과전시의」와 『경국대전』 시취조에도 자세히 나와 있다.[12] 『무과총요』의 규구(規矩)기록에 의하면 기창은 선조, 인조, 영조, 정조, 순조대에서 보이고 있다.

속오의 편제에 따르면 등패, 낭선, 장창, 당파수는 같은 살수대의 일원으로서 함께 연습하게 되어 있다.[13] 이중 낭선은 부대의 선봉이 되므로 신체가 커야 적에게 위압감을 줄 수 있고, 또 무거워서 다루기 힘들기 때문에 힘이 센 사람을 선발해야 했다. 장창은 본래 세(勢)가 많고 기구가 길어 사용할 때 쉽게 피로해지므로 정신과 뱃심이 있는 자를 쓰고, 당파는 창을 막고, 적을 찔러 죽이는 담력이 필요한 기구이므로 용맹과 위엄이 있는 자를 쓰도록 하고 있었다.[14]

1596년(선조 29)에 만들어진 『진관관병편오책(鎭管官兵編伍冊)』과 『진관관병용모책(鎭管官兵容貌冊)』을 분석하여 속오군의 편성 실태를 알아본 김우철에 의하면[15], 평안도 지역의 살수대는 대부분 노비로서 구성되었고, 군역명색은 상대적으로 천시되었던 수군과 봉군이 고작이었으며, 백병전을 주고 하였다고 한다. 살수의 경우 등패, 낭선, 장창, 당파의 구성이 2:2:4:2의 비율로 모든 진관에 예외 없이 이루어지고 있다고 한다. 특히 신체검사서인 안주지역의 『용모책』에 의하면, 속오군의 평균 신장은 7.25척으로 주척을 적용하면 152.54cm에 해당된다고 하였고 살수의 평균 신장은 7.10尺, 평균근력은 121근으로 사수의 7.42척과 137근보다 적었다고 한다.[16]

1599년(선조 32) 별시 초시의 입격자에는 포수 20명, 살수 10명이 속해 있어 장창, 당파, 용검 등의 무예가 입사(入仕)의 기회를 제공해주는 수단임을 알 수 있다. 임진왜란 당시에 등패, 낭선, 장창,

당파와 같은 단병무예를 실시한 살수들의 신분과 대우 그리고 훈련 정도와 『무예도보통지』가 편찬된 이후의 무예를 실시한 살수들과는 어떠한 차이가 있는지 정확하게는 알 수 없다. 다만, 『무예도보통지』가 발간된 2년 후 1792년(정조 16) 평안도관찰사 홍양호(洪良浩)가 도내의 무사를 시취하고 이를 보고한 『관서무사시취방(關西武士試取榜)』에 창과 도검무예를 시험치고 있는 기록을 보면, 농창, 쌍검, 이화창, 월도 등이 근 200년간 여전히 중요한 무예였음을 알 수 있다.

도검류에 대한 내용이다. 권2와 권3에는 등패를 포함하여 도검류 12기가 소개되고 있다. 권2에 쌍수도, 예도, 왜검, 왜검교전 4技가, 권3에 제독검, 본국검, 쌍검, 마상쌍검, 월도, 마상월도, 협도, 등패 등 8기가 나온다. 일반적으로 도(刀)는 한날 칼, 검(劍)은 양날 칼을 말한다. 일반적으로 도가 베는 것을 위주로 한다면, 검은 도에 비해 상대적으로 찌르기 위주라고 볼 수 있다. 왜구들이 쓰는 검은 찌르기보다는 베기 위주였다. 왜검보는 한 날 칼인 예도로 그려져 있다. 후세에는 도와 검이 혼용되어 쓰이고 있음을 알 수 있다. 등패의 경우, 등패를 사용하여 수비하고 칼을 사용하여 공격을 하는 내용을 함께 다루고 있다.[17] 쌍수도, 예도, 왜검, 왜검교전, 쌍검, 제독검,

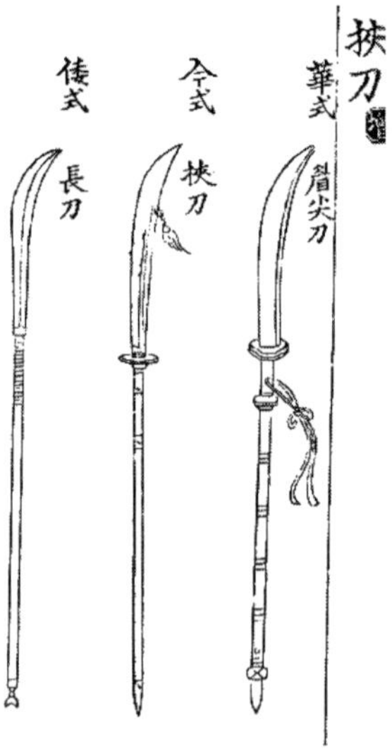

『무예도보통지』
도검도식(협도)
서울대학교 규장각 소장

본국검, 마상쌍검, 등패는 모두 요도(腰刀)를 쓰고 있다. 요도란, 일반적으로 패용에 편리하게 하기 위해 칼집과 고리가 있는 칼로서 우리나라에서는 주로 환도(環刀)를 말한다. 쌍수도의 연습에서도 요도로 대신하였다. 월도란 달이 누운 것과 같은 모양을 한 언월도를 말하는 것으로 눈썹이 뾰족한 것과 같다고 하여 미첨도(眉尖刀)라고도 하였다. 협도는 중국에서는 미첨도라고도 하고, 일본에서는 장도(長刀)와 무치도(無薙道)라고도 하였다. 여기서는 『무예도보통지』에 나오는 도검무예에 대해서는 간략하게 언급하고 다음 절에서 도검무예의 내용과 특징을 상세하게 설명하고자 한다.

이외에 권법 및 마상무예와 관련된 기사는 『조선왕조실록』에서 모두 8개가 나오고 있다. 8개의 기사 전부 임진왜란 이후에 보이고 있고, 『기효신서』 또는 『무예도보통지』와 관련된 기사에서만 언급되고 있다.[18] 권법은 '권투(拳鬪)', '타권(打拳)'이라고 명명하기도 하였다. 조선시대의 권법에 관한 기사는 1599년(선조 32)부터 1790년(정조 14)까지 약 200년까지만 나오고 있다. 당시 조정에서는 고려시대와 조선시대 전기까지 실시하던 수박(手搏)과는 다른 무예로써 권법을 이해하고 있었던 것 같다.[19]

권법은 송태조 장권 32세를 기본으로 하는 무예로서 손, 어깨, 무릎을 사용하는 맨손무예이다. 명군으로부터 도입될 당시에 고려조나 조선초기의 수박과의 연관성을 언급치 않았다는 점에서 권법을 수박과 전혀 관련이 없는 외래 무예로 인식하고 있었다. 1610년(광해군 2)에 발간된 『무예제보번역속집』의 「권보」가 1604년(선조 37)

에 만들어진 「권보」와 동일한지는 알 수 없으나 시간적으로 6년의 차이밖에 없어 아마도 비슷하리라 추정된다.

그러나 『무예제보번역속집』의 「권보」는 『무예도보통지』의 권법과는 조금 차이가 있다. 즉, 『기효신서』에 있는 권법은 32세인데 반해,[20] 『무예제보번역속집』의 「권보」는 모두 42세로, 이중 연결세로 중복되는 것이 10세로서 요단편세(拗單鞭勢)가 7번, 탐마세(探馬勢), 고사평세(高四平勢), 축천세(蹙天勢)가 각각 1번이다. 「권보」에는 이들에게서 없는 축천세와 응쇄익쇄(鷹刷翼勢)가 있다. 축천세는 주에 『새보전서(賽寶全書)』에 의거하여 보충하였다고 하였다.

또한 「권보」와 『무예도보통지』의 「권법」보에는 『무비지』나 『기효신서』의 내용과 다른 부분들이 약간씩 보이고 있다. 『무예도보통지』에 「권법총도」에는 모두 44개의 세의 그림과 마지막 동작 그림이 나오지만, 『무예제보번역속집』의 「권보」와 달리 7번이나 중복되던 요단편세는 2번만 중복되고, 현각허이세(懸脚虛餌勢)는 4번 중복되는 등 차이가 많다.

그리고 본문에는 모두 28세의 그림 동작이 나오는데, 18세의 그림 동작은 다른 책에는 나오지 않는 오화전신세(五花纏身勢) 이후부터는 갑을 두 사람이 함께 겨루기를 하는 10장면으로 만들어졌다. 이를 보건대, 「권보」와 「권법」보는 모두 단순히 『기효신서』나 『무비지』의 내용을 싣기보다는 배우는 사람의 입장에서 새로운 변형을 만들어낸 것이라고 할 수 있다고 하였다.[21]

1809년(순조 9)에 만들어진 『만기요람』 군정편의 용호영 관무재

조와 훈련도감 시예조에 의하면 권법은 곤방과 편곤을 함께 통칭하는 의미로도 쓰였다. 권법수는 살수의 무예를 가진 사람 중에서 곤방과 편곤처럼 찌르는 기능의 자법, 베기 기능의 감법 보다는 치는 위주의 격법을 주로 실시하는 사람으로 구성한 것 같다.22

곤방은 몽둥이 곧 막대기로 치는 무예를 말한다. 『무예도보통지』의 저자들은 곤방을 무예 중의 으뜸(藝中之魁)이라고 하였다. 모원의는 모든 무예의 기본기로서 곤방을 들고 곤방의 으뜸을 소림곤법(小林棍法)이라고 하였다. 이에 저자들은 정종유(程宗猶)의 『소림곤법천종(小林棍法闡宗)』을 거의 그대로 인용하고 있다. 다만 세를 그림의 도로 표기하고, 약간의 순서가 차이가 있을 뿐이다. 『무예제보』와 『무예도보통지』의 곤방은 내용과 순서 모두 동일하다.

『무예제보』(上)
『기효신서』(中)
『무예도보통지』(下)의 곤방
박금수, 『조선의 武와 전쟁』, 지식채널, 2011, 58쪽

편곤은 곤의 끝에다가 쇠줄을 연결하여 단단한 2자 2치 5푼 크기의 자편(子鞭)을 연결한 쇠도리깨 모양의 무기를 말한다. 세종대의 영조척(1척 31.33cm)으로 계산하면 편은 3m 9cm, 자편은 70cm가 된다. 마상편곤의 경우는 이것보다 조금 작아 편은 2m 3cm이고 자편은 50cm이다. 『무예도보통지』에서는 지상에서 하는 보편곤을 설명하면서 자편이라는 작은 쇠막대기가 달린 편을 사용하는 갑과 단순히 긴 막대로 된 곤을 함께 사용하는 을의 겨루기를 통하여 편곤

을 설명하고 있다.

1624년(인조 2) 3월 9일에 완산군 이서(李曙)가 전쟁에 쓰이는 말과 남한산성의 형세에 대해 아뢰는 기사에서 인조가 "단병으로 접전할 때에는 궁시를 쓸 수 없을 것이니, 편곤을 가르쳐야 할 것이다."라고 하니, 이서가 아뢰기를, "포위를 뚫고 적진으로 돌진하는 데에는 편곤만한 것이 없습니다. 이번에 역적 이괄의 마군 7백인이 모두 편곤을 썼는데, 이 때문에 당할 수 없었습니다."하였다.[23] 이 기사에 기록된 대화를 통해 마군은 모두 편곤을 썼으며, 근접전에서는 편곤이 매우 위력을 발휘하고 있음을 알 수 있다. 임진왜란 중에는 편곤군이 편성이 안 되었으나 1627년(인조 5) 9월 27일에 훈련도감에서 편곤군 344명이 신설된다.[24]

『대전회통』「병전」의 시취조에 편추(鞭芻)라는 과목이 나오는데 이것이 바로 마상편곤의 방법이다.[25] 『무예도보통지』의 마상편곤은 모두 9세가 나오고 있는데, 『대전회통』의 편추는 최초에 상골분익세(霜鶻奮翼勢)로 시작하여 왼편을 향하여 치는 벽력휘부세(霹靂揮斧勢)와 오른편을 향하여 치는 비전요두세(飛電繞斗勢)를 각각 하도록 하는 것이 동일하다. 『무과총요』에 의하면 1778년(정조 2) 7월 8일 알성 초시의 규구로서 편추 1차 5중의 기록이 나오고, 동년 춘당대 전시에서는 직부규구에 편추 1차 1중으로 나온다. 이후로 순종 원년까지 과거시험에는 편추가 모두 21차례 나온다.[26]

임동권·정형호는 『무예도보통지』가 실학자의 주도로 간행된 것이 당시에 마정(馬政)이 약화되었다는 점과 관련이 있다고 하면서,

기병의 확대와 체계화를 주장한 시점에서 이 책이 간행되었다고 말한다. 그들은 『무예도보통지』는 편찬에 참여한 인적 구성이나, 편찬 과정을 보았을 때, 실제 무예를 전수하는 무관이 주도하지 못하였으며, 특히 마상무예는 기마를 위한 말 고르기, 말 길 들이기, 낙마 방지법, 마상무예 실연 상의 문제점 등 실제적인 내용이 누락되었기 때문에 무예기능자가 참여하지 못하였다고 지적하고 있다.[27]

실제로 마상무예의 내용이 다소 소략한 것은 사실이나 이러한 내용이 사실인지는 그 근거가 미약하다. 이덕무는 '마상(馬上)'이란 시를 짓기도 하였다.[28] 그는 성대중에게 보내는 편지에서 "아우는 어제 永淑(백동수), 在先(박제가)와 함께 춘당대에 가서 『무예도보』를 익히고 관혁악기를 울리며 술을 들고서는 헤어진 뒤에 취해서 돌아왔습니다. 24일의 뱃놀이에 참석하고 싶지 않은 것은 아니나 책

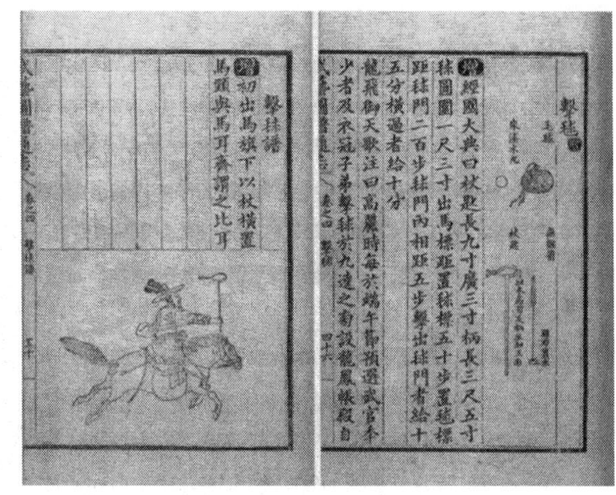
擊毬
經國大典曰杖匙長九寸廣三寸柄長三尺五寸
毬圓圍一尺三寸出馬標距置毬標五十步置毬標
距毬門二百步毬門內相距五步擊出毬門者給十
五分橫過者給十分
龍飛御天歌注曰高麗時每於端午節預選武官年
少者及衣冠子弟擊毬於九達之衢設龍鳳帳殿自

擊毬譜
初出馬旗下以杖橫置
馬頭與馬耳齊謂之比耳

『무예도보통지』에 수록된 격구 관련 도설
서울대학교 규장각 소장

을 바치기 전에는 어찌 감히 자리를 떠날 수가 있겠습니까? 참석하지 못할 듯합니다."[29] 라고 하였다.

이를 통해 이덕무가 백동수, 박제가와 함께 단순히 책상머리에서 『무예도보』를 쓴 것이 아니라 직접 몸으로 무예를 익히고 고증하였음을 밝히고 있는 것이다. 이는 명물도수의 실용성에 초점을 맞추고 왕명을 지엄한 뜻을 받들어 절제하는 모습을 보여주는 것이다.[30]

박제가는 『북학의』에서 "혹이 말을 다루는 것은 무사들의 책임이라고 하고 문신은 그럴 필요가 없다고 하는데 이는 그렇지 않다. 활쏘기는 문무가 있지만 말은 문무가 없다. 금일 문신의 말은 곧 다른 날 군사의 말이다. 따라서 말 다루기를 중국에서 배워야 할 것이다.[31]"라고 하였다. 또 『북학의』 외편 병론에서도 사람마다 다 자기 말을 타야할 것을 주장하기도 하였다. 따라서 이덕무와 박제가가 말에 대해서 잘 모르고 『무예도보통지』를 썼다고는 단정할 수 없을 것이다.[32]

격구는 고려시대에 융성하였다. 격구는 말을 타고 채막대기(杖匙)로 주먹 크기의 나무 공을 구문에 쳐서 넣은 무예로서 고려시대에는 다분히 유희로 흘렀으나 조선초기에는 무예훈련의 기초가 된다고 하여 무과와 도시(都試)의 시험과목으로 채택되었다. 그러나 무과에서 처음으로 시행된 것은 1428년(세종 8)에 처음이며 여러 번의 시행착오를 거쳐 무과전시의(武科殿試儀)에 의해 제도화되었다.[33] 격구의 방법은 비이(比耳), 할흉(割胸), 방미(防尾), 배지(排至), 지피(持彼), 행구(行毬), 수양수(垂揚手), 허수양수(虛垂揚

手) 등이 있다.

임동권・정형호는 1657년(효종 8)에 격구에 대한 기록이 마지막으로 나오고 그 뒤로는 실시되지 않았다고 하였다.[34] 그러나 격구는 1725년(영조 1) 을사증광무과(乙巳增廣武科)의 회시 과목으로 시행된 것이 마지막이라고 한다.[35] 격구는 놀이로 흐를 가능성,[36] 시험보기 위한 장소의 불편함,[37] 임진왜란 이후 조총의 도입으로 인한 마상무예의 기능 저하 등으로 그 중요성이 점차 약화된 듯하다. 격구에 관한 자료는 『고려사』를 비롯하여, 『용비어천가』, 『조선왕조실록』, 『경국대전』이 있으며, 『무예도보통지』에는 그 방법이 자세히 나와 있다. 격구의 기원을 비롯하여 방법에 관한 연구는 우리나라는 물론 일본에서도 많이 시행되었다.

마상재는 말 위에서 사람이 각종 곡예를 부리는 것으로 일명 말놀음, 곡마라고 부르기도 한다. 마상재를 시험보자는 요청은 1511년(중종 6)에 처음 보이고, 이후 1595년(선조 28)에 처음 마상재를 시험보기 시작하였다.[38] 1634년(인조 12)에는 왜인들이 조선의 뛰어난 마상재 전문가들을 초청하여 다음해에 장효인(張孝人)과 김정(金貞)이 사

|『무예도보통지』 마상재보| 서울대학교 규장각 소장

절단으로 동행하였다. 이후로 조선통신사들이 일본에 갈 때는 매번 마상재인들과 함께 수행하였다.

『무예도보통지』에는 마상재 그림이 모두 9개가 나오고 있다. 그런데 임동권·정형호는 『무예도보통지』의 마상재에 대해 7가지로 소개하고 있다. 즉 말 위에 서 있기, 말등 넘나들기, 말 위에 거꾸로 서기, 말 위에 가로눕기, 말 옆구리에 몸 숨기기, 말 위에서 뒤로 눕기, 쌍마 위에 서 있기라는 세의 이름으로 명명하고 있다.[39] 그러나 『무예도보통지』에는 세의 이름으로 명명하고 있지 않다.

2. 도검무예의 '세(勢)'

1) 도법무예의 '세'

도검은 일반적인 형태의 '칼'을 지칭하는 고유명사이다. 칼을 그 형태를 기준으로 구분하면, 도는 한쪽에만 날이 있는 것을 의미하며, 검은 양쪽에 날이 있는 것을 지칭한다.[40] 또한 칼의 손잡이를 잡는 방식에 따라 짧은 것은 검, 긴 것은 도로 구분하기도 한다.

『무예도보통지』에 수록된 도검무예 10기의 명칭과 속칭을 살펴보면, 일반적으로 속칭 없이 사용된 도검무예로 왜검, 왜검교전, 쌍검, 월도, 협도[41], 등패의 6기가 있다. 이와 반대로 여러 개의 용어가 함께 쓰인 도검무예도 있었다. 그 예로 쌍수도는 장도, 용검, 평검으로 쓰이기도 했고, 예도는 단도, 제독검은 요도, 본국검은 신검 등으로 쓰였다. 조선후기 도검의 용어개념은 도와 검의 명확한 구분 없이 혼용하여 쓰였던 것으로 보인다. 이는 오늘날과 같이 도검의 용어를 형태적으로 구분하여 쓰기보다는 당시의 '칼'이라는 보편적인 하나의 용어로서 사용했기 때문이라고 생각된다.

『무예도보통지』에 수록된 도검류는 쌍수도, 예도, 왜검, 왜검교전, 제독검, 본국검, 쌍검, 마상쌍검, 월도, 마상월도, 협도, 등패 등 12기이다. 이 기예들 중에서 필자가 도의 유형으로 선정한 것은 쌍수도, 예도, 월도, 협도, 등패의 다섯 가지 유형이다. 다섯 가지 유형을 선정한 이유는 도라는 형태적인 요소가 가장 크게 작용하였다. 단, 등패는 요도가 함께 사용되기에 요도를 기준으로 도로 구분하였다는 점을 밝힌다. 다만 요도는 쌍수도와 예도와 함께 소도류(小刀類), 월도와 협도는 대도류(大刀類)로 분류할 수 있는 차이점이 있다. 하지만 여기서는 검과 대칭되는 종류로써 도를 하나로 보았다. 『무예도보통지』에 나오는 '세'의 용어는 일반적으로 세력이 강하다든가 혹은 위세가 등등하다 등의 용례에서 보이는 것처럼 외적으로 드러나는 형세나 모양, 혹은 힘이나 영향력 등을 가리키는 말이다. 하지만 이것을 무예에 적용하면 의미의 변화가 생긴다. 즉 일반적으로 '세'는 '자세'라는 의미로 이해되고 있지만 특정한 세를 통해서 나오는 힘, 그리고 변화라는 의미도 함께 포함하고 있다.[42]

예도–점검세

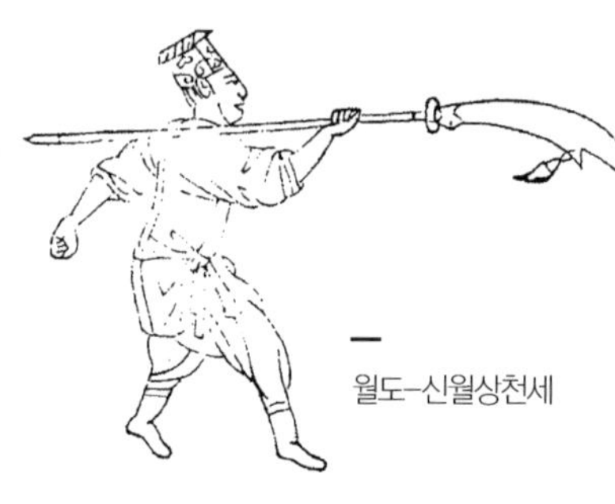
월도–신월상천세

등패–약보세

쌍수도, 월도, 협도, 등패가 명나라의 기예를 대표하는 것이라면, 예도는 조선의 기예를 대표하는 것이라고 할 수 있다. 쌍수도(장도)는 조선 후기 최초의 무예서인 『무예제보』에 수록된 6기 무예 중 유일하게 실린 도검무예이다.43 이외에 예도, 월도, 협도, 등패는 『무예신보』에 수록된 도검무예이다. 특히 예도는 중국의 모원의가 편찬한 『무비지』에 수록되어 있는데, '조선에서 건너온 검법이다'라고 하여 일명 '조선세법'이라고 지칭하였다.

월도는 대표적으로 관우가 사용한 청룡언월도를 떠올리면 이해하기 쉽다. 이 무예는 전투에서 사용하는 실전용보다는 훈련에서 군사들에게 웅장함을 시각적으로 드러내는 훈련용이다. 협도 또한 월도와 동일하게 군사들을 훈련시키는 훈련용 도검무예라고 볼 수 있다.

등패는 방패와 요도를 동시에 사용하여 공격과 방어가 자유로운 실전용 도법무예라고 할 수 있다. 실제로 조선군대의 원앙진의 구성을 살펴보면, 등패 2명, 낭선 2명, 장창 4명, 당파 2명,

화병 1명, 대장 1명 등 총 12명의 배치 가운데 유일하게 도검무예로 배치되는 것이 등패이다. 이를 통해 등패는 실전용임을 알 수 있다.

『무예도보통지』에 실려 있는 도검무예는 보(譜), 총보(總譜), 총도(總圖)의 3단계로 절차로 나누어 군사들을 실용적이면서 단계적으로 훈련시켰다. 먼저 보는 개별 도검무예에 대표되는 세들을 엄선하여 내용을 설명하고 그 아래에 군사들을 2인 1조로 하여 2가지 세의 그림을 그려서 시각적으로 파악하게 하였다.

다음으로 총보에서는 전체적인 '세'에 대한 명칭과 몸이 움직이는 방향에 대한 선을 그려놓음으로써 전후좌우의 선을 따라 세의 명칭을 전체적으로 암기하면서 방향을 숙지하도록 하였다. 마지막으로 총도에서는 보의 대표적인 개별 세와 총보의 전체적인 '세'의 명칭과 방향을 암기함으로써 전체적인 윤곽이 머릿속에 있는 상태에서 도검무예에 대한 전체적인 내용을 그림으로 표현하여 시각적이고 역동적인 세를 처음부터 끝까지 연결하여 설명하였다. 이러한 방식은 군사들이 총도만 보더라도 어떻게 해야 하는지를 한 눈에 알 수 있도록 배려한 것이다.

여기서는 쌍수도, 예도, 월도, 협도, 등패의 다섯 가지 유형 이하 도법 5기를 중심으로 '세'를 살펴보고자 한다. 쌍수도는 보 15세, 총도 38세, 예도는 보 28세, 총도 39세, 월도는 보 18세, 총도 33세, 협도는 보 18세, 총도 37세, 등패는 보 8세, 총도 20세이다.

위에서 언급한 보는 각 도법무예의 대표적인 개별 세를 의미하고, 총도는 개별 세를 하나로 연결하여 시작부터 종료까지 세 전체가 어떠한 흐름 속에서 이루어지는지를 시각적으로 보여주는 것이다. 그러므로 도법 5기의 세는 보와 총도를 함께 비교하면서 살펴보는 것이 좋다. 도 5기의 총 세는 보 87세, 총도 167세로 구성되어 있다.[44]

먼저, 개별 도법무예의 명칭과 세로 구분하여 일차적으로 개별 도법무예의 대표적인 개별 세를 파악하고, 다음으로는 다른 도법무예에 중복되는 세는 어느 정도 되는 지를 파악하고자 한다. 도법 5기인 쌍수도, 예도, 월도, 협도, 등패의 명칭에 따라 대표적인 세를 분석해서 정리하면 다음의 〈표 2-1〉과 같다.

표 2-1 | 도법무예 '세'

순번	쌍수도	예도	월도	협도	등패
1	見賊出劍 견적출검	擧鼎거정	龍躍在淵 용약재연	龍躍在淵 용약재연	起手勢 기수세
2	持劍對賊 지검대적	點劍점검	新月上天 신월상천	中平一刺 중평일자	躍步勢 약보세
3	向左防賊 향좌방적	左翼좌익	猛虎張爪 맹호장조	烏龍擺尾 오룡파미	低平勢 저평세
4	向右防賊 향우방적	豹頭표두	鷙鳥斂翼 지조염익	五化纏身 오화전신	金鷄畔頭勢 금계반두세
5	向上防賊 향상방적	坦腹탄복	金龍纏身 금룡전신	龍光射牛斗 용광사우두	滾牌勢 곤패세
6	向前擊賊 향전격적	跨右과우	五關斬將 오관참장	右半月 우반월	埋伏勢 매복세
7	初退防賊 초퇴방적	撩掠요략	右一擊 우일격	蒼龍歸洞 창룡귀동	仙人指路勢 선인지로세
8	進前殺賊 진전살적	御車어거	向前擊賊 향전격적	丹鳳展翅 단봉전시	斜行勢 사행세
9	持劍進坐 지검진좌	展旗전기	龍光射牛斗 용광사우두	五化纏身 오화전신	
10	拭劍伺賊 식검사적	看守간수	向後一擊 향후일격	中平一刺 중평일자	
11	閃劍退坐 섬검퇴좌	銀蟒은망	蒼龍歸洞 창룡귀동	龍光射牛斗 용광사우두	
12	揮劍向賊 휘검향적	鑽擊찬격	月夜斬蟬 월야참선	左半月 좌반월	
13	再退防賊 재퇴방적	腰擊요격	奔霆走空翻身 분정주공번신	銀龍出海 은룡출해	

순번	쌍수도	예도	월도	협도	등패
14	三退防賊 삼퇴방적	殿翅전시	介馬斬良 개마참량	烏雲罩頂 오운조정	
15	藏劍賈勇 장검고용	右翼우익	劍按膝上 검안슬상	左一擊 좌일격	
16		揭擊게격	長蛟出海 장교출해	右一擊 우일격	
17		左夾좌협	藏劍收光 장검수광	前一擊 전일격	
18		跨左과좌	竪劍賈勇 수검고용	竪劍賈勇 수검고용	
19		掀擊흔격			
20		逆鱗역린			
21		斂翅염시			
22		右夾우협			
23		鳳頭봉두			
24		橫沖횡충			
25		太阿倒他 태아도타			
26		呂仙斬蛇 여선참사			
27		羊角弔天 양각조천			
28		金剛步雲 금강보운			
총계	15	28	18	18	8

출처 : 『무예도보통지영인본』, 권2, 권3, 경문사, 1981

위의 〈표 2-1〉는 쌍수도, 예도, 월도, 협도, 등패의 대표적인 세를 분석하고 정리한 내용이다. 도법무예의 대표 세를 살펴보면, 쌍수도와 예도는 중복되는 세가 없었다. 월도와 협도에서만 용약재연세(龍躍在淵勢), 용광사우두세(龍光射牛斗勢), 창룡귀동세(蒼龍歸洞勢), 수검고용세(竪劍賈勇勢) 등 4세가 동일하게 나타난다. 이외에 개별 도검무예에서 중복되는 세는 월도의 오관참장세(五關斬將勢)와 협도의 중평일자세(中平一刺勢)와 오화전신세(五化纏身勢) 등이 있었다. 이에 대한 대표적인 세는 다음과 같다.

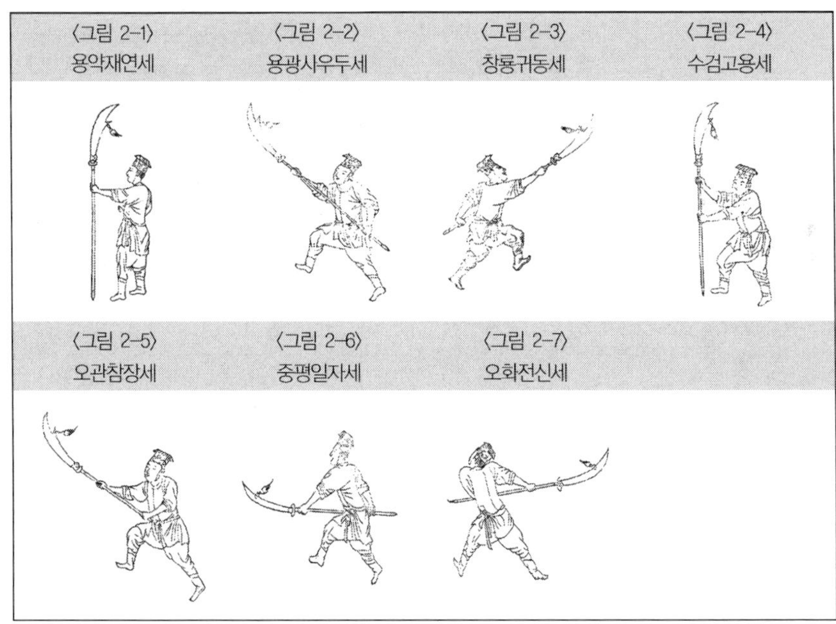

용약재연세는 월도와 협도에 공통으로 보이는 '세'로서 한 손으로 병장기를 세워 잡고, 다른 손으로 앞을 한 번 치는 동작이다. 특히 협도에서는 한번 뛰어서 앞을 치도록 하는 동작이 강조되고 있다. 또한 이 '세'는 월도의 특징인 위엄과 용맹함을 잘 표현해 주는 동작이라고 볼 수 있다.

용광사우두세는 용이 내뿜는 빛이 하늘에 있는 견우성(牽牛星)과 북두성(北斗星)을 비춘다는 뜻으로, 월도와 협도의 크고 긴 칼날의 힘찬 움직임을 나타내는 동작이다.

창룡귀동세는 푸른 용이 돌아가는 모습으로 뒤를 향해 한 번 치는 동작이다. 보법은 오른발이 무릎 높이로 들어 앞에 있고 왼발이 뒤에서 밀어주는 모양이다. 수법은 쌍수 형태이며, 안법은 후면의 위를 응시하고 있다. 도검의 위치는 양손이 도의 손잡이를 잡고 오른쪽 허리에서부터 위쪽을 향하고 있는 모습이다. 도검 기법은 뒤를 향해 한 번 치고 몸을 돌려 앞을 향하는 공격 자세이다.

수검고용세는 마치는 동작이다. 보법은 오른발이 무릎을 굽혀 앞에 있고 왼발이 뒤에서 밀어주는 모양이다. 수법은 쌍수 형태이며, 안법은 왼쪽을 응시하고 있다. 도검의 위치는 도를 수직으로 세워 놓고 왼손이 밑에 오른손이 위를 잡고 있는 모습이다. 도검 기법은 상대방을 주시하는 방어 자세이다.

오관참장세는 좌우로 돌면서 크게 내려치는 동작이다. 보법은 오른발이 무릎 높이로 들어 앞에 있고 왼발이 뒤에서 밀어주는 모양이다. 수법은 쌍수 형태이며, 안법은 정면 위를 응시하고 있다. 도검의 위치는 양손이 도의 손잡이를 잡고 오른쪽 허리 바깥쪽에서 위쪽으로 향하고 있는 모습이다.

중평일자세는 칼을 가슴과 허리 사이의 높이의 중간 위치에서 수평으로 잡고 찌르는 준비 동작이다. 오화전신세는 다섯 개의 꽃이 몸을 감싼다는 의미를 표현하는 동작이다. 즉 현란한 움직임으로 몸을 방어할 수 있도록 하는 자세로 칼을 지고 양손으로 몸을 위에서 아래로 크게 휘둘러 치는 동작이다.

| 쌍수도-견적출검세 |

다음은 도법무예에 대한 전체적인 '세'의 흐름을 살펴보고자 한다. 쌍수도는 왜구의 침략을 계기로 일본에서 중국으로 전해진 뒤 중국화된 도법무예이다. 본래 이름인 장도(長刀)에서 알 수 있듯이 칼날의 길이가 커서 두 손으로 잡고 사용하는 도검무예이다. 견적출검세(見賊出劍勢), 지검대적세(持劍對賊勢), 향좌(向左), 향우세(向右勢), 향상방적세(向上防敵勢), 향전살적세(向前殺賊勢), 초퇴(初退), 재퇴(再退), 삼퇴방적세(三退防敵勢), 진전살적세(進前殺賊勢), 지검진좌세(持劍進坐勢), 식검사적세(拭劍伺賊勢), 섬검퇴좌세(閃劍退坐勢), 휘검향적세(揮劍向賊勢), 장검고용세(藏劍賈用勢)은 실제 동작이 공격과 방어를 용이하게 할 수 있는 중국식 검의 전형적인 모습을 보이고 있다.

| 예도-거정세 |

예도의 세는 본문에서 그림과 함께 28세로 설명하고 있다. 이 세들을 토대로 각 세를 반복하고 전체적으로 설명

한 총도(總圖)에는 총 39세가 나오게 된다. 본문에서 설명되는 세는 『무비지』의 조선세법에서 설명된 24세와 태아도타(太阿倒拖), 여선참사(呂仙斬蛇), 양각조천(羊角弔天), 금강보운(金剛步雲)의 4개의 세가 『무예도보통지』에서 증보되어 총28세가 되었다. 그러나 총보(總譜)에서 사용되는 세에는 『무비지』의 '조선세법(朝鮮勢法)' 12세를 포함한 본문의 16세와 예도 본문의 세를 설명하고 있다. 총보에는 『무비지』의 조선세법의 24세 중 13세만이 사용되고 있다. 그러므로 예도는 『무비지』를 통해 조선에 소개된 후 조선에서 다시 보(譜)를 만들어 훈련한 것으로 보인다.

『무예도보통지』의 범례에서 '이미 모씨(茅氏)의 세법으로 도보를 만들었으나 지금 연습하는 보(譜)와 아주 다른 까닭에 부득불 금보(今譜)로써 별도로 총보를 만들었다.'라는 내용을 통해 그저 『무비지』의 조선세법으로 훈련한 것이 아님을 알 수 있기 때문이다.

월도의 세는 용약재연(龍躍在淵), 신월상천(新月上天), 맹호장과(猛虎張瓜), 오관참장(五關斬將), 용광사우두(龍光射牛斗), 월야참선(月夜斬蟬), 분정주공번신(奔霆走空飜身), 개마참량(介馬斬良), 검안슬상(劍按膝上), 상골분익(霜鶻奮翼), 장검수광(藏劍收光), 수검고용(竪劍賈勇) 등이다. 이 세들은 『무예제보번역속집』 청룡언월도에서 실려 있다. 『무예제보번역속집』의 청룡언월도조에서 중원의 교사로 인해 전습법을 가지고 보를 만들었다는 내용을 통해 중국에서 기원했다는 것을 알 수 있다.[45]

협도는 총 18세 중 처음 시작인 용약재연(龍躍在淵)과 마지막인

수검고용(竪劍賈勇)을 포함하여 용광사우두(龍光射牛斗), 창룡귀동(蒼龍歸洞)의 4세는 월도와 같은 것이고, 나머지 세 중에서 중평(中平)은 창류에서 사용된 세이고, 오화전신(五化纏身)은 쌍검과 권법에 나오는 세이다. 협도는 기본적으로 긴 자루를 가지고 있어 월도와 같은 사용체계를 가지고 있는 동시에 월도에 비해 작은 칼날을 가지고 있어 날렵한 찌르기의 창류 특성도 갖고 있다.

| 협도-좌반월세 |

이것은 『무예제보번역속집』에서의 협도의 세인 조천(朝天), 중평(中平), 약보(躍步), 도창(到槍), 가상(架上), 반창(反槍), 비파(琵琶), 한강차어(漢江叉魚), 선옹채약(仙翁採藥), 틈홍문(闖鴻門) 등 10세 중에서 조천, 중평, 가상, 비파, 틈홍문 등 5세가 창류의 세이다. 협도의 기원은 협도의 다른 이름인 미첨도(眉尖刀)가 송나라의 무기 체계에서부터 볼 수 있는 것으로 중국임을 알 수 있다.[46]

등패의 세는 기수(起手), 개찰의(開札衣), 약보(躍步), 저평(低平), 금계반두(金鷄畔頭), 곤패(滾牌), 선인지로(仙人指路), 매복(埋伏), 사행(斜行) 등이다. 여기에서 매복을 제외하고는 다른 무예들과 전혀 다른 세를 사용하고 있다. 이것은 방패를 들고 검이나 표창을 사용하는 등패는 쌍수도나 월도와 같이 하나의 무기를 가진

| 등패-저평세 |

공방기술이 아닌 두 가지 무기를 가지고 방어와 공격을 하는 특성을 가지고 있기 때문이다.[47] 방패를 사용하여 방어하는 세로는 기수, 금계반두, 선인지로, 매복이 있고 등패 뒤에 숨어서 표창을 던지는 저평 등이 있다. 이상과 같이 도법무예에 관한 5기를 개략적으로 살펴보았다.

2) 검법무예의 '세'

『무예도보통지』에 실려 있는 검법무예는 왜검, 왜검교전, 제독검, 본국검, 쌍검 등 5기이다. 왜검과 왜검교전의 기원은 일본, 제독검은 중국, 본국검의 기원은 한국 그리고 연원이 불분명한 쌍검 등으로 구분할 수 있다. 또한 검에 대한 속칭으로는 제독검은 요도(腰刀), 본국검은 신검 등으로 불리고, 왜검, 왜검교전, 쌍검은 단일 명칭으로 통용되고 있다.

| 왜검토유류-방어 |

| 왜검운광류-천리세 |

| 왜검천유류-초도수세 |

| 왜검유피류 |

그러나 왜검은 다른 검법무예와 달리 토유류(土由類), 운광류(運光流), 천유류(千柳類), 유피류(柳彼類) 등 4가지 유파의 검술을 소개하고 있다. 4가지 유파 중 운광류만 전해지고 나머지 유파의 검술은 실전되었다고 덧붙여 설명하고 있다. 그 외에 총보와 총도에는 유파의 검술을 소개하고 있다. 왜검은 김체건(金體乾)이 훈련대장 유혁연(柳赫然)의 명령으로 1675년(숙종 즉위)부터 1679년(숙종 5) 3월 사이에 동래 왜관에 숨어 들어가 왜검 기법을 익히고, 1682년(숙종 8)에 통신사 사행을 따라 일본에 갔다가 4종류의 검보를 얻어 온 후 왜검을 조선에 전파한 것으로 보인다.[48]

제독검은 명나라의 제독 이여송(李如松)의 부하 낙상지(駱尙志)가 창과 칼과 낭선 등의 기법을 조선의 금군(禁軍)에게 가르쳤으므로 이것을 명명하여 제독검이라고 지칭하였다.[49] 본국검은 『신증동국여지승람』에 실린 신라화랑 황창랑 고사에서 유래를 찾을 수 있다. 황창랑이 백제의 왕을 죽이기 위해 가면을 쓰고 검무를 추었는데, 그때 그의 검무가 신라의 검법이며, 본국검[50]라고 지칭한다고 기록되어 있다.

쌍검에 대한 기원은 『무예도보통지』에 상세하게 기록하지 않았다. 이는 쌍검이 어떤 기원을 두어 발생했다기보다는 조선 내에서 자연스럽게 형성되었던 것은 아닌지 추정해 볼 수 있다.[51]

왜검, 왜검교전, 제독검, 본국검, 쌍검의 검법 5기를 중심으로 '세'를 살펴보고자 한다. 왜검은 보 111세, 총도 111세, 왜검교전은 보 50세, 총도 50세, 제독검은 보 14세, 총도 28세, 본국검은 보 24세, 총도 33세, 쌍검은 보 13세, 총도 20세이다.

위에서 언급한 보는 각 검법무예의 대표적인 개별 세를 의미하고, 총도는 개별 세를 하나로 연결하여 처음부터 종료까지의 전체적인 세가 어떠한 흐름 속에서 이루어지는지를 시각적으로 보여주는 것이다. 따라서 보와 총도를 함께 비교하면서 설명하고자 한다. 검법 5기의 총 세는 보 212세, 총도 243세이다.

먼저 개별 검법무예의 명칭과 세로 구분하여 일차적으로 개별 검법무예의 대표적인 개별 세를 파악하고, 다음으로는 다른 검법무예에 중복되는 세는 어느 정도 되는 지를 파악하고자 한다.

왜검, 왜검교전, 제독검, 본국검, 쌍검 중에서 왜검은 세의 명칭을 줄 수 있는 부분이 토유류, 운광류, 천유류, 류피류 등의 유파 명칭에서 비롯된 세에 대한 내용이 일부만 보인다. 왜검교전의 경우 세보다는 두 사람이 실제로 검을 들고 교전하는 형태를 취하였기에 실제 기예에 해당하는 세에 대한 명칭이 보이는 부분만을 정리하였다. 이러한 이유로 검법무예의 명칭에 따른 대표 세 분석은 왜검, 왜검교전, 제독검, 본국검, 쌍검만을 대상으로 하였다. 이에 대한 내용은 〈표 2-2〉과 같다.

표 2-2 | 검법무예 '세'

순번	왜검	왜검교전	제독검	본국검	쌍검
1	藏劍再進 장검재진	見賊出劍 견적출검	對賊出劍 대적출검	持劍對賊 지검대적	持劍對賊 지검대적
2	藏劍三進 장검삼진		進前殺賊 진전살적	右內掠 우내략	見賊出劍 견적출검
3	千利 천리		向右擊賊 향우격적	進前殺賊 진전살적	飛進擊賊 비진격적
4	跨虎 과호		向左擊賊 향좌격적	金鷄獨立 금계독립	初退防賊 초퇴방적
5	速行 속행		揮劍向賊 휘검향적	後一擊 후일격	向右防賊 향우방적
6	山時雨 산시우		初退防賊 초퇴방적	金鷄獨立 금계독립	向左防賊 향좌방적
7	水鳩心 수구심		向後擊賊 향후격적	猛虎隱林 맹호은림	進前殺賊 진전살적
8	柳絲 유사		向右防賊 향우방적	雁字 안자	前一擊 전일격
9	初度手 초도수		向左防賊 향좌방적	直符送書 직부송서	五化纏身 오화전신
10	再弄 재농		勇躍一刺 용약일자	拔艸尋蛇 발초심사	後一擊 후일격
11			再退防賊 재퇴방적	豹頭壓頂 표두압정	鷙鳥斂翼 지조염익
12			拭劍伺賊 식검사적	朝天 조천	藏劍收光 장검수광

순번	쌍수도	예도	월도	협도	등패
13			藏劍賈勇 장검고용	左挾獸頭 좌협수두	項莊起舞 항장기무
14				向右防賊 향우방적	
15				殿旗 전기	
16				左腰擊 좌요격	
17				右腰擊 우요격	
18				後一刺 후일자	
19				長蛟噴水 장교분수	
20				白猿出洞 백원출동	
21				右鑽擊 우찬격	
22				勇躍一刺 용약일자	
23				向右防賊 향우방적	
24				兕牛相戰 시우상전	
총계	10	1	13	24	13

출처 : 『무예도보통지영인본』, 권2, 권3, 경문사, 1981

위의 〈표 2-2〉는 왜검, 왜검교전, 제독검, 본국검, 쌍검의 대표적인 세를 정리하고 분석한 내용이다. 검법무예의 대표 세를 살펴보면, 용약일자세(勇躍一刺勢)는 제독검과 본국검에서 보였다. 지검대적세(持劍對賊勢), 후일격(後一擊)은 본국검과 쌍검에서 보였으며, 견적출검세(見賊出劍勢)는 왜검교전과 쌍검에서 동일하게 나타났다. 초퇴방적세(初退防賊勢), 향좌방적세(向左防賊勢)은 제독검과 쌍검에 보였으며, 진전살적세(進前殺賊勢), 향우방적세(向右防賊勢)는 제독검, 본국검, 쌍검에서 모두 공통으로 나타났다. 이에 대한 대표적인 세는 다음과 같다.

〈그림 2-8〉 용약일자세	〈그림 2-9〉 지검대적세	〈그림 2-10〉 후일격세	〈그림 2-11〉 견적출검세
〈그림 2-12〉 초퇴방적세	〈그림 2-13〉 향좌방적세	〈그림 2-14〉 진전살적세	〈그림 2-15〉 향우방적세

용약일자세는 일보 앞으로 뛰어 올랐다가 나아가며 찌르는 동작이다. 보법은 오른발이 앞에 있고 왼발이 뒤에 서 있는 모습이다. 수법은 쌍수 형태이며, 안법은 정면을 응시하고 있다. 도검의 위치는 양손이 검을 잡고 칼날을 위로 돌려 어깨 앞으로 수평을 유지한 채 쭉 뻗어있는 모양이다. 도검 기법은 찌르는 공격 자세이다.

지검대적세는 검을 왼쪽어깨에 의지하고 적과 마주보고 있는 동작이다. 보법은 오른발이 앞에 왼발이 뒤에 있는 모습이다. 수법은 쌍수 형태이며, 안법은 후면에서 앞을 바라보고 있는 모습이다. 도검의 위치는 양손으로 검을 잡아 왼쪽 어깨에 대고 수직 방향으로 세우고 있는 모양이다. 도검 기법은 방어 자세이다.

후일격세는 뒤에 있는 적을 한 번에 치는 동작이다. 보법은 오른발을 무릎 높이로 들어 앞으로 나가고 왼발이 뒤에서 밀어주는 모양이다. 수법은 쌍수 형태이며, 안법은 후면 앞쪽을 응시하고 있다. 도검의 위치는 양손으로 검을 잡고 단전에서부터 칼날이 위로 향하고 있는 모습이다. 도검 기법은 오른손과 오른 다리로 한 번 치는 공격 자세이다.

견적출검세는 적을 보고 검을 뽑는 동작이다. 보법은 오른발이 무릎 위로 들어 앞에 나오고 왼발이 뒤에서 밀어주는 모양이다. 수법은 쌍수 형태이며, 안법은 정면을 응시하고 있다. 도검의 위치는 오른쪽 검은 오른쪽 어깨 위에 들고 있고 왼쪽 검은 왼쪽 허리 앞에 수평으로 들고 있다. 도검 기법은 오른손과 왼 다리로 한 걸음 뛰는 방어 자세이다.

초퇴방적세는 처음 물러나서 적을 방어하는 동작이다. 보법은 오른발이 앞굽이 자세로 무릎을 굽혀 앞에 있고 왼발이 뒤에서 밀어주는 모양이다. 수법은 쌍수 형태이며, 안법은 정면 위를 응시하고 있다. 도검의 위치는 오른쪽 검은 왼쪽 겨드랑이에 끼어 칼날이 위로 향하고 하고 왼손 검은 팔을 뻗어 어깨에서 위를 향하고 있는 모습이다. 도검 기법은 오른쪽 칼을 왼쪽 겨드랑이 끼고 오른쪽으로 세 번 돌아 물러나는 자세이다.

향좌방적세는 왼쪽으로 향하여 적을 방어하는 동작이다. 보법은 오른발이 앞굽이 자세로 무릎을 굽혀 앞에 나오고 왼발이 뒤에서 밀어주는 모양이다. 수법은 쌍수 형태이며, 안법은 왼쪽을 응시하고 있다. 도검의 위치는 오른쪽 검은 오른쪽 어깨위로 왼쪽 검은 왼쪽 어깨 위로 양쪽 어깨가 모두 나란히 펴진 상태에서 칼날이 바깥쪽을 향하고 있는 모습이다. 도검 기법은 방어 자세이다.

진전살적세는 앞으로 나아가 적을 베는 동작이다. 앞으로 나아가 적을 베는 동작이다. 보법은 우상보(右上步)이며, 수법은 쌍수 형태이다. 안법은 정면을 응시하는 모습이며, 도검의 위치는 신체의 단전에서부터 칼날이 위로 향하게 하는 모습이다. 도검 기법은 상대방을 베는 공격 동작이다.

향우방적세는 오른쪽을 향해 적을 방어하는 동작이다. 보법은 왼발이 무릎 높이로 들어 앞에 나오고 오른발이 뒤에서 밀어주는 모양이다. 수법은 쌍수 형태이며, 안법은 후면의 앞쪽을 응시하고 있다. 도검의 위치는 양손으로 검을 잡고 칼날을 틀어서 목 부위에서 앞으로 상대의 하복부를 향하게 하고 있는 모습이다. 도검 기법은 오른쪽을 막는 방어 자세이다.

다음은 검법무예에 대한 전체적인 '세'의 흐름을 살펴보고자 한다. 왜검은 토유류, 운광류, 천유류, 유피류의 4가지 유파의 검법으로 소개하고 있다. 또한 현재 운광류의 검술만이 전해지고 다른 유파의 검법은 실전되었다고 밝히고 있다.

토유류에서는 장검재진(藏劍再進)과 장검삼진(藏劍三進)의 2가지 세가 보였으며 운광류에서는 천리(千利), 과호(跨虎), 속행(速行), 산시우(山時雨), 수구심(水鳩心), 유사(柳絲) 등 6가지의 세가 보였다. 천유류에서는 초도수(初度手), 재농(再弄), 장검재진(藏劍再進), 장검삼진(藏劍三進)의 4가지 세가 보였지만 유피류에서는 세가 보이지 않았다.

왜검교전에서는 견적출검세(見賊出劍勢)만 보였다. 그러나 교전총도(總圖)에서는 처음에 시작하는 개문(開門)에서 마지막에 종료하는 상박(相撲)까지의 절차를 통하여 군사들이 교전상황을 대비한 훈련하는 방법을 명료하게 정리하여 전하고 있다.[52] 왜검교전은 원래 모검(牟劍)이라는 명칭으로 사용되다가 정조대에 도검무예의 명칭을 통일화 시키는 과정에서 왜검교전으로 변경되었다. 왜검의 특징은 제독검이나 본국검, 쌍검과 같이 세를 통한 동작의 설명이 아닌 세를 사용하지 않고 동작에 대한 설명으로 되어 있다는 점이다.[53]

제독검에서 사용된 세를 보면 총 13가지의 세 중에서 견적출검

(見賊出劍), 진전살적(進前殺賊), 휘검향적(揮劍向賊), 향좌방적(向左防敵), 향우방적(向右防敵), 식검사적(拭劍伺賊), 초퇴방적(初退防敵), 재퇴방적(再退防敵), 장검고용(藏劍賈用) 등 9가지의 세가 쌍수도에서 사용한 세와 동일하다. 또한 향좌격적(向左擊賊), 향우격적(向右擊賊), 향후격적(向後擊賊)과 같은 세는 쌍수도의 향좌방적(向左防賊), 향우방적(向右防賊), 향전격적(向前擊賊)과 같은 실제동작을 설명하는 방식으로 만들어진 세이다. 그러므로 그 기원이 중국에서 온 것을 알 수가 있다.[54]

본국검은 총 24가지의 세 중에서 쌍수도에서 사용된 '세명'과 같은 작명방식의 '세명'으로는 지검대적(持劍對賊), 진전격적(進前擊賊), 후일격(後一擊), 향우방적(向右防敵), 진전살적(進前殺賊), 후일자(後一刺), 향전살적(向前殺賊) 등 7가지가 있다. 이에 비해 예도에서 사용된 '세명'에는 좌요격(左腰擊), 우요격(右腰擊), 찬격(鑽擊), 전기(展旗), 조천(朝天), 발초심사(撥草尋蛇), 백원출동세(白猿出洞勢)가 있다. 세의 분석으로 볼 때 본국검은 기존에 있던 중국의 검법과 예도 등의 기술로 다시 만들어진 기법으로 볼 수도 있다.

제독검–장검고용세

본국검–발초심사세

그러나 『무예도보통지』에서 황창랑(黃昌郞)의 고사를 인용하면서 그 기원을 조선에 두고자 하는 의도와 편찬당시 정황으로 볼 때 단순히 다시 창작한 것으로 보기는 힘들다. 이에 대해 허인욱은 본국검의 기원을 민간에서 전래된 검법이 후대에 채택된 것으로 보았다.[55]

쌍검은 13세로 되어 있다. 이 세들 중 쌍수도에서 사용된 세와 같은 것은 지검대적(持劍對賊), 견적출검(見賊出劍), 초퇴방적(初退防敵), 향우방적(向右防敵), 향좌방적(向左防賊), 휘검향적(揮劍向賊), 진전살적(進前殺賊)이 있고, 동일 작명 방식의 세에는 향후격적(向後擊賊)이 있다. 나머지 세인 비진격적(飛進擊賊), 오화전신(五花纏身), 지조염익(鷙鳥斂翼), 장검수광(藏劍收光), 항장기무(項莊起舞), 대문(大門) 중에서 오화전신세(五化纏身勢)는 협도에서 지조염익세(鷙鳥斂翼勢)와 장검수광세(藏劍收光勢)는 월도에서 동일한 세를 볼 수 있다.

또한 임진왜란 당시 선조가 중국 군사의 쌍검을 인상 깊게 보고서 쌍검 교습을 훈련도감에 전교하는 내용을 보아 쌍검은 중국에서 그 근원을 찾을 수 있다. 『선조실록』 1594년(선조 27) 9월 3일 기사 내용에서 확인할 수 있다.

쌍검-비진격적세

전교하기를, "옛날 사람이 쌍검을 쓴 지는 오래이다. 冉閔 같은 사람은 왼손에 雙刃矛 오른손에 鉤戟을 잡고 군사를 공격하였고, 高皇帝의 맹장 王弼은 쌍검을 휘두르며 僞吳王의 군사를 맞아 싸우러 갔으니, 이것이 그 한 예이다. 지금도 중국인은 쌍검을 많이 쓴다. 전에 義州에 있을 때 어떤 중국인이 쌍검을 잘 사용하는 것을 보았는데 푸른 무지개가 떠서 그의 몸을 감싼 듯하였고 그 민첩한 상황이 마치 휘날리는 눈이 회오리바람을 따라 돌 듯하여 바로 쳐다볼 수 없었으므로 마음에 늘 기이하게 여겼었다. 전에는 평양 사람도 꽤 전습하였었다. 또 들으니 중국인은 말 위에서 쌍검을 쓴다고 하는데 이는 더욱 어려운 일이다. 내 생각에는 여러 가지 무예를 모두 익히는 것이 좋다고 여긴다. 쌍검의 사용을 가르치지 않아서는 안 되지만 그 일이 마땅한지의 여부를 참작하여 시행하라." 하였다. 훈련도감이 회계하기를, "쌍검의 사용은 다른 기예보다 가장 어려우므로 중국 군사 중에도 능숙한 자가 많지 않습니다. 비유하자면 騎射 같은 것은 반드시 익숙하게 말 달리기를 익혀 사람과 말이 호응하여야만 좌우로 활 쏘는 것을 배울 수 있습니다. 살수 중에도 그 技術에 능숙한 자는 많이 얻기 어렵습니다. 그 중 몇 사람에게 오로지 쌍검을 가르치게 한다면 재능을 완성시킬 수 있을 것이므로 차례로 교습하겠습니다."하니, 알았다고 전교하였다.[56]

위 기사는 중국인이 쌍검을 많이 사용하였다는 내용이다. 이어 선조가 중국 군사의 쌍검 시범을 본 선조가 훈련도감(訓鍊都監)에 지시하여 살수 중에서 쌍검을 배울 수 있는 사람을 차출하여 그 재능을 완성시킬 수 있도록 교습하라는 것이다. 이를 통해 도검무예의 하나인 쌍검만을 습득케 함으로써 한 가지 기예에 전문가가 될 수 있는 살수를 양성할 수 있는 계기를 마련하였다고 볼 수 있다.

2절

도검무예의 실제

1. 쌍수도

『무예도보통지』 권2에 실려 있는 쌍수도는 일명 장도(長刀), 용검(用劍), 평검(平劍) 등으로 불리어지기도 한다.[57] 쌍수도는 두 손을 사용하며, 오직 조총수(鳥銃手)가 겸할 수 있다. 적이 멀리 있으면 조총을 쏘고 적이 가까이 있으면 도를 사용하는 것을 원칙으로 하였다.[58] 오늘날에는 손잡이가 길고 무거운 장도가 아닌 손잡이가 짧고 휴대가 편리하면서 실용성을 갖춘 요도(腰刀)를 가지고 훈련을 실시하였다.[59] 이는 조선의 군사들에게 효율적으로 쌍수도를 좀 더 쉽게 습득시키고자 하는 조선의 강한 의도가 담긴 것이라고 볼 수 있다.

또한 쌍수도가 왜(倭)의 도법으로 '장도(長刀)'로 불리면서 명(明)을 거쳐 조선에 정착되면서 최초의 '장도'의 명칭은 '쌍수도'로 변경되었고, 중국식의 복장과 도검의 형태는 조선의 복장과 형태로 그리고 기계도식(器械圖式), 보(譜), 총보(總譜), 총도(總圖) 등의 내용이 추가되면서 조선의 것으로 탈바꿈하였다.

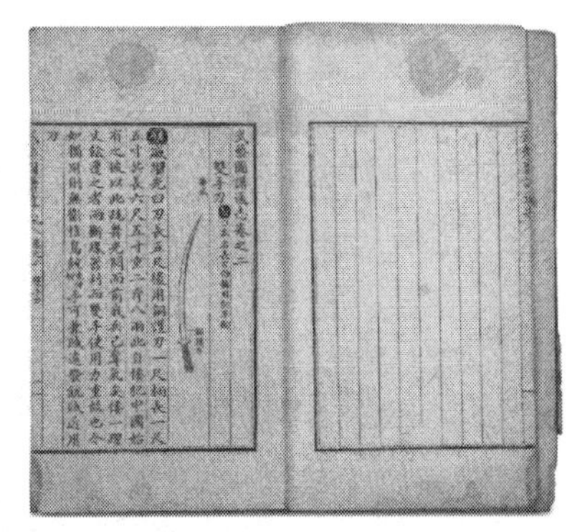

『무예도보통지』의 쌍수도

다만 도검기법의 '세'는 동일하였다. 도검 기법은 전쟁에서 적을 벨 수 있는 가장 중요한 무기이자 전술무예이다. 따라서 왜의 도검기법이 실전에서 명과 조선을 능가했기에 이를 수용하여 기법을 그대로 군사들에게 전수하는 차원에서 적용한 것으로 보인다. 18세기 실용성을 강조하는 실학정신이 발현되는 시점에 군사들이 훈련하는 교범서인『무예도보통지』에 그 기법과 내용이 고스란히 실려 있다고 할 수 있다.

쌍수도의 세는 전체 15개 동작으로 이루어져 있다. 견적출검세(見賊出劍勢)를 시작으로 지검대적세(持劍對賊勢), 향좌방적세(向左防賊勢), 향우방적세(向右防賊勢), 향상방적세(向上防賊勢), 향전격적세(向前擊賊勢), 초퇴방적세(初退防賊勢), 진전살적세(進前殺賊勢), 지검진좌세(持劍進坐勢), 식검사적세(拭劍伺賊勢), 섬검퇴좌세(閃劍退坐勢), 휘검향적세(揮劍向賊勢), 재퇴방적세(再退防賊勢), 삼퇴방적세(三退防賊勢), 장검고용세(藏劍賈勇勢)로 마치는 것이다. 각 세들을 전체적으로 설명하면 〈그림 2-16〉과 같다.

〈그림 2-16〉 쌍수도 전체 동작

1. 견적출검세 [방어]	2. 지검대적세 [공격]	3. 향좌방적세 [방어]	4. 향우방적세 [방어]
5. 향상방적세 [방어]	6. 향전격적세 [공격]	7. 초퇴방적세 [방어]	8. 진전살적세 [공격]
9. 지검진좌세 [방어]	10. 식검사적세 [방어]	11. 섬검퇴좌세 [방어]	12. 휘검향적세 [공격]
13. 재퇴방적세 [방어]	14. 삼퇴방적세 [공격]	15. 장검고용세 [방어]	

위의 그림은 쌍수도의 전체 동작 15세를 정리한 내용이다. 『무예도보통지』 권2의 쌍수도보(雙手刀譜)에서는 그림 1장에 2인이 1소가 되어서 각자 1가지 세를 취하는 형식으로 2세씩 나와 있다. 각 세에 대한 내용이 총 8장으로 구성되어 있으나, 맨 마지막 장에만 1인이 1세를 취하고 있다. 이를 통해 쌍수도의 세가 총15세로 구성되어 있음을 알 수 있다. 각 세에 보이는 내용을 검토하면 다음과 같다.

1. 견적출검세 [방어]	2. 지검대적세 [공격]	3. 향좌방적세 [방어]	4. 향우방적세 [방어]

견적출검세는 적을 보면서 검을 뽑는 동작이다. 보법은 왼발이 지면에 있고 오른발은 무릎 높이로 들어서 앞으로 나아가는 우상보(右上步) 형태의 자세를 취하고 있다. 수법은 오른손으로만 검을 잡고 있는 단수 형태이다. 안법은 정면을 바라보는 모습이며, 도검의 위치는 오른쪽 어깨에서 오른쪽 무릎 밑으로 향하고 있으며, 칼날은 몸의 바깥쪽을 향하고 있다. 도검 기법은 적을 방어하는 동작이다.

지검대적세는 검을 왼쪽어깨에 의지하고 적과 마주보고 있는 동작이다. 보법은 견적출검세와 동일한 우상보 자세를 취하고 있다. 수법은 왼손이 칼끝을 잡고 오른손이 그 위에 올라와 잡는 쌍수 형태로 되어 있다. 안법은 정면을 바라보는 모습이며, 도검의 위치는 신체의 단전에서부터 위의 방향으로 올라가 있다. 도검 기법은 적을 공격하는 동작이다.

향좌방적세는 왼쪽을 향해 적을 방어하는 동작이다. 보법은 우상보이며, 수법은 왼손이 밑으로 오른손이 위로 향하게 잡는 쌍수 형태이다. 안법은 왼쪽 방향이며, 도검은 칼날이 신체의 바깥쪽을 향하고 왼쪽의 무릎에서부터 신체에서 벗어난 왼쪽 정면 앞쪽에 위치하고 있다. 도검 기법은 상대방의 왼쪽 공격을 방어하는 동작이다.

향우방적세는 오른쪽을 향해 적을 방어하는 동작이다. 보법은 우상보이며, 수법은 쌍수 형태이다. 안법은 정면을 응시하며, 도검의 위치는 신체의 명치에서부터 오른쪽 방향 머리 위로 칼날이 바깥쪽을 향하게 하여 들고 있다. 도검 기법은 상대방의 오른쪽 공격을 방어하는 동작이다.

5. 향상방적세 [방어]	6. 향전격적세 [공격]	7. 초퇴방적세 [방어]	8. 진전살적세 [공격]

향상방적세는 검으로 위를 향해 적을 막는 동작이다. 보법은 우상보이며, 수법은 오른손으로만 검을 잡고 있는 단수 형태이다. 안법

은 머리를 들어 정면 위를 응시하는 모습이며, 도검은 오른쪽 어깨 위에 칼날이 위로 향하게 위치하고 있다. 도검 기법은 상대방의 검을 머리 위에서 방어하는 동작이다.

향전격적세는 앞을 향해 적을 내려치는 동작이다. 보법은 우상보이며, 수법은 쌍수 형태이다. 안법은 정면을 응시하는 모습이며, 도검의 위치는 신체의 가운데인 단전에서 칼날이 시작하여 정면의 앞쪽을 향하고 있다. 도검 기법은 상대방을 치는 공격 동작이다.

초퇴방적세는 처음 물러났다가 적을 방어하는 동작이다. 보법은 병렬보(竝列步)이며, 수법은 쌍수 형태이다. 안법은 정면을 응시하는 모습이며, 도검의 위치는 중단세로서 칼끝이 단전에서부터 신체의 바깥쪽을 겨누고 있는 자세이다. 도검 기법은 상대방을 겨눔으로써 공격을 못하게 하는 방어 동작이다.

진전살적세는 앞으로 나아가 적을 베는 동작이다. 보법은 우상보이며, 수법은 쌍수 형태이다. 안법은 정면을 응시하는 모습이며, 도검의 위치는 신체의 단전에서부터 칼날이 위로 향하게 하는 모습이다. 도검 기법은 상대방을 베는 공격 동작이다.

9. 지검진좌세 [방어] 10. 식검사적세 [방어] 11. 섬검퇴좌세 [방어] 12. 휘검향적세 [공격]

지검진좌세는 검을 쥐고 나아가 앉는 동작이다. 보법은 오른쪽 발이 무릎 정도로 앉고 왼쪽 발이 일보 후퇴하여 안는 자세를 취한다. 수법은 오른손만으로 검을 잡고 있는 단수 형태이다. 안법은 정면을 응시하는 모습이며, 도검의 위치는 앉은 자세로 오른쪽 어깨에서 검의 손잡이를 잡어 오른쪽 발 앞에까지 칼날이 바깥으로 향하고 있는 모습이다. 도검 기법은 앉은 자세로 상대방의 공격을 겨눔으로써 방어하는 동작이다.

식검사적세는 검을 닦으며 적의 동향을 살피는 동작이다. 보법은 오른쪽 발과 왼쪽 발이 나란히 지면을 딛고 서 있는 병렬보이며, 수법은 오른손만으로 검을 잡고 있는 단수 형태이다. 안법은 왼쪽의 뒤를 돌아보는 모습이며, 도검의 위치는 왼쪽의 뒤편의 어깨부터 아래로 칼날을 바깥으로 향하고 있는 모습이다. 도검 기법은 기마상태의 자세로 왼쪽의 뒤편에 있는 상대방을 막기 위한 방어 동작이다.

섬검퇴좌세는 검을 피하며 물러나 앉는 동작이다. 보법은 앞굽이 자세로서 오른쪽 발이 앞으로 왼 발이 뒤로 가 있는 모습을 취하고 있는 형태이다. 수법은 오른손만으로 검을 잡고 있는 단수 형태이다. 안법은 정면을 응시하는 모습이며, 도검의 위치는 오른손으로 잡은 칼의 손잡이를 신체의 등 뒤쪽 왼쪽 허리에 대고 칼날이 바깥쪽을 향하면서 왼쪽 허리부터 왼쪽 머리 위쪽으로 향하게 하고 있는 모습이다. 도검 기법은 상대방을 피하여 방어하는 동작이다.

휘검향적세는 적을 향해 검을 휘두르는 동작이다. 보법은 우상보이며, 수법은 왼손이 밑으로 오른손이 위로 향하게 잡는 쌍수 형태이다. 안법은 왼쪽 방향이며, 도검은 칼날이 신체의 바깥쪽을 향하고 왼쪽의 무릎에서부터 신체에서 벗어난 왼쪽 정면 앞쪽에 위치하고 있다. 도검 기법은 상대방의 왼쪽을 공격하는 동작이다.

13. 재퇴방적세 [방어] 14. 삼퇴방적세 [공격] 15. 장검고용세 [방어]

재퇴방적세는 다시 물러나서 적을 방어하는 동작이다. 보법은 병렬보로 왼 발이 앞에 오른 발이 뒤에 위치하고 있는 모습이다. 수법은 쌍수 형태이다. 안법은 정면 위를 응시하고 있는 모습이며, 도검의 위치는 신체의 명치에서부터 오른쪽 어깨 방향으로 칼날이 바깥쪽으로 향하게 되어 있다. 도검 기법은 신체가 후면에서 오른쪽 옆 방향으로 몸을 틀어서 오른쪽의 상대방을 방어하는 동작이다.

삼퇴방적세는 세 번 물러나서 적을 방어하는 동작이다. 보법은 왼 발과 오른발이 나란히 서 있는 병렬보이며, 수법은 쌍수 형태이다. 안법은 왼쪽 방향의 위를 응시하고 있으며, 도검의 위치는 신체의 명치부터 왼쪽 어깨의 앞쪽으로 나와 있다. 칼날은 신체의 안쪽 방향으로 되어 있다. 도검 기법은 왼쪽의 상대방을 방어하는 동작이다.

장검고용세는 검을 감추고 날쌘 용맹으로 마무리 하는 동작이다.

보법은 병렬보로서 왼발이 앞에 오른발이 뒤에 위치하고 있으며, 수법은 왼손에만 검을 잡고 있는 단수 형태이다. 안법은 정면을 응시하고 있다. 도검은 왼쪽 어깨와 나란히 위치하고 있으며, 칼날은 어깨 밑으로 향하고 있다. 도검 기법은 상대방을 제압한 후 겨누는 방어 동작이다.

이상과 같이 쌍수도의 세를 검토한 바, 공격기법은 지검대적세(持劍對賊勢), 향전격적세(向前擊賊勢), 진전살적세(進前殺賊勢), 휘검향적세(揮劍向賊勢)의 4세였고, 방어기법은 견적출검세(見賊出劍勢), 향좌방적세(向左防賊勢), 향우방적세(向右防賊勢), 향상방적세(向上防賊勢), 초퇴방적세(初退防賊勢), 지검진좌세(持劍進坐勢), 식검사적세(拭劍伺賊勢), 섬검퇴좌세(閃劍退坐勢), 재퇴방적세(再退防賊勢), 삼퇴방적세(三退防賊勢), 장검고용세(藏劍賈勇勢) 등 11세였다. 이를 통해 쌍수도의 도검 기법은 공격보다는 방어에 치중한 기법이라는 것을 알 수 있었다.

2. 예 도

『무예도보통지』 권2에 실려 있는 예도는 일명 단도(短刀)라고 한다.[60] 또한 모원의가 편찬한 『무비지』에는 '조선세법' 수록되어 있다. 그 내용은 근래 호사자가 있어서 조선에서 그 얻었는데 세법을 구비되어 있었다. 진실로 중국에서 잃어버린 것을 사예에서 구하여 알려고 하였다고 언급하였다.[61] 현재 『무예도보통지』의 예도는 '조선세법'이라는 명칭으로 불리고 있다.

『무예도보통지』 예도에서는 도검기법을 안법(眼法), 격법(擊法), 세법(洗法), 자법(刺法)의 네 가지로 구분하여 자세들을 설명하고 있다. 또한 예도에서 사용하는 도검의 형태는 중국의 요도(腰刀)를 사용하였다고 하였다.[62] 그리고 구보(舊譜)에 기재되어 있는 쌍수도, 예도, 왜검, 쌍검, 제독검, 본국검, 마상쌍검 등은 도검 기법은 달랐으나 모두가 요도를 사용했으며, 칼의 양쪽에 날이 있는 것을 검(劍)이라고 하고, 한쪽만 날이 있는 것을 도(刀)라고 했으나, 후세에는 도와 검이 서로 혼용되었다[63] 고 언급하였다. 당시에 도검의 구분이 없었지만, 군사들이 실용적으로 쉽게 훈련할 수 있는 조건으로 요도가 선택된 것으로 판단된다.

예도의 세는 전체 28개 동작으로 이루어져 있다. 거정세(擧鼎勢)를 시작으로 점검세(點劍勢), 좌익세(左翼勢), 표두세(豹頭勢), 탄복세(坦腹勢), 과우세(跨右勢), 요략세(撩掠勢), 어거세(御車勢), 전기세(展旗勢), 간수세(看守勢), 은망세(銀蟒勢), 찬격세(鑽擊勢), 요격세(腰擊勢), 전시세(殿翅勢), 우익세(右翼勢), 게격세(揭擊勢), 좌협세(左夾勢), 과좌세(跨左勢), 흔격세(掀擊勢), 역린세(逆鱗勢), 염시세(斂翅勢), 우협세(右夾勢), 봉두세(鳳頭勢), 횡충세(橫沖勢), 태아도타세(太阿倒他勢), 여선참사세(呂仙斬蛇勢), 양각조천세(羊角弔天勢), 금강보운세(金剛步雲勢)로 마치는 것이다. 각 세들을 전체적으로 설명하면 〈그림 2-17〉과 같다.

〈그림 2-17〉 예도 전체 동작

1. 거정세 [방어]	2. 점검세 [공격]	3. 좌익세 [공격]	4. 표두세 [공격]
5. 탄복세 [공격]	6. 과우세 [공격]	7. 요략세 [방어]	8. 어거세 [방어]
9. 전기세 [공격]	10. 간수세 [공격]	11. 은망세 [방어]	12. 찬격세 [공격]

13. 요격세 [공격]
14. 전시세 [방어]
15. 우익세 [방어]
16. 계격세 [공격]
17. 좌협세 [공격]
18. 과좌세 [공격]
19. 흔격세 [공격]
20. 역린세 [공격]
21. 염시세 [공격]
22. 우협세 [공격]
23. 봉두세 [공격]
24. 횡충세 [공격]
25. 태아도타세 [방어]
26. 여선참사세 [기타]
27. 양각조천세 [기타]
28. 금강보운세 [공격]

위의 그림은 예도의 전체 동작 28세를 정리한 내용이다. 『무예도보통지』 권2에 나오는 예도보(銳刀譜)에서는 그림 1장에 2인이 1조가 되어서 각자 1가지 세를 취하는 형식으로 2세씩 나와 있다. 각 세에 대한 내용이 총 14장으로 구성되어 있다. 각 세에 보이는 내용을 검토하면 다음과 같다.

1. 거정세 [방어]	2. 점검세 [공격]	3. 좌익세 [공격]	4. 표두세 [공격]

거정세는 솥을 드는 모습의 동작이다. 보법은 왼 발이 앞으로 나오고 오른발이 뒤에 있는 모습이다. 수법은 왼손과 오른손이 검의 손잡이를 함께 잡고 있는 쌍수 형태이다. 안법은 정면의 위쪽을 응시하고 있으며, 도검의 위치는 머리의 이마 정면 위로 오른쪽에서 왼쪽 방향으로 칼날이 바깥쪽을 향하고 있는 모습이다. 도검 기법은 왼쪽 다리 오른손의 평대세(平擡勢)를 취하고 앞을 향해 당겨 베어쳐서 가운데로 살(殺)하는 것이다. 연결동작으로 일보 물러나서 군란세(裙襴勢)를 취하는 법이다. 상대방을 제압하고 방어하는 동작이다.

점검세는 검을 점찍듯 찌르는 동작이다. 보법은 오른발과 왼발이 나란히 병렬보를 하고, 수법은 쌍수 형태를 취한다. 안법은 정면 아래를 응시하고 있다. 도검의 위치는 칼날이 단전에서 무릎 밑으로 하단의 자세를 취하고 있다. 도검 기법은 한쪽으로 치우쳐 피하며 재빨리 나아가며 부딪쳐 훑어서 찌르는 것이다. 연결동작으로 오른다리와 오른손의 발초심사세(撥艸尋蛇勢)로 앞을 향해 앞에 오른발을 내딛고 뒤쪽의 왼발은 끌어당기는 걸음으로 들어가는 자세를 취한다. 상대방을 찌르는 공격 동작이다.

좌익세는 왼쪽 날개로 치는 동작이다. 보법은 왼발이 앞으로 나가고 오른발이 뒤에 있는 모습이다. 수법은 쌍수 형태이다. 안법은 정면을 응시하고 있으며, 도검의 위치는 오른쪽 어깨의 앞에 칼날이 위로 가도록 잡고 있는 모습이다. 도검 기법은 검을 위로 치켜 올려 돋우고 아래로 눌러서 바로 손아귀를 찌르는 것이다. 연결동작은 오른다리와 오른손의 직부송서세(直符送書勢)를 취하여 앞을 향해 앞발을 내딛고 뒷발은 당겨 붙여 끌면서 나아가 역린자(逆鱗刺)를 하는 자세이다. 상대방을 찌르는 공격 동작이다.

표두세는 곧 표범의 머리로 치는 동작이다. 보법은 오른발이 앞으로 나오고 왼발이 뒤에서 중심을 잡고 있는 모습이며, 수법은 쌍수 형태이다. 안법은 정면에서 왼쪽 방향을 향해 응시하고 있으며, 도검의 위치는 오른쪽의 머리위로 칼날을 위로 하여 비스듬히 상단으로 들고 있다. 도검 기법은 검을 벽력 같이 쳐서 위로 살(殺)하는 것이다. 연결동작으로 왼다리와 왼손의 태산압정세(泰山壓頂勢)로 취하여, 앞을 향해 앞발을 내딛고 뒷발은 당겨 붙여 끌면서 나아가 위로 치켜 올려 돋우고 찌르는 것이다. 상대방의 머리를 치는 공격 동작이다.

5. 탄복세 [공격]	6. 과우세 [공격]	7. 요략세 [방어]	8. 어거세 [방어]

탄복세는 배를 헤치고 찌르는 동작이다. 보법은 오른발이 앞으로 왼발이 뒤에 있는 모습이며, 수법은 쌍수 형태이다. 안법은 정면을 응시하며, 도검의 위치는 왼쪽 겨드랑이에 손잡이가 있으며, 칼날이 위로 오도록 틀어서 앞을 향하고 있는 모습이다. 도검 기법은 앞으로 대들어 찌르는 것이다. 연결동작으로 산이 무너지듯 나아가서 오른다리 오른손의 창룡출수세(蒼龍出水勢)로 앞을 향해 걸음이 나아가 허리를 치는 형태이다. 상대방을 찌르는 공격 동작이다.

과우세는 오른편을 걸쳐 치는 동작이다. 보법은 오른발과 왼발이 나란히 있는 병렬보이며, 수법은 쌍수 형태이다. 안법은 정면을 응시하고 있으며, 도검의 위치는 신체의 복부의 가운데서 오른쪽 방향으로 칼날을 옆으로 틀어서 바깥쪽을 향하여 수평으로 유지하고 있다. 도검 기법은 검을 치켜 올려 얽어서 아래로 찌르는 것이다. 연결동작으로 왼다리 오른손의 작의세(綽衣勢)를 취하여 앞을 향해 걸어 나아가 가로로 치는 자세이다. 상대방을 치는 공격 동작이다.

요략세는 검을 밑에서 위로 치켜서 훑는 방어 동작이다. 보법은 병렬보의 형태를 취하면서 왼발이 오른발보다 앞에 위치하고 있다. 수법은 쌍수이다. 안법은 오른쪽 아래를 응시하고 있다. 도검의 위치는 신체의 중단에서 칼날이 밑으로 무릎까지 내려가는 하단세를 취하고 있다. 도검 기법은 능히 막고 받아서 밑으로 찌르고, 왼쪽을 가리며 오른쪽을 방어하는 자세이다. 연결동작으로 왼다리 왼손의 장교분수세(長蛟分水勢)로 앞을 향해 앞발을 내딛으며 뒷발을 당겨 끌면서 나아가 비비며 치는 동작이다. 상대방의 공격을 막는 방어 동작이다.

어거세는 수레를 어거(馭車)하는 방어 동작이다. 보법은 오른발이 앞굽이 자세를 하고 왼발이 뒤에서 밀어주는 형태를 취하고 있다. 수법은 쌍수 형태이다. 안법은 정면을 응시하며, 도검의 위치는 왼쪽 겨드랑이에 끼고 칼날이 밑으로 향하여 정면을 향한 모습이다. 도검 기법은 멍에를 매서 어거하여 가운데서 찌르거나, 상대의 두 손을 깎아 베는 것이다. 연결동작으로 오른손의 충봉세(衝鋒勢)로 앞을 향해 물러 걸음해서 봉두세(鳳頭勢)를 취하는 형식이다. 상대방을 방어하는 동작이다.

9. 전기세 [공격]	10. 간수세 [공격]	11. 은망세 [방어]	12. 찬격세 [공격]

전기세는 기를 펼치듯 치는 동작이다. 보법은 오른발이 앞굽이 자세를 하고 왼발이 뒤에서 밀어주는 형태를 취하고 있다. 수법은 쌍수 형태이다. 안법은 정면을 응시하며, 도검의 위치는 칼날이 바깥쪽을 향하고 오른쪽 허리에서 시작하여 어깨위로 세운 모습이다. 도검 기법은 얽고 비벼 갈아서 위로 찌르는 것이다. 연결동작으로 왼다리 왼손의 탁탑세(托塔勢)로 앞을 향해 앞발을 내딛고 뒷발을 당겨 끌면서 나아가 검을 점찍듯 찌르는 자세이다. 상대방을 치는 공격 동작이다.

간수세는 감시하고 지켜서 치는 동작이다. 보법은 왼발이 앞굽이 자세를 취하고 뒤에 왼발이 밀어주는 형태를 취하고 있다. 수법은 쌍수 형태이다. 안법은 정면을 응시하고, 도검의 위치는 칼날이 밑으로 오른쪽 허리에서 정면방향으로 수평으로 놓여 있는 모습이다. 도검 기법은 능치 지키고 감시할 수 있으니, 모든 병기가 공격해 들어오는 것을 방어하다가, 모든 병기가 공격해 들어오지 못할 때 그 기미를 따라서 형세를 돌리며 굴려서 찌르는 것이다. 연결동작으로 왼다리 오른손의 호준세(虎蹲勢)로 앞을 향해 걸음이 나아가 허리를 치는 동작이다. 상대방을 치는 공격 동작이다.

은망세는 은빛 구렁이가 기어가는 방어 동작이다. 보법은 오른발이 앞으로 나와 있고 왼발이 뒤에서 지탱하고 있는 모습이다. 수법은 쌍수 형태이다. 안법은 정면을 응시하며, 도검의 위치는 신체가 옆으로 서 있는 상태에서 오른쪽 얼굴에서 칼날이 위로 향하여 수평으로 앞을 보고 있는 모습이다. 도검 기법은 사방으로 돌아보아 온몸을 보호하고, 사면을 보면서 찌를 수 있다. 연결동작으로 앞을 향하면 왼손 왼다리로, 뒤를 향하면 오른손 오른다리로 움직이면 좌우선풍(左右旋風)하여 번개 치듯 재빨리 살(殺)할 수 있다. 상대방을 방어하는 동작이다.

찬격세는 비비어 치는 동작이다. 보법은 왼쪽 발이 무릎 높이로 들고 왼발이 뒤에서 중심을 지탱해 주는 모습이며, 수법은 쌍수형태이다. 안법은 정면을 응시하며, 도검의 위치는 상단세로 얼굴 앞에서부터 머리 위로 올린 상태로서 칼날은 신체의 바깥쪽을 향하고 있다. 도검 기법은 비비어치는 것으로 부딪혀 훑어서 찌르는 자세이다. 연결동작으로 거위 형용과 오리걸음으로 달리며 내질러서 왼다리 왼손의 백원출동세(白猿出洞勢)로 앞을 향해 앞발을 내딛고 뒷발을 당겨 끌면서 전진하여 허리를 치는 동작이다. 상대방을 공격하는 동작이다.

13. 요격세 [공격]	14. 전시세 [방어]	15. 우익세 [방어]	16. 계격세 [공격]

요격세는 허리를 치는 동작이다. 보법은 오른 발을 무릎 위로 들고 왼발이 중심을 지탱하는 모습이며, 수법은 쌍수 형태이다. 안법은 뒤를 응시하고 도검의 위치는 왼쪽 허리에서 수평으로 정면을 향하며 칼날 또한 밑으로 향해 있다. 도검 기법은 비껴 질러서 가운데로 찌르는 것이다. 몸, 걸음, 손, 검이 급한 우레 같이 빠르니, 치는 법은 검중의 으뜸이 되는 격법이다. 연결동작으로 오른발 오른손의 참사세(斬蛇勢)로 앞을 향해 걸음이 나아가 역린자(逆鱗刺)의 동작을 취한다. 상대방을 치는 공격 동작이다.

전시세는 날개를 펴면서 차는 방어 동작이다. 보법은 오른발과 왼발이 나란히 병렬보를 취하고 수법은 쌍수 형태이다. 안법은 정면 아래를 응시하며, 도검의 위치는 칼날이 바깥쪽으로 향하여 신체의 명치에서 발 아래로 향하고 있다. 도검 기법은 얽어 꼬는 격법(格法)으로 위로 찌를 수 있고 밑에서 위로 치켜 훑어서 아래로 살(殺)할 수 있다. 연결동작으로 오른다리 오른손의 편섬세(偏閃勢)로 앞을 향해 앞발을 내딛고 뒷발을 끌어당겨 나아가서 거정격(擧鼎格)을 취한다. 상대방을 막는 방어 동작이다.

우익세는 오른편 날개로 치는 방어 동작이다. 보법은 오른발과 왼발이 나란히 있는 병렬보이며, 수법은 쌍수 형태이다. 안법은 오른쪽을 응시하며 도검의 위치는 왼쪽 어깨에 칼등을 의지하고 있는 모습이다. 도검 기법은 양쪽 날개를 얽어 찌르는 것이다. 연결동작으로 왼다리 오른손의 안자세(雁字勢)로 앞을 향해 앞발이 전진하고 뒷발은 이에 따라 붙이며 나아가 허리를 치는 동작이다. 상대방을 방어하는 동작이다.

게격세는 들어 치는 동작이다. 보법은 기마자세이며, 수법은 쌍수 형태이다. 안법은 정면을 응시하고 도검의 위치는 왼쪽가슴에서 오른쪽 방향으로 칼날이 위로 올라가 수평하게 있는 모습이다. 도검 기법은 얽는 격으로 위로 찌르는 것이다. 연결동작으로 한 걸음 한 걸음 걷는 방식으로 나아가 왼다리 왼손의 호좌세(虎坐勢)로 앞을 향해 걸음을 물려 걸어 내질러 씻는 자세이다. 상대방을 공격하는 동작이다.

17. 좌협세 [공격]	 18. 과좌세 [공격]	 19. 흔격세 [공격]	 20. 역린세 [공격]

좌협세는 왼편으로 껴서 찌르는 동작이다. 보법은 왼발이 앞굽이 자세로 앞에 오른발이 뒤에서 중심을 지탱해 주는 모습이며, 수법은 쌍수 형태이다. 안법은 정면 위를 응시하며, 도검의 위치는 왼쪽 허리에서 칼날이 위로 향하여 머리 방향으로 세운 모습이다. 도검 기법은 내질러 찔러서 가운데를 살(殺)하는 것이다. 연결동작으로 오른다리 오른손의 수두세(獸頭勢)로 앞을 향해 걸음이 나아가며 허리를 치는 자세이다. 상대방을 찌르는 공격 동작이다.

과좌세는 왼편으로 걸쳐 치는 동작이다. 보법은 오른발과 왼발이 나란히 있는 병렬보이며, 수법은 쌍수 형태이다. 안법은 정면을 응시하고 있다. 도검의 위치는 신체의 단전에서 왼쪽으로 검을 옆으로 눕혀서 수평을 취하고 있는 모습이다. 칼날은 신체의 바깥쪽을 향하고 있다. 도검 기법은 쓸어 노략하여 아래로 찌르는 것이다. 연결동작으로 오른다리 오른손의 제수세(提水勢)로 앞을 향해 걸음이 나아가 쌍으로 교차해 얽는 자세이다. 상대방을 치는 공격 동작이다.

흔격세는 흔들어 치는 동작이다. 보법은 왼발이 앞으로 뻗어 있고, 오른 발이 뒤에서 중심을 잡고 있는 모습이다. 수법은 쌍수 형태이다. 안법은 정면을 응시하고 있다. 도검의 위치는 칼날이 신체의 위쪽으로 향하여 오른쪽 어깨에서 시작하여 정면 방향을 보고 있다. 도검 기법은 흔들어 치켜 올려 위로 치거나 부딪혀 훑어 들어가 비비어 찌르는 것이다. 연결동작으로 왼다리 오른손의 조천세(朝天勢)로 앞을 향해 물러 걸어서 탄복자(坦腹刺)를 취하는 자세이다. 상대방을 치는 공격 동작이다.

역린세는 비늘을 거슬러 찌르는 동작이다. 보법은 왼발이 앞굽이 자세를 취하고 오른발이 뒤에서 밀어 주는 모습이다. 수법은 쌍수 형태이다. 안법은 뒤쪽의 정면을 응시하고, 도검의 위치는 신체의 단전에서 시작하여 상대방 눈까지 겨누고 있다. 칼날은 밑으로 향하고 있다. 도검 기법은 목구멍과 목을 똑바로 찌를 수 있다. 연결동작으로 오른다리 오른손의 탐해세(探海勢)로 앞을 향해 앞발을 먼저 내딛고 뒷발을 끌어당기며 나아가 좌익격(左翼擊)을 취하는 자세이다. 상대방을 찌르는 공격 동작이다.

21. 염시세 [공격] 22. 우협세 [공격] 23. 봉두세 [공격] 24. 횡충세 [공격]

염시세는 날개를 거두고 치는 동작이다. 보법은 오른 발이 앞에 왼발이 뒤에 있는 모습이며, 수법은 쌍수 형태이다. 안법은 뒤쪽의 정면을 응시하고, 도검의 위치는 신체의 단전에서 오른쪽 아래로 수평을 유지하여 칼날이 바깥쪽을 향하게 하고 있다. 도검 기법은 능이 패한 척 속일 수 있다. 연속동작으로 왼손 왼발, 오른손 오른발의 발사세(拔蛇勢)로 거꾸로 물러나다가 갑자기 걸음을 내딛어 허리를 치는 자세이다. 상대방을 치는 공격 동작이다.

우협세는 오른편으로 껴서 치는 동작이다. 보법은 왼발이 앞굽이 자세로 나오고 오른발이 뒤에서 중심을 잡고 있는 모습이다. 수법은 쌍수 형태이다. 안법은 뒤쪽의 정면의 위쪽을 응시하고 있다. 도검의 위치는 칼날이 밑으로 오른쪽 허리에서 머리 방향의 앞쪽으로 향하고 있다. 도검 기법은 얽어 꼬아 찔러서 가운데로 찌를 수 있다. 연결동작으로 왼다리 오른손의 분충세(奔沖勢)로 앞을 향해서 걸어 거정격(擧鼎格)의 자세를 취한다. 상대방을 치는 공격 동작이다.

봉두세는 봉의 머리로 씻는 동작이다. 보법은 오른발이 앞에 왼발이 뒤에서 밀어주는 모습이며, 수법은 쌍수 형태이다. 안법은 정면 아래를 응시하며, 도검의 위치는 신체의 단전에서 무릎 아래로 칼날이 밑으로 내려오는 하단의 형태를 취하고 있다. 도검 기법은 씻어 찔러 얽어서 살(殺)할 수 있다. 연결동작으로 오른다리 오른손의 백사농풍세(白蛇弄風勢)로 앞을 향해 앞발을 내딛고 뒷발을 끌어당겨 붙여 나아가 들어 치는 동작이다. 상대방을 치는 공격 동작이다.

횡충세는 가로질러 치는 동작이다. 보법은 왼발이 앞쪽에 오른발이 뒤쪽이 위치하고 있다. 수법은 쌍수 형태이다. 안법은 정면을 응시하고 있다. 도검의 위치는 칼날이 위쪽으로 향하여 오른쪽 어깨에서 수평으로 정면 방향으로 향하고 있다. 도검 기법은 재빨리 뛰며, 머리를 숙여 피하고 둥글게 돌리면서 살(殺)하며 진퇴할 수 있고 양수 양각을 상황에 따라 질러 나아가 앞발을 내딛고 뒷발을 끌어 당겨 붙이면서 나아가며 밑에서 위로 치켜 올리면서 노략하는 자세이다. 상대방을 치는 공격 동작이다.

25. 태아도타세 [방어]	26. 여선참사세 [기타]	27. 양각조천세 [기타]	28. 금강보운세 [공격]

태아도타세는 적의 유효거리 안에 들어가 먼저 왼손으로 칼 등을 굳게 잡고 오른손을 들어 하늘을 향하여 높이 쳐드는 방어 동작이다. 보법은 왼발이 앞쪽에 오른발이 뒤에 있다. 수법은 왼손으로만 칼날을 잡고 있는 단수 형태이다. 안법은 정면을 응시하고 있다. 도검의 위치는 왼쪽 허리에서 뒤쪽으로 칼날이 밑으로 향하여 있다. 도검 기법은 오른손과 오른쪽 무릎을 가볍게 치고 오른발로 왼발을 비스듬히 치고 그대로 거정세(擧鼎勢)로 들어가는 자세이다. 상대방을 제압하는 방어 동작이다.

여선참사세는 왼손으로 허리를 고이고 오른손으로 비스듬히 칼 허리를 잡아 공중을 향하여 한길 남직한 높이로 던져 칼등이 원을 그리며 굴러 떨어지면 가만히 한걸음 나가서 손으로 받아 드는 동작이다. 보법은 오른발을 들고 왼발이 뒤에서 중심을 잡아주는 모습이다. 수법은 양손에 검이 없는 형태이다. 안법은 정면 위를 응시하고 있다. 도검의 위치는 정면 위에 공중에 떠 있다. 도검 기법은 기타이다. 공격과 방어를 정확하게 구분할 수 없기 때문이다.

양각조천세는 양의 뿔이 하늘에 닿는 듯한 동작이다. 검을 든 자가 무릎을 꿇고 칼날을 손가락 사이에 끼어서 빙빙 돌리면서 뿔이 하늘로 뻗쳐오른 양의 동작이다. 보법은 기마자세이며, 수법은 단수 형태이다. 도검의 위치는 왼쪽의 머리 위쪽에 왼 손 검지와 중지사이에 끼워져 있다. 도검 기법은 기타이다. 공격과 방어를 정확하게 구분할 수 없기 때문이다.

금강보운세는 세 차례 몸을 돌려 좌우로 돌아보고 높이 칼날을 쳐들어 머리 위로 감쌌다가 휘두르며 내치는 동작이다. 보법은 왼발이 앞에 있으며, 오른발이 뒤에 있다. 수법은 쌍수 형태이다. 안법은 정면 위를 응시하고 있다. 도검의 위치는 정면 머리 위에 칼날이 바깥쪽으로 향하고 있다. 도검 기법은 공격 동작이다.

이상과 같이 예도의 세를 검토한 바, 공격기법은 점검세(點劍勢), 좌익세(左翼勢), 표두세(豹頭勢), 탄복세(坦腹勢), 과우세(跨右勢), 전기세(展旗勢), 간수세(看守勢), 찬격세(鑽擊勢), 요격세(腰擊勢), 게격세(揭擊勢), 좌협세(左夾勢), 과좌세(跨左勢), 흔격세(掀擊勢), 역린세(逆鱗勢), 염시세(斂翅勢), 우협세(右夾勢), 봉두세(鳳頭勢), 횡충세(橫沖勢), 금강보운세(金剛步雲勢) 등 19세였고, 방어기법은 점검세(點劍勢), 요략세(撩掠勢), 어거세(御車勢), 은망세(銀蟒勢), 전시세(殿翅勢), 우익세(右翼勢), 태아도타세(太阿倒他勢) 등 7세였다. 이외에 기타로 여선참사세(呂仙斬蛇勢), 양각조천세(羊角弔天勢)의 2세가 있었다. 이를 통해 예도의 도검 기법은 방어보다는 공격에 치중한 기법이라는 것을 알 수 있었다.

3. 왜 검

『무예도보통지』 권2에 실려 있는 왜검은 토유류(土由流), 운광류(運光流), 천유류(千柳流), 유피류(柳彼流)의 4가지 유파의 검법으로 소개하고 있다. 현재 운광류의 검술만이 전해지고 다른 유파의 검법은 실전되었다고 밝히고 있다. 또한 김체건(金體乾)이 익힌 왜검 기법을 연출한 것이 사이사이에 나오므로 새로운 의미로 교전하는 자세라 하여 교전보(交戰譜)라 지칭하였다. 구보(舊譜)가 별도로 하나의 보(譜)가 되므로 이제 왜검보(倭劍譜)에 붙였고 그 근원은 왜보(倭譜)에 있다[64] 고 설명하고 있다.

왜검의 4가지 유파에서 보이는 세를 살펴보면, 토유류에서는 장검재진세(藏劍再進勢)과 장검삼진세(藏劍三進勢)의 2세, 운광류에서는 천리세(千利勢), 과호세(跨虎勢), 속행세(速行勢), 산시우세(山時雨勢), 수구심세(水鳩心勢), 유사세(柳絲勢) 등 6세였다. 천유류에서는 초도수세(初度手勢), 재농세(再弄勢), 장검재진세(藏劍再進勢), 장검삼진세(藏劍三進勢)의 4세, 유피류에서는 세가 보이지 않고 검을 사용하여 신체의 동작만을 설명하고 있었다.

따라서 왜검은 세에 집중하기 보다는 도검기법의 전체를 파악하기 위해 4가지 유파의 모든 동작을 검토하고자 한다. 각 유파의 전체 동작을 검토하면 토유류는 전체 30개 동작, 운광류는 전체 25개 동작, 천유류는 전체 38개 동작, 유피류의 전체 18개 동작으로 구성되어 있다. 먼저 토유류에 내용을 설명하면 〈그림 2-18〉에 자세하다.

1) 토유류(土由流)

〈그림 2-18〉 왜검 토유류 전체 동작

위의 그림은 왜검의 한 유파인 토유류의 전체 동작 30개를 정리한 내용이다. 『무예도보통지』의 왜검 토유류보(土由流譜)에서는 그림 1장에 2인이 1조가 되어서 각자 1가지 세를 취하는 형식으로 2세씩 나와 있다. 각 세에 대한 내용이 총 15장으로 구성되어 있다.

그러나 토유류에서는 각 세에 대한 명칭은 붙여 놓지 않았다. 다만 왜검총보(倭劍總譜)의 토유류에서 12번째 동작에 장검재진(藏劍再進)이라는 표기를 해놓아 1번부터 11번까지 동작이 끝나고 다시 시작되는 동작임을 표시해 놓았다. 21번째 동작에도 장검삼진(藏劍三進)이라는 표기를 함으로써 12번부터 20번까지의 두 번째의 연결 동작이 끝나는 것을 표시해 두었다. 마지막으로 21번부터 시작하여 30번까지 세 번째의 연결 동작이 마무리 되는 것이었다. 이를 통해 토유류는 3회에 나누어 검보의 동작들이 일정한 투로 형식의 연결 동작으로 시행되고 있음을 파악할 수 있었다. 각 동작에 보이는 내용을 검토하면 다음과 같다.

첫 번째 동작은 상대방을 마주보며 대적하는 모습이다.[65] 보법은 두 발이 나란히 벌려 서 있지만 왼발이 앞에 오른발이 뒤에 있는 모습이다. 수법은 쌍수 형태이며, 안법은 정면을 응시하고 있다. 도검의 위치는 오른쪽 허리 부분에 끼고 칼날이 정면을 향하고 있다. 도검 기법은 우협세(右夾勢)의 형식을 취하는 방어 자세이다.

두 번째 동작은 오른손과 오른 다리로 공격하는 자세이다. 보법은 오른쪽 발이 무릎만큼 들려서 앞으로 나오며 왼발이 뒤에 있는 모습이다. 수법은 쌍수 형태이며, 안법은 정면을 응시하고 있다. 도검의 위치는 정중앙의 명치부분에 검의 손잡이가 위치하여 상대방의 머리를 향하고 있는 모습이다. 도검 기법은 오른쪽에서 왼쪽으로 치는 공격 자세이다.

세 번째 동작은 방어하는 자세이다. 보법은 오른발로 지탱하고 왼발을 무릎 위까지 들고 있는 모습이다. 수법은 쌍수 형태이며, 안법은 정면에서 왼쪽 아래를 응시하고 있다. 도검의 위치는 어깨에서 무릎 아래로 칼날이 밑으로 향하고 있다. 도검 기법은 방어를 하는 자세이다.

네 번째 동작은 상대방을 마주보며 대적하는 모습이다. 보법은 두 발이 나란히 벌려 서 있지만 왼발이 앞에 오른발이 뒤에 있는 모습이다. 수법은 쌍수 형태이며, 안법은 정면을 응시하고 있다. 도검의 위치는 오른쪽 허리 부분에 끼고 칼날이 정면을 향하고 있다. 도검 기법은 우협세의 형식을 취하는 방어 자세이다.

다섯 번째 동작은 왼쪽을 한 번 치는 공격의 모습이다. 보법은 왼발이 무릎 위로 나아가며 들려 있으며, 오른발은 중심을 지탱해 주는 모습이다. 수법은 쌍수 형태이다. 안법은 정면 위를 응시하고 있다. 도검의 위치는 정면 중앙의 신체의 어깨에서 검의 손잡이가 시작하여 위로 칼날이 올라가 있는 모습이다. 도검 기법은 왼쪽을 치는 공격 자세이다.

6. 공격	7. 방어	8. 공격	9. 방어	10. 공격

여섯 번째 동작은 오른발 나아가 앉으며 검을 오른쪽으로 밀치는 공격 자세이다. 보법은 오른발이 앞에 나아가고 왼발이 뒤에 있으며 기마세(騎馬勢)를 취하고 있는 모습이다. 수법은 쌍수 형태이다. 안법은 정면을 응시하고 있다. 도검의 위치는 신체의 오른쪽 다리 무릎 위쪽에 검의 손잡이가 시작하여 정면 앞을 향하고 있다. 도검 기법은 오른쪽을 밀치는 공격 자세이다.

일곱 번째 동작은 상대방의 검을 머리 위에서 막는 방어 자세이다. 보법은 오른발이 앞에 왼발이 뒤에 있는 병렬보이며, 수법은 쌍수 형태이다. 안법은 정면을 응시하고 있다. 도검의 위치는 왼쪽어깨에서 이마 위로 칼날이 바깥쪽으로 향하여 막고 있는 모습이다. 도검 기법은 신체의 정면 이마 위의 앞쪽에서 상대방의 검을 막는 방어 자세이다.

여덟 번째 동작은 앞으로 나아가며 치는 공격 자세이다. 보법은 오른발이 무릎 높이로 들려 앞에 있고 왼발이 뒤에서 지탱해 주는 모습이며, 수법은 쌍수 형태이다. 안법은 정면 위쪽을 응시하고 있다. 도검의 위치는 신체의 어깨부분의 정면에서 시작하여 위로 향하며, 칼날은 바깥쪽으로 향하고 있다. 도검 기법은 상대방의 정면을 공격하는 자세이다.

아홉 번째 동작은 오른쪽 다리를 들며 검을 왼쪽 어깨위에 감추는 방어 자세이다. 보법은 오른발이 무릎 위로 들어 앞에 있고 왼발이 뒤에서 지탱해 주는 모습이다. 수법은 쌍수 형태이며, 안법은 정면을 응시하고 있다. 도검의 위치는 왼쪽어깨에서 시작하여 위로 향하고 있다. 칼날은 어깨의 바깥쪽을 향하고 있다. 도검 기법은 방어 자세이다.

열 번째 동작은 오른쪽 손과 오른쪽 다리가 나아가며 오른쪽으로 밀어내는 자세이다. 보법은 오른발이 앞에 나오고 왼발이 뒤에 있으며 앞굽이 자세이다. 수법은 쌍수 형태이다. 안법은 정면을 응시하고 있다. 도검의 위치는 정면 중앙의 중단세(中段勢)를 취하여 칼날이 밑으로 향하고 있는 모습이다. 도검 기법은 오른쪽을 밀치는 공격 자세이다.

열한 번째 동작은 오른손과 왼쪽 다리로 앞으로 나아가 한 번 치는 자세이다. 보법은 오른발이 무릎 높이로 들어 앞으로 나아가며, 왼발은 뒤에서 밀어주는 모습이다. 수법은 쌍수 형태이며, 안법은 정면을 응시하고 있다. 도검의 위치는 손잡이가 정면의 명치부분에서 시작하여 위로 향하고 있고, 칼날의 방향은 몸의 바깥쪽을 향하고 있다. 도검 기법은 상대방의 정면 머리를 치는 공격 자세이다.

토유류의 첫 번째 연결 투로가 한 번의 방어에서 시작하여 공격

– 방어 – 방어 – 공격 – 공격 – 방어 – 공격 – 방어 – 공격 – 공격으로 11회에 종료 되었다. 공격 6회, 방어5회로 나타났다. 이를 통해 방어와 공격이 적절하게 조화되고 있음을 알 수 있었다.

토유류의 두 번째 연결 투로는 열두 번째 동작에서 시작하여 20번째 동작까지이다. 이에 대한 각 동작에 대한 설명은 다음과 같다.

열두 번째 동작은 상대방을 마주보며 대적하는 모습이다. 보법은 두 발이 나란히 벌려 서 있지만 왼발이 앞에 오른발이 뒤에 있는 모습이다. 수법은 쌍수 형태이며, 안법은 정면을 응시하고 있다. 도검의 위치는 오른쪽 허리 부분에 끼고 칼날이 정면을 향하고 있다. 도검 기법은 우협세(右夾勢)의 형식을 취하는 방어 자세이다. 총보(總譜)에는 장검재진(藏劍再進)으로 표기되어 있다.

열세 번째 동작은 오른손과 오른 다리로 왼쪽을 공격하는 자세이다. 보법은 오른쪽 발이 무릎만큼 들려서 앞으로 나오며 왼발이 뒤에 있는 모습이다. 수법은 쌍수 형태이며, 안법은 정면을 응시하고 있다. 도검의 위치는 정중앙의 명치부분에 검의 손잡이가 위치하여 상대방의 머리를 향하고 있는 모습이다. 도검 기법은 오른쪽에서 왼쪽으로 치는 공격 자세이다.

열네 번째 동작은 오른발 나아가 앉으며 검을 오른쪽으로 밀치며 오른발에 감추는 자세이다. 보법은 오른발이 앞에 나아가고 왼발이 뒤에 있으며 기마세(騎馬勢)를 취하고 있는 모습이다. 수법은 쌍수 형태이다. 안법은 정면을 응시하고 있다. 도검의 위치는 신체의 오른쪽 다리 무릎 위쪽에 검의 손잡이가 시작하여 정면 앞을 향하고 있다. 도검 기법은 공격을 한 다음 상대방을 반격을 의식하여 다음 동작을 시행하기 위한 겨눔의 방어 자세이다.

열다섯 번째 동작은 오른손과 오른 다리로 오른쪽을 밀치는 공격 자세이다. 보법은 오른발이 앞에 나오고 왼발이 뒤에 있으며 앞굽이 자세이다. 수법은 쌍수 형태이다. 안법은 정면을 응시하고 있다. 도검의 위치는 정면 중앙의 어깨부터 시작하여 위쪽으로 칼날이 향하고 있는 모습이다 도검 기법은 오른쪽을 밀치는 공격 자세이다.

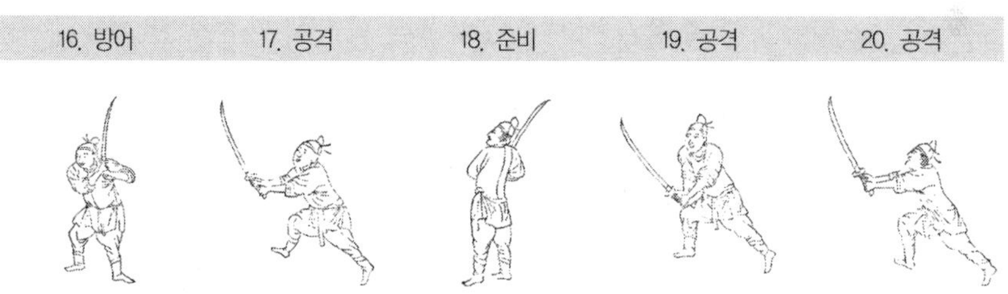

열여섯 번째 동작은 오른손과 왼쪽 다리로 왼쪽에 검을 감추는 자세이다. 보법은 양발 나란하게 서 있는 모습이며, 수법은 쌍수 형태이다. 안법은 왼쪽을 응시하고 있다. 도검의 위치는 칼날이 몸의 바깥쪽이며 왼쪽어깨에서 시작하여 위의 방향으로 수직으로 서 있는 모습이다. 도검 기법은 방어 자세이다.

열일곱 번째 동작은 오른손과 오른 다리로 오른쪽을 한 번 밀치는 공격 자세이다. 보법은 오른발이 무릎을 굽히는 앞굽이 자세로 앞에 나오고 왼발이 뒤에 있다. 수법은 쌍수 형태이다. 안법은 정면을 응시하고 있다. 도검의 위치는 정면 중앙의 어깨부터 시작하여 위쪽으로 칼날이 향하고 있는 모습이다 도검기법은 오른쪽을 밀치는 공격 자세이다.

열여덟 번째 동작은 상대방을 마주보며 대적하는 모습이다. 보법은 두 발이 나란히 벌려 서 있지만 왼발이 앞에 오른발이 뒤에 있는 모습이다. 수법은 쌍수 형태이며, 안법은 정면을 응시하고 있다. 도검의 위치는 오른쪽 허리 부분에 끼고 칼날이 정면을 향하고 있다. 도검 기법은 우협세(右夾勢)의 형식을 취하는 방어 자세이다.

열아홉 번째 동작은 오른손과 오른 다리로 왼쪽을 한 번 치는 공격 자세이다. 보법은 오른발이 무릎을 굽혀 들고 있는 자세로 앞에 나오고 왼발이 뒤에 있는 모습이다. 수법은 쌍수 형태이다. 안법은 왼쪽을 응시하고 있다. 도검의 위치는 정면 중앙의 단전에서 시작하여 위쪽으로 칼날이 향하고 있는 모습이다. 도검 기법은 왼쪽을 치는 공격 자세이다.

스무 번째 동작은 오른손과 왼쪽 다리로 앞을 한 번 치는 공격 자세이다. 보법은 오른발이 무릎을 굽혀 들고 있는 자세로 앞에 나오고 왼발이 뒤에 있는 모습이다. 수법은 쌍수 형태이다. 안법은 정면을 응시하고 있다. 도검의 위치는 칼날이 몸의 바깥쪽을 향하고, 정면 중앙의 어깨 높이에서 시작하여 위로 향하고 있다. 도검 기법은 정면을 치는 공격 자세이다.

토유류의 두 번째 연결 투로가 열두 번째 방어에서 시작하여 공격 – 방어 – 공격 – 방어 – 공격 – 방어 – 공격 – 공격으로 스무 번째에서 종료 되었다. 공격 5회, 방어 4회로 나타났다. 첫 번째 투로와 마찬가지로 공격과 방어에 조화를 이루고 있었다.

토유류의 세 번째 연결 투로는 스물한 번째 동작에서 시작하여 서른 번째 동작까지이다. 이에 대한 각 동작에 대한 설명은 다음과 같다.

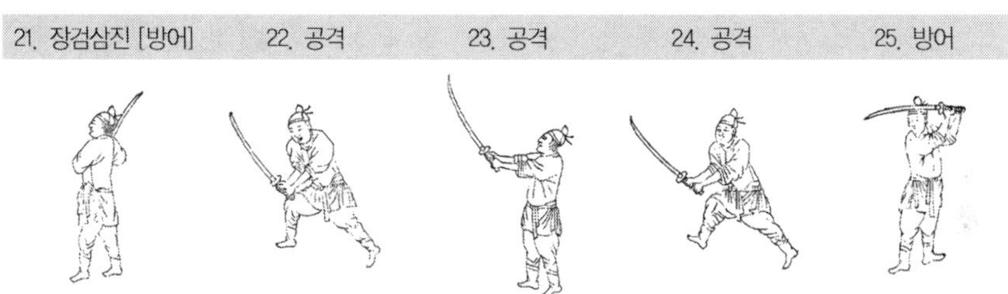

스물한 번째 동작은 상대방을 마주보며 대적하는 모습이다. 보법은 두 발이 나란히 벌려 서 있지만 왼발이 앞에 오른발이 뒤에 있는 모습이다. 수법은 쌍수 형태이며, 안법은 정면을 응시하고 있다. 도검의 위치는 오른쪽 허리 부분에 끼고 칼날이 정면을 향하고 있다. 도검 기법은 우협세(右夾勢)의 형식을 취하는 방어 자세이다. 총보에는 장검삼진(藏劍三進)으로 표기되어 있다.

스물두 번째 동작은 오른손과 오른 다리로 펼쳐 뛰어 나아가 한 번 치는 공격 자세이다. 보법은 오른발이 무릎 위로 들려 앞으로 나오고 왼발이 뒤에서 밀어주는 모습이다. 수법은 쌍수 형태이다. 안법은 정면의 아래를 응시하고 있다. 도검의 위치는 칼날이 몸의 바깥쪽을 향하고 있으며, 중앙의 단전에서부터 위쪽으로 향하고 있다. 도검 기법은 앞으로 뛰어 나가며 치는 공격 자세이다.

스물세 번째 동작은 뒤에 있는 왼발이 오른발과 나란히 하면서 한 번 치는 공격 자세이다. 보법은 왼발과 오른발이 나란하게 하고 수법은 쌍수 형태이다. 안법은 정면의 위를 응시한다. 도검의 위치는 정면에서 손잡이가 어깨부터 시작하여 위쪽으로 향하고 있다. 도검 기법은 정면을 치는 공격 기법이다.

스물네 번째 동작은 오른 발을 펼쳐 뛰며 한 번 치는 공격 자세이다. 보법은 오른발이 무릎 위로 들려 앞으로 나오고 왼발이 뒤에서 밀어주는 모습이다. 수법은 쌍수 형태이다. 안법은 정면을 응시하고 있다. 도검의 위치는 칼날이 몸의 바깥쪽을 향하고 있으며, 중앙의 단전에서부터 정면의 위쪽으로 향하고 있다. 도검 기법은 앞으로 뛰어 나가며 치는 공격 자세이다.

스물다섯 번째 동작은 오른손과 오른 다리로 검을 이마 위로 막는 방어 자세이다. 보법은 오른발이 앞에 왼발이 뒤에 있는 병렬보이며, 수법은 쌍수 형태이다. 안법은 왼쪽을 응시하고 있다. 도검의 위치는 얼굴의 이마 앞에서 칼날이 위로 향하여 막고 있는 모습이다. 도검 기법은 상대방의 검을 막는 방어 자세이다.

스물여섯 번째 동작은 오른손과 왼쪽 다리로 앞으로 나아가며 한 번 치는 공격 자세이다. 보법은 오른발이 앞에 앞굽이 자세를 취하고 왼발이 뒤에서 밀어주는 모습이다. 수법은 쌍수 형태이며, 안법은 정면을 응시하고 있다. 도검의 위치는 칼날이 몸의 바깥쪽을 향하고 명치부분에서 시작하여 위쪽으로 향하고 있다. 도검기법은 앞으로 나아가며 치는 공격 자세이다.

스물일곱 번째 동작은 오른손과 오른 다리가 나아가며 두 번 쫓는 공격 자세이다. 보법은 오른발이 앞에 앞굽이 자세를 취하고 왼발이 위에서 밀어주는 모습이다. 수법은 쌍수 형태이며, 안법은 정면을 응시하고 있다. 도검의 위치는 몸의 중앙의 단전에서부터 머리 위로 향하고 있는 중단세(中段勢)를 취하고 있다. 도검 기법은 상대방을 쫓아 제압하는 공격 자세이다.

스물여덟 번째 동작은 오른손과 오른 다리가 나아가며 두 번 쫓는 공격 자세이다. 보법은 오른발이 앞에 앞굽이 자세를 취하고 왼발이 위에서 밀어주는 모습이다. 수법은 쌍수 형태이며, 안법은 정면을 응시하고 있다. 도검의 위치는 몸의 중앙의 단전에서부터 수평으로 상대방 가슴을 겨눈 중단세를 취하고 있다. 도검 기법은 상대방을 쫓아 제압하는 공격 자세이다.

스물아홉 번째 동작은 오른손과 오른 다리로 검을 이마 위로 막는 방어 자세이다. 보법은 오른발이 앞에 왼발이 뒤에 있는 병렬보이며, 수법은 쌍수 형태이다. 안법은 왼쪽을 응시하고 있다. 도검의 위치는 얼굴의 이마 앞에서 칼날이 위로 향하여 막고 있는 모습이다. 도검 기법은 상대방의 검을 막는 방어 자세이다.

서른 번째 동작은 오른 손과 왼쪽 다리로 앞으로 나아가며 한 번 치는 공격 자세이다. 보법은 오른발이 무릎 위로 들려서 앞에 나오고 왼발이 뒤에서 밀어주는 모습이다. 수법은 쌍수 형태이다. 안법은 정면을 응시하고 있다. 도검의 위치는 정면에서 몸의 중앙 단전에서부터 머리 위쪽을 향하고 있다. 도검 기법은 공격 자세이다.

토유류의 세 번째 연결 투로가 스물한 번째 방어에서 시작하여 공격 - 공격 - 공격 - 방어 - 공격 - 공격 - 공격 - 방어 - 공격으로 서른 번째에서 종료 되었다. 공격 7회, 방어 3회로 나타났다. 세 번째 투로에서는 공격에 집중하고 있음을 알 수 있었다.

이상과 같이 토유류의 전체적인 30개 동작의 투로를 분석한 바, 공격 18회, 방어 12회로 나타났다. 이를 통해 토유류의 도검 기법은 방어보다는 공격에 집중되고 있음을 알 수 있었다.

2) 운광류(運光流)

〈그림 2-19〉 왜검 운광류 전체 동작

6. 속행세 [방어]
7. 과호세 [공격]
8. 공격
9. 공격
10. 공격
11. 산시우세 [방어]
12. 과호세 [공격]
13. 공격
14. 공격
15. 공격
16. 수구심세 [방어]
17. 과호세 [공격]
18. 공격
19. 공격
20. 공격
21. 유사세 [방어]
22. 과호세 [공격]
23. 공격
24. 공격
25. 공격

위의 〈그림 2-19〉는 왜검의 한 유파인 운광류의 전체 동작 25개를 정리한 내용이다. 『무예도보통지』의 왜검 운광류보(運光流譜)에서는 그림 1장에 2인이 1조가 되어서 각자 1가지 세를 취하는 형식으로 2세씩 나와 있다. 각 세에 대한 내용이 총 13장으로 구성되어 있으며, 맨 마지막 장은 천유류(千柳流)의 처음 동작과 함께 실려 있다.

운광류는 토유류와 달리 각 세에 대한 명칭을 붙여 놓은 동작으로 천리세(千利勢), 과호세(跨虎勢), 속행세(速行勢), 산시우세(山時雨勢), 수구심세(水鳩心勢), 유사세(柳絲勢) 등 6개가 보이고 있다. 총보(總譜)에서는 과호세(跨虎勢)를 제외한 천리세, 속행세, 산시우세. 수구심세, 유사세의 5개의 명칭으로 연결 동작의 투로가 1세에 5개의 연결 동작으로 총25개로 정리되어 있다. 특히 과호세는 각 세의 안에서 반복해서 동작이 나오므로 총보에서는 생략한 것으로 보인다. 각 동작에 보이는 내용을 검토하면 다음과 같다.

1. 천리세 [방어]	2. 과호세 [공격]	3. 공격	4. 공격	5. 공격

첫 번째 동작은 천리세로 칼을 오른쪽에 감추고 상대방을 마주보며 대적하는 모습이다. 보법은 두 발이 나란히 벌려 서 있지만 왼발이 앞에 오른발이 뒤에 있는 모습이다. 수법은 쌍수 형태이며, 안법은 정면을 응시하고 있다. 도검의 위치는 오른쪽 허리 부분에 끼고 칼날이 정면을 향하고 있다. 도검 기법은 오른쪽 어깨 앞에서 상대방을 검을 방어하는 자세이다.

두 번째 동작은 과호세로 두 손으로 앞을 한 번 친다. 보법은 기마세로 오른 발이 앞에 나오고 왼발이 뒤에 있는 모습이다. 수법은 쌍수 형태이다. 안법은 정면을 응시하고 있다. 도검의 위치는 몸의 중앙의 단전에서부터 수평으로 상대방을 겨누는 중단세이다. 도검 기법은 상대방의 앞을 치는 공격 자세이다.

세 번째 동작은 오른손으로 왼발이 한 걸음 나오며 정면을 향해 한 번 치는 자세이다. 보법은 오른발이 무릎 위로 들려 앞에 나오고 왼발이 뒤에서 밀어주는 형태이다. 수법은 쌍수 형태이며, 안법은 정면을 응시하고 있다. 도검의 위치는 정면 중앙의 단전에서부터 위쪽으로 칼날이 향하고 있다. 도검 기법은 정면을 한 번 치는 공격 자세이다.

네 번째 동작은 오른손과 오른발이 한 걸음 앞으로 나아가며 한 번 치는 자세이다. 보법은 오른발이 앞굽이 자세로 앞에 나오고 왼발이 뒤에서 밀어주는 모습이다. 수법은 쌍수 형태이다. 안법은 정면 아래를 응시하고 있다. 도검의 위치는 정면 중앙의 하단에서부터 명치 방향의 앞쪽으로 칼날이 향하고 있다. 도검 기법은 정면을 한

번 치는 공격 자세이다.

다섯 번째 동작은 오른손과 오른발이 한 걸음 뛰어 앞으로 나아가며 한 번 치는 자세이다. 보법은 양발이 나란히 있지만 오른발이 왼발보다 약간 앞에 나와 있다. 수법은 쌍수 형태이다. 안법은 정면을 응시하고 있다. 도검의 위치는 정면 중앙의 단전에서부터 위쪽으로 칼날이 향하고 있는 중단세이다. 도검 기법은 한 번 뛰어 나아가 치는 공격 자세이다.

6. 속행세 [방어] 7. 과호세 [공격] 8. 공격 9. 공격 10. 공격

여섯 번째 동작은 속행세로 상대방을 가슴을 겨누고 방어하는 자세이다. 보법은 오른발이 앞에 나와 있고 왼발이 뒤에 있다. 수법은 쌍수 형태이며, 안법은 몸이 옆으로 비스듬히 서있는 상태에서 왼쪽을 응시하고 있다. 도검의 위치는 왼쪽어깨에서 오른쪽방향으로 수평을 유지하며 칼날이 위로 향하고 있다. 도검 기법은 상대방을 겨누고 방어하는 자세이다.

일곱 번째 동작은 과호세로 두 손으로 앞을 한 번 치는 자세이다.

보법은 기마세로 오른 발이 앞에 나오고 왼발이 뒤에 있는 모습이다. 수법은 쌍수 형태이다. 안법은 정면을 응시하고 있다. 도검의 위치는 몸의 중앙의 단전에서부터 위로 상대방을 겨누는 중단세이다. 도검 기법은 상대방의 앞을 치는 공격 자세이다.

여덟 번째 동작은 오른 손과 왼발이 한 걸음 나아가 앞을 한 번 치는 자세이다. 보법은 오른발이 앞굽이 자세로 앞에 나오고 왼발이 뒤에서 밀어주는 모습이다. 수법은 쌍수 형태이다. 안법은 정면을 응시하고 있다. 도검의 위치는 몸의 중앙의 단전에서부터 수평으로 상대방을 겨누는 중단세이다. 도검 기법은 앞을 치는 공격 자세이다.

아홉 번째 동작은 오른손과 오른발로 한 걸음 나아가 앞을 치는 자세이다. 보법은 오른발이 무릎 위로 들어 앞으로 나오고 왼발이 밀어주는 모습이다. 수법은 쌍수이며, 안법은 정면을 응시하고 있다. 도검의 위치는 칼날이 밑으로 몸을 굽힌 상태에서 중앙의 하단에서부터 머리 방향의 위로 향하고 있다. 도검 기법은 상대방의 앞을 치는 공격 자세이다.

열 번째 동작은 오른손으로 오른발 한 걸음 뛰어 나아가며 앞을 한 번 치는 자세이다. 보법은 오른발이 왼발보다 일보 앞에 나와 있는 모습이다. 왼발이 수법은 쌍수 형태이며, 안법은 정면을 응시하고 있다. 도검의 위치는 서 있는 상태로 정면 중앙의 단전에서부터 위쪽을 겨누고 있는 중단세이다. 도검 기법은 상대방을 뛰어서 치는 공격 자세이다.

11. 산시우세 [방어]	12. 과호세 [공격]	13. 공격	14. 공격	15. 공격

열한 번째 동작은 산시우세로 오른손과 오른발이 한 걸음 나아가 상대방을 겨누고 방어하는 자세이다. 보법은 오른발이 앞에 나와 있고 왼발이 뒤에 있다. 수법은 쌍수 형태이며, 안법은 몸이 옆으로 비스듬히 서있는 상태에서 왼쪽을 응시하고 있다. 도검의 위치는 왼쪽어깨에서 오른쪽방향으로 수평을 유지하며 칼날이 위로 향하고 있다. 도검 기법은 상대방을 겨누고 방어하는 자세이다.

열두 번째 동작은 과호세로 두 손으로 앞을 한 번 치는 자세이다. 보법은 기마세로 오른 발이 앞에 나오고 왼발이 뒤에 있는 모습이다. 수법은 쌍수 형태이다. 안법은 정면을 응시하고 있다. 도검의 위치는 몸의 중앙의 단전에서부터 위로 상대방을 겨누는 중단세이다. 도검 기법은 상대방의 앞을 치는 공격 자세이다.

열세 번째 동작은 오른손과 왼발이 한 걸음 나아가 앞을 한 번 치는 자세이다. 보법은 앞굽이 자세로 오른발이 앞에 왼발이 뒤에서 밀어 주는 모습이다. 수법은 쌍수 형태이며, 안법은 정면을 응시하고 있다. 도검의 위치는 몸이 굽힌 상태에서 중앙의 하단에서부터 머리 방향의 위로 칼날이 향하고 있다. 도검 기법은 상대방의 앞을 치는 공격 자세이다.

열네 번째 동작은 오른손과 오른발이 한 걸음 나아가며 앞을 한 번 치는 자세이다. 보법은 오른발이 무릎 높이로 들려서 앞에 나오고 왼발이 뒤에서 밀어주는 모습이다. 수법은 쌍수 형태이며, 안법은 정면을 응시하고 있다. 도검의 위치는 몸의 중앙의 단전에서부터 상대방을 향해 앞쪽으로 칼날이 향하고 있다. 도검 기법은 상대방의 앞을 뛰면서 치는 공격 자세이다.

열다섯 번째 동작은 오른손과 오른발이 앞으로 한 번 뛰면서 앞을 한 번 치는 자세이다. 보법은 양발이 모두 나란하게 서 있는 상태이며, 수법은 쌍수 형태이다. 안법은 왼쪽을 응시하고 있다. 도검의 위치는 몸이 서 있는 상태에서 중앙의 단전에서부터 앞을 향해 칼날을 겨누고 있는 중단세의 모습이다. 도검 기법은 상대방의 앞을 뛰면서 치는 공격 자세이다.

16. 수구십세 [방어] 17. 과호세 [공격] 18. 공격 19. 공격 20. 공격

열여섯 번째 동작은 수구심세로 오른손과 오른 발을 모아 오른쪽 어깨에 검을 의지하는 자세이다. 보법은 양발이 나란히 모아지고 왼발이 오른발보다 약간 앞에 있는 모습이다. 수법은 쌍수 형태이며, 안법은 정면을 응시하고 있다. 도검의 위치는 오른쪽 어깨에 검을 의지하여 수직으로 세운 모습이다. 도검 기법은 오른쪽 어깨에 검을 의지하여 상대방을 대적하여 방어하는 자세이다.

열일곱 번째 동작은 과호세로 두 손으로 앞을 한 번 치는 자세이다. 보법은 기마세로 오른 발이 앞에 나오고 왼발이 뒤에 있는 모습이다. 수법은 쌍수 형태이다. 안법은 정면을 응시하고 있다. 도검의 위치는 몸을 굽힌 상태에서 중앙의 단전에서부터 위로 상대방을 겨누는 중단세이다. 도검 기법은 상대방의 앞을 치는 공격 자세이다.

열여덟 번째 동작은 오른손과 왼발로 앞을 한 번 치는 자세이다. 보법은 오른발이 무릎 위로 들어 앞으로 나오고 왼발이 뒤에서 밀어주는 모습이다. 수법은 쌍수 형태이다. 안법은 정면의 위를 응시하고 있다. 도검의 위치는 몸의 중앙의 단전에서부터 위로 상대방을 겨누는 중단세이다. 도검 기법은 상대방의 앞을 치는 공격 자세이다.

열아홉 번째 동작은 오른손과 오른발이 한 걸음 나아가 앞을 한 번 치는 자세이다. 보법은 앞굽이 자세로 오른발이 앞에 나와 무릎을 굽히고 왼발이 뒤에서 밀어주는 모습이다. 수법은 쌍수 형태이며, 안법은 왼쪽을 응시하고 있다. 도검의 위치는 몸을 굽힌 상태에서 단전의 아래에서부터 위로 향하고 있는 모습이다. 도검 기법은 상대방의 앞을 치는 공격 자세이다.

스무 번째 동작은 오른손과 오른발로 앞으로 한 번 뛰어 앞을 한 번 치는 자세이다. 보법은 오른발과 왼발이 나란히 서 있는 병렬 모습이며, 수법은 쌍수 형태이다. 안법은 정면을 응시하고 있다. 도검의 위치는 몸이 서 있는 상태에서 손잡이가 단전아래에서 시작하여 위쪽으로 향하고 있다.

21. 유사세 [방어] 22. 과호세 [공격] 23. 공격 24. 공격 25. 공격

스물한 번째 동작은 유사세로 칼자루 끝을 아랫배에 대고 칼날을 살펴보는 자세이다. 보법은 오른발과 왼발이 나란히 서 있는 병렬 모습이다. 수법은 쌍수 형태이다. 안법은 칼날을 응시하고 있다. 도검의 위치는 몸의 아랫배에 손잡이가 위치하여 위쪽으로 칼날이 향하고 있다. 도검 기법은 칼날을 보면서 상대방의 움직임을 살펴보는 방어 자세이다.

스물두 번째 동작은 과호세로 두 손으로 앞을 한 번 치는 자세이다. 보법은 기마세로 오른 발이 앞에 나오고 왼발이 뒤에 있는 모습이다. 수법은 쌍수 형태이다. 안법은 정면을 응시하고 있다. 도검의 위치는 몸을 굽힌 상태에서 중앙의 단전에서부터 위로 상대방을 겨

누는 중단세이다. 도검 기법은 상대방의 앞을 치는 공격 자세이다.

스물세 번째 동작은 오른손과 왼발로 한 걸음 나아며 앞을 한 번 치는 자세이다. 보법은 오른발이 무릎 위로 들어 앞으로 나오고 왼발이 뒤에서 밀어주는 모습이다. 수법은 쌍수 형태이다. 안법은 정면의 위를 응시하고 있다. 도검의 위치는 몸의 중앙의 단전에서부터 위로 상대방을 겨누는 중단세이다. 도검 기법은 상대방의 앞을 치는 공격 자세이다.

스물네 번째 동작은 오른손과 오른발로 한 걸음 나아가며 앞을 한 번 치는 자세이다. 보법은 앞굽이 자세로 오른발이 앞에 나와 무릎을 굽히고 왼발이 뒤에서 밀어주는 모습이다. 수법은 쌍수 형태이며, 안법은 왼쪽을 응시하고 있다. 도검의 위치는 몸을 굽힌 상태에서 단전의 아래에서부터 위로 향하고 있는 모습이다. 도검 기법은 상대방의 앞을 치는 공격 자세이다.

스물다섯 번째 동작은 오른손과 오른발로 앞으로 한 발 뛰어서 앞을 한 번 치는 자세이다. 보법은 오른발과 왼발이 나란히 서 있는 병렬 모습이며, 수법은 쌍수 형태이다. 안법은 정면을 응시하고 있다. 도검의 위치는 몸이 서 있는 상태에서 손잡이가 단전아래에서 시작하여 위쪽으로 향하고 있다.

이상과 같이 운광류의 전체 25개 동작을 검토한 바, 공격은 20회, 방어는 5회로 나타났다. 천리세, 속행세, 산시우세, 수구심세, 유사세 등의 5개의 세들의 투로를 살펴보면 방어 - 공격 - 공격-공격 - 공격의 동일한 형식이었다.

운광류도 토유류와 마찬가지로 방어보다는 공격에 집중하는 경향을 보였다. 이는 왜검이 실전에서 바로 사용할 수 있는 공격 위주의 도검기법이라고 점을 알 수 있는 단서로 볼 수 있을 것 같다.

3) 천유류(千柳流)

〈그림 2-20〉 왜검 천유류 전체 동작

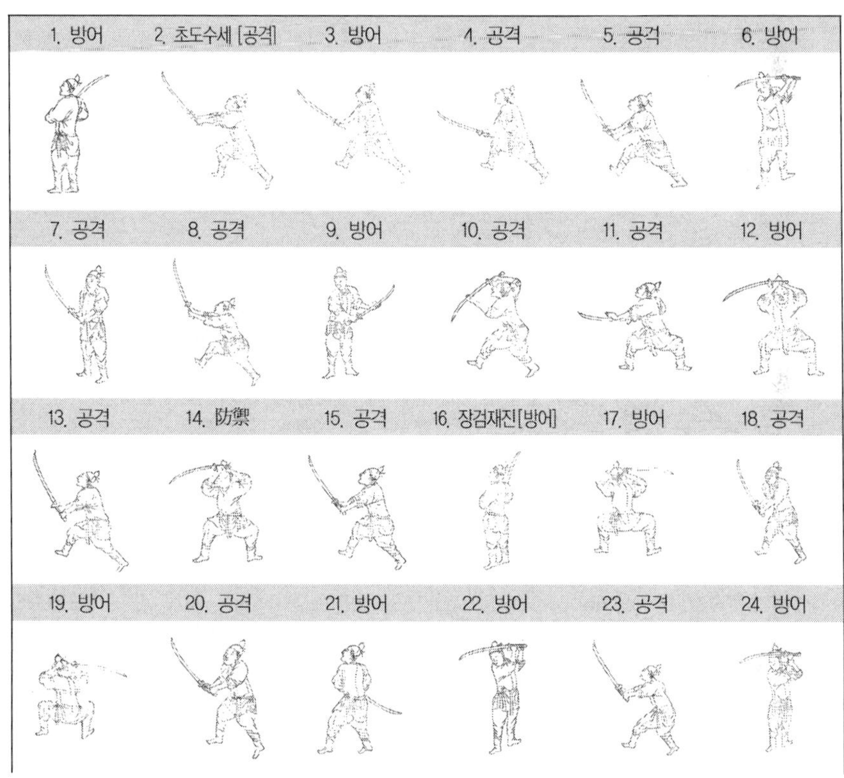

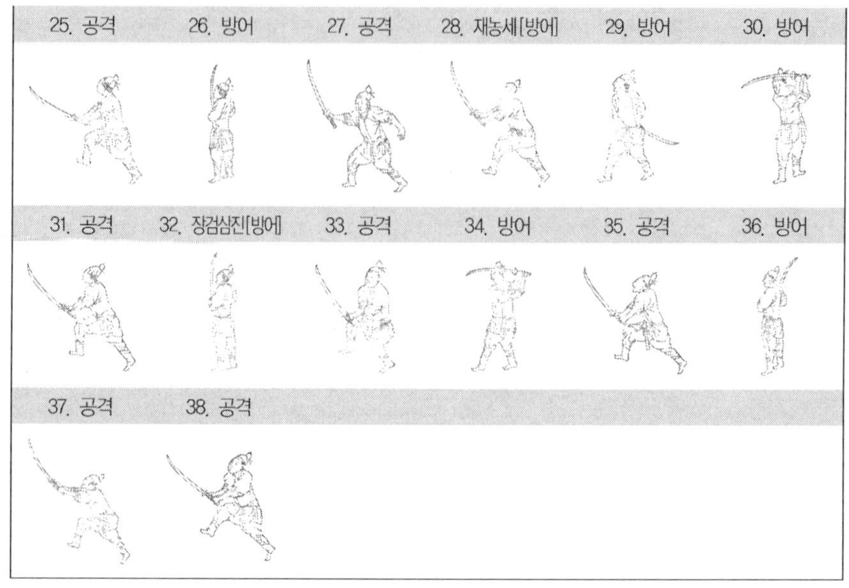

위 〈그림 2-20〉은 왜검의 한 유파인 천유류의 전체 동작 38개를 정리한 내용이다. 하지만 천유류의 처음 동작은 운광류의 마지막 동작과 함께 실려 있다. 이 동작을 포함하여 『무예도보통지』의 왜검 천유류보(千柳流譜)에는 그림 1장에 2인이 1조가 되어서 각자 1가지 세를 취하는 형식으로 2세씩 나와 있다. 각 세에 대한 내용이 총 20장으로 구성되어 있다.

천유류에는 세의 대한 명칭으로는 초도수세(初度手勢)와 재농세(再弄勢)의 2개가 보이고 있다. 다만 총도에는 장검재진(藏劍再進), 장검삼진(藏劍三進)이라는 표기를 해놓아 1번부터 15번까지는 1단계 투로 형식, 16번부터 31번까지는 2단계 투로 형식의 장검재진, 32번부터 38번까지의 3단계 투로 형식의 장검삼진으로 정리되어 있다. 이 형식은 토유류에서도 동일하게 나오고 있다. 천유류도 토유류와 마찬가지로 3회에 나누어 검보의 동작들이 일정한 투로 형식의 연결동작으로 시행되고 있음을 알 수 있었다. 각 동작에 보이는 내용을 검토하면 다음과 같다.

첫 번째 동작은 검을 오른쪽 어깨에 의지하고 상대방과 대적하는 있는 모습이다. 보법은 두 발이 나란히 벌려 서 있지만 왼발이 앞에 오른발이 뒤에 있는 모습이다. 수법은 쌍수 형태이며, 안법은 정면을 응시하고 있다. 도검의 위치는 오른쪽 허리 부분에 끼고 칼날이 정면을 향하고 있다. 도검 기법은 우협세(右夾勢)의 형식을 취하는 방어 자세이다.

두 번째 동작은 초도수세로 오른손으로 오른발 한 걸음나아가 왼쪽을 한 번 치는 자세이다. 보법은 오른발이 무릎위로 들려서 앞에 나오고 뒤에 왼발이 밀어주는 모습이다. 수법은 쌍수 형태이며, 안법은 정면을 응시하고 있다. 도검의 위치는 몸의 정면 중앙의 어깨 높이에서부터 칼날이 위로 향하고 있다. 도검 기법은 왼쪽을 치는 공격 자세이다.

세 번째 동작은 앞으로 나아가 앉으며 칼을 오른쪽 다리에 감추는 자세이다. 보법은 앞굽이 자세로 오른발이 무릎을 굽혀 앞에 나오고 왼발이 뒤에 밀어 주는 모습이다. 수법은 쌍수 형태이며, 안법은 정면을 응시하고 있다. 도검의 위치는 몸의 앞쪽 가슴에서부터 앞쪽을 향하고 있다. 도검 기법은 오른쪽 다리에 검을 감추는 방어 자세이다.

네 번째 동작은 오른 손과 오른 발로 오른쪽을 한 번 밀치는 자세이다. 보법은 오른발이 무릎위로 들어 올려 앞에 나가고 뒤에 왼발이 밀어주는 모습이다. 수법은 쌍수 형태이며, 안법은 정면을 응시하고 있다. 도검의 위치는 몸의 정면 단전에서부터 앞으로 향하고 있는 중단세이다. 도검 기법은 오른쪽을 밀치는 공격 자세이다.

다섯 번째 동작은 오른손과 왼발로 앞을 한 번 치는 자세이다. 보법은 오른발이 무릎위로 들어 올려 앞에 나가고 뒤에 왼발이 밀어주는 모습이다. 수법은 쌍수 형태이며, 안법은 정면을 응시하고 있다. 도검의 위치는 몸의 정면 명치에서부터 위쪽으로 향하고 있다. 도검 기법은 앞을 치는 자세이다.

여섯 번째 동작은 오른손과 오른발로 검을 이마 위로 막는 자세이다. 보법은 몸이 등 뒤에서 왼쪽으로 향하고 있는 자세로 오른발과 왼발이 나란하게 서 있는 모습이다. 수법은 쌍수 형태이며, 안법은 왼쪽을 응시하고 있다. 도검의 위치는 왼쪽어깨에서 이마 위로 칼날이 바깥쪽을 향해 수평으로 들고 있는 모습이다. 도검 기법은 얼굴의 상단 부위를 막는 방어 자세이다.

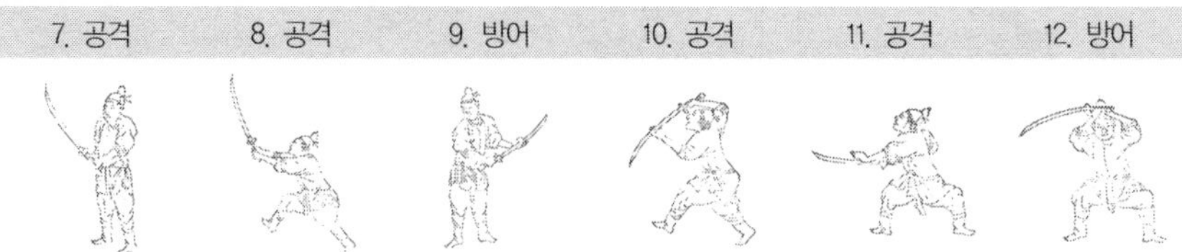

일곱 번째 동작은 오른발로 나아가며 한 번 뛰었다가 다시 뛰는 자세이다. 보법은 오른발과 왼발이 나란히 서 있는 모습이며, 수법은 쌍수 형태이다. 안법은 왼쪽을 응시하고 있다. 도검의 위치는 서 있는 상태로 몸의 정면 단전에서부터 위로 향하고 있는 중단세이다. 도검 기법은 앞으로 뛰는 공격 자세이다.

여덟 번째 동작은 오른손과 오른발로 한 걸음 나아가 앞으로 한 번 치는 자세이다. 보법은 오른발이 무릎 위로 들려서 앞에 있고 왼발이 뒤에서 밀어주는 모양이다. 수법은 쌍수 형태이며, 안법은 정면을 응시하고 있다. 도검의 위치는 몸의 정면의 어깨에서부터 위로 향하고 있다. 도검 기법은 앞으로 치는 공격 자세이다.

아홉 번째 동작은 왼손과 왼발이 한 걸음 물러나 칼날을 잡는 자세이다. 보법은 오른발과 왼발이 나란하게 있는 모양이다. 수법은 쌍수 형태이며, 안법은 왼쪽을 응시하고 있다. 도검의 위치는 오른손은 손잡이의 앞을 잡고 단전의 앞쪽에 있고 왼손은 칼날을 밑에서 잡고 있는 모습이다. 도검 기법은 방어 자세이다.

열 번째 동작은 왼쪽 밖으로 스쳐 왼손과 왼발로 한걸음 뛰어 칼을 누르는 자세이다. 보법은 앞굽이 자세로 왼발이 무릎을 굽혀 앞에 있고 오른발이 뒤에서 밀어주는 모양이다. 수법은 쌍수 형태이며, 안법은 정면을 응시하고 있다. 도검의 위치는 오른손이 머리 위에서 검의 손잡이를 잡고 칼날이 밑으로 향하게 하여 왼손은 칼등을 잡고 있는 모습이다. 도검 기법은 상대방의 움직임을 겨누고 있는 공격 자세이다.

열한 번째 동작은 일자로 나아가 앉는 자세이다. 보법은 기마세로 왼발이 앞에 있고 뒤에 오른발이 있는 모양이다. 수법은 쌍수 형태이다. 안법은 정면을 응시하고 있다. 도검의 위치는 단전에서부터 수평으로 앞을 향하고 있다. 오른손은 단전에 있는 손잡이를 잡고 왼손은 앞쪽에 있는 칼등에 손을 잡고 있다. 도검 기법은 상대방을 찌르는 공격 자세이다.

열두 번째 동작은 오른손과 오른발로 검을 이마 위로 막고 나아가 앉는 자세이다. 보법은 기마자세로 오른발 왼발 동일하게 나란한 모양으로 있다. 수법은 쌍수 형태이며, 안법은 왼쪽 정면을 응시하고 있다. 도검의 위치는 왼쪽 정면의 이마 위에서 수평으로 오른쪽으로 칼날이 향하고 있다. 도검 기법은 얼굴을 막는 방어 자세이다.

열세 번째 동작은 오른손과 왼발이 나아가며 앞을 한 번 치는 자세이다. 보법은 오른발이 무릎 위로 들려 앞에 나오고 왼발이 뒤에서 밀어주는 모양이다. 수법은 쌍수 형태이며, 안법은 정면의 위를 응시하고 있다. 도검의 위치는 몸의 단전에서부터 위를 향하고 있다. 도검 기법은 정면을 치는 공격 자세이다.

열네 번째 동작은 오른손과 오른발로 나아가 앉는 자세이다. 보법은 기마자세로 오른발 왼발 동일하게 나란한 모양으로 있다. 수법은 쌍수 형태이며, 안법은 왼쪽 정면을 응시하고 있다. 도검의 위치는 왼쪽 정면의 이마 위에서 수평으로 오른쪽으로 칼날이 향하고 있다. 도검 기법은 얼굴을 막는 방어 자세이다.

열다섯 번째 동작은 오른손과 왼발로 한 걸음 나아가 앞을 한 번 치는 자세이다. 보법은 오른발이 무릎 위로 들려 앞에 나오고 왼발이 뒤에서 밀어주는 모양이다. 수법은 쌍수 형태이며, 안법은 정면을 응시하고 있다. 도검의 위치는 몸 중앙의 명치에서 시작하여 위쪽으로 향하고 있다. 도검 기법은 정면을 치는 공격 자세이다. 천유류의 첫 번째 투로가 첫 번째 방어에서 시작하여 공격 – 방어 – 공격 – 공격 – 방어 – 공격 – 공격 – 방어 – 공격 – 공격 – 방어 – 공격 – 방어 – 공격으로 열다섯 번째에서 종료되었다. 공격 9회, 방어 6회로 나타났다. 이를 통해 방어와 공격이 적절하게 조화되고 있음을 알 수 있었다.

천유류의 두 번째 투로는 열여섯 번째 동작에서 시작하여 서른한 번째 동작까지이다. 이에 대한 각 동작에 대한 설명은 다음과 같다.

열여섯 번째 동작은 검을 오른쪽 어깨에 의지하고 상대방과 대적하는 있는 모습이다. 보법은 두 발이 나란히 벌려 서 있지만 왼발이 앞에 오른발이 뒤에 있는 모습이다. 수법은 쌍수 형태이며, 안법은 정면을 응시하고 있다. 도검의 위치는 오른쪽 허리 부분에 끼고 칼날이 정면을 향하고 있다. 도검 기법은 우협세(右夾勢)의 형식을 취하는 방어 자세이다. 총보에는 장검재진(藏劍再進)이라고 표기되어 있다.

열일곱 번째 동작은 왼손과 왼발로 칼을 이마로 막고 나아가 앉으며 뒤를 돌아보는 자세이다. 보법은 기마 자세로 오른발과 왼발이 나란하게 있는 모양이다. 수법은 쌍수 형태이며, 안법은 오른쪽을 응시하고 있다. 도검의 위치는 정면의 이마 위에서 수평으로 오른쪽으로 칼날이 향하고 있다. 도검 기법은 얼굴을 막는 방어 자세이다.

열여덟 번째 동작은 오른손과 오른발로 한 걸음 나아가며 앞을 한 번 치는 자세이다. 보법은 앞굽이 자세로 오른발이 무릎을 굽혀 앞에 나오고 왼발이 뒤에서 밀어주는 모양이다. 수법은 쌍수형태이며, 안법은 정면을 응시하고 있다. 도검의 위치는 몸의 명치 앞에서부터 위로 향하고 있는 모습이다. 도검 기법은 정면을 치는 공격 자세이다.

19. 방어	20. 공격	21. 방어	22. 방어	23. 공격	24. 방어

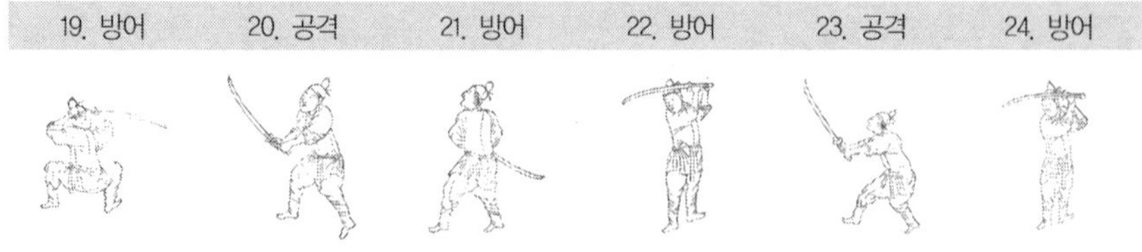

열아홉 번째 동작은 왼손과 왼다리로 칼을 이마로 막고 나아가 앉으며 뒤를 돌아보는 자세이다. 보법은 기마 자세로 오른발과 왼발이 나란하게 있는 모양이다. 수법은 쌍수 형태이며, 안법은 오른쪽을 응시하고 있다. 도검의 위치는 정면의 이마 위에서 수평으로 오른쪽으로 칼날이 향하고 있다. 도검 기법은 얼굴을 막는 방어 자세이다.

스무 번째 동작은 오른손과 오른 발로 한 걸음 나아가 앞을 한 번 치는 자세이다. 보법은 앞굽이 자세로 오른발이 무릎을 굽혀 앞에 나아고 왼발이 뒤에서 밀어주는 모양이다. 수법은 쌍수 형태이며, 안법은 정면을 응시하고 있다. 도검의 위치는 몸의 명치에서부터 시작하여 위로 향하고 있다. 도검 기법은 정면을 치는 공격 자세이다.

스물한 번째 동작은 오른손과 왼발로 오른쪽 아래에 검을 감추는 자세이다. 보법은 왼발이 앞에 나와 있고 오른발이 뒤에서 밀어주는 모양이다. 수법은 쌍수 형태이며, 안법은 정면 위를 응시하고 있다. 도검의 위치는 오른쪽허리에서 아래로 향하고 있다. 도검 기법은 검을 감추고 방어하는 자세이다.

스물두 번째 동작은 오른손과 오른발이 한걸음 나아가 검을 이마로 막는 자세이다. 보법은 몸이 왼쪽으로 향하고 있는 자세로 오른발과 왼발이 나란하게 서 있는 모습이다. 수법은 쌍수 형태이며, 안법은 왼쪽을 응시하고 있다. 도검의 위치는 왼쪽어깨에서 이마 위로 칼날이 바깥쪽을 향해 수평으로 들고 있는 모습이다. 도검 기법은 얼굴의 상단 부위를 막는 방어 자세이다.

스물세 번째 동작은 오른손과 왼발이 한걸음 나아가 앞을 한 번 치는 자세이다. 보법은 앞굽이 자세로 오른발이 앞에 나오고 왼발이 뒤에 있는 모양이다. 수법은 쌍수 형태이며, 안법은 정면을 응시하고 있다. 도검의 위치는 어깨 높이에서 위로 향하고 있다. 도검 기법은 정면을 치는 공격 자세이다.

스물네 번째 동작은 오른손과 오른발로 한 걸음 나아가 칼을 이마 위로 막고 왼손으로는 오른쪽 팔을 잡는 자세이다. 보법은 몸이 능 뒤에서 왼쪽으로 향하고 있는 자세로 오른발과 왼발이 나란하게 서 있는 모습이다. 수법은 단수 형태이며, 안법은 왼쪽을 응시하고 있다. 도검의 위치는 이마 앞에서 칼날이 바깥쪽을 향해 수평으로 들고 있는 모습이다. 도검 기법은 얼굴의 상단 부위를 막는 방어 자세이다.

25. 공격	26. 방어	27. 공격	28. 재농세[방어]	29. 방어	30. 방어

스물다섯 번째 동작은 오른손과 왼발로 한 걸음 나아가 앞을 한 번 치는 자세이다. 보법은 무릎 높이로 오른발을 들면서 앞으로 나가고 왼발이 뒤에서 밀어주는 모습이다. 수법은 쌍수 형태이며, 안법은 정면을 응시하고 있다. 도검 기법은 칼날이 몸의 중앙의 단전에서부터 위로 향하고 있는 모습이다.

스물여섯 번째 동작은 검을 오른쪽 어깨에 의지하고 상대방과 대적하는 있는 모습이다. 보법은 두 발이 나란히 벌려 서 있지만 왼발이 앞에 오른발이 뒤에 있는 모습이다. 수법은 쌍수 형태이며, 안법은 정면을 응시하고 있다. 도검의 위치는 오른쪽 허리 부분에 끼고 칼날이 정면을 향하고 있다. 도검 기법은 우협세(右夾勢)의 형식을 취하는 방어 자세이다.

스물일곱 번째 동작은 왼손을 뒤로 향하여 있는 자세이다. 보법은 앞굽이 자세로 무릎을 굽힌 자세로 오른발이 앞에 나오고 왼발이 뒤에 있는 모양이다. 수법은 단수 형태이며, 안법은 정면을 응시하고 있다. 도검의 위치는 오른손어깨에서 위로 향하고 있는 모양이다. 도검 기법은 앞으로 나아가며 한 손으로 치는 공격 자세이다.

스물여덟 번째 동작은 오른손과 오른발로 두 번 뛰는 자세이다. 보법은 오른발이 무릎 높이로 들어 앞으로 나아고 왼발이 뒤에서 밀어주는 모양이다. 수법은 쌍수 형태이며, 안법은 정면을 향하고 있다. 도검의 위치는 몸의 중앙의 명치에서부터 위로 향하고 있다. 도검 기법은 공격하는 자세이다.

스물아홉 번째 동작은 오른손과 오른발로 오른쪽 아래에 검을 감추는 자세이다. 보법은 왼발이 앞에 나와 있고 오른발이 뒤에서 밀어주는 모양이다. 수법은 쌍수 형태이며, 안법은 정면 위를 응시하고 있다. 도검의 위치는 오른쪽허리에서 아래로 향하고 있다. 도검 기법은 검을 감추고 방어하는 자세이다.

서른 번째 동작은 오른손과 오른발로 한걸음 나아가 검을 이마로 막는 자세이다. 보법은 몸이 왼쪽으로 향하고 있는 자세로 오른발과 왼발이 나란하게 서 있는 모습이다. 수법은 쌍수 형태이며, 안법은 왼쪽을 응시하고 있다. 도검의 위치는 왼쪽어깨에서 이마 위로 칼날이 바깥쪽을 향해 수평으로 들고 있는 모습이다. 도검 기법은 얼굴의 상단 부위를 막는 방어 자세이다.

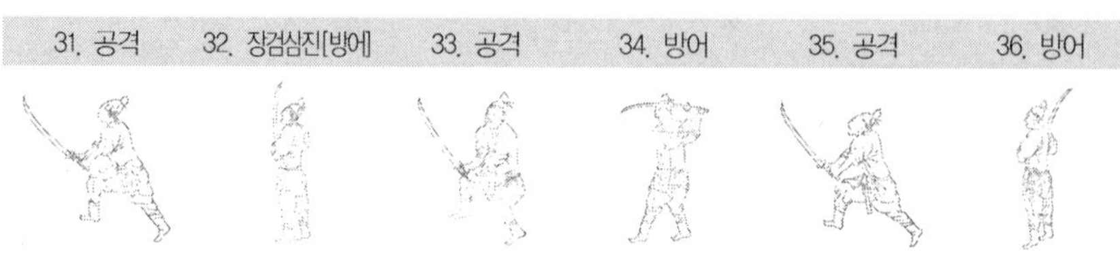

서른한 번째 동작은 오른손과 왼발이 한 걸음 나아가 앞을 한 번 치는 자세이다. 보법은 오른발이 무릎 높이로 들어 앞으로 나아고 왼발이 뒤에서 밀어주는 모양이다. 수법은 쌍수 형태이며, 안법은 정면을 향하고 있다. 도검의 위치는 몸의 중앙의 단전에서부터 위로 향하고 있다. 도검 기법은 정면을 치는 공격 자세이다.

두 번째 투로가 열여섯 번째의 방어에서 시작하여 방어 – 공격 – 방어 – 공격 – 방어 – 방어 – 공격 – 방어 – 공격 – 방어 – 공격 – 방어 – 방어 – 방어 – 공격으로 서른한 번째에서 종료되었다. 공격 6회, 방어 10회로 나타났다. 첫 번째 투로와는 다르게 공격보다는 방어에 치중하는 동작이 많이 나타나고 있었다.

천유류의 세 번째 투로는 서른두 번째 동작에서 시작하여 서른여덟 번째 동작까지이다. 이에 대한 각 동작에 대한 설명은 다음과 같다.

서른두 번째 동작은 검을 오른쪽 어깨에 의지하고 상대방과 대적하는 있는 모습이다. 보법은 두 발이 나란히 벌려 서 있지만 왼발이 앞에 오른발이 뒤에 있는 모습이다. 수법은 쌍수 형태이며, 안법은 정면을 응시하고 있다. 도검의 위치는 오른쪽 허리 부분에 끼고 칼날이 정면을 향하고 있다. 도검 기법은 우협세(右夾勢)의 형식을 취하는 방어 자세이다. 총보에는 장검삼진(藏劍三進)이라고 표기되어 있다.

서른세 번째 동작은 오른손과 오른발로 왼쪽으로 한걸음 뛰어나가 앉으며 치는 자세이다. 보법은 기마자세로 오른발과 왼발이 나란히 있는 모양이다. 수법은 쌍수 형태이며, 안법은 왼쪽을 응시하고 있다. 도검의 위치는 몸이 앉은 자세로 중앙의 단전에서부터 위로 향하고 있는 모양이다. 도검 기법은 왼쪽 방향을 공격하는 자세이다.

서른네 번째 동작은 오른손과 오른발로 한걸음 나아가 검을 이마로 막는 자세이다. 보법은 몸이 왼쪽으로 향하고 있는 자세로 오른발과 왼발이 나란하게 서 있는 모습이다. 수법은 쌍수 형태이며, 안법은 왼쪽을 응시하고 있다. 도검의 위치는 왼쪽어깨에서 이마 위로 칼날이 바깥쪽을 향해 수평으로 들고 있는 모습이다. 도검 기법은 얼굴의 상단 부위를 막는 방어 자세이다.

서른다섯 번째 동작은 오른손과 왼발로 한 걸음 나아가 앞을 한 번 치는 자세이다. 오른발이 무릎 높이로 들어 앞으로 나오고 왼발이 뒤에서 밀어주는 모양이다. 수법은 쌍수 형태이며, 안법은 정면을 응시하고 있다. 도검의 위치는 중앙의 단전에서부터 위로 향하는 모습이다. 도검 기법은 정면을 치는 공격 자세이다.

서른여섯 번째 동작은 오른손과 오른발로 오른쪽 어깨에 검을 의지하고 있는 자세이다. 보법은 두 발이 나란히 벌려 서 있지만 왼발이 앞에 오른발이 뒤에 있는 모습이다. 수법은 쌍수 형태이며, 안법은 정면을 응시하고 있다. 도검의 위치는 오른쪽 허리 부분에 끼고 칼날이 정면을 향하고 있다. 도검 기법은 우협세(右夾勢)의 형식을 취하는 방어 자세이다.

37. 공격 38. 공격

서른일곱 번째 동작은 오른손과 오른발 앞으로 유성처럼 나아가 왼쪽을 한 번 치는 자세이다. 보법은 앞굽이 자세로 오른발이 무릎을 굽혀 앞에 나오고 왼발이 뒤에서 밀어주는 모양이다. 수법은 쌍수 형태이며, 안법은 정면을 응시하고 있다. 도검의 위치는 몸의 중앙의 어깨높이에서 위로 향하고 있다. 도검 기법은 왼쪽 방향을 공격하는 자세이다.

서른여덟 번째 동작은 오른손과 왼발로 한 걸음 나아가 앞을 한 번 치는 자세이다. 보법은 오른발이 무릎 위로 들여 앞에 나오고 왼발이 뒤에서 밀어주는 모양이다. 수법은 쌍수 형태이며, 안법은 정면을 응시하고 있다. 도검의 위치는 몸의 중앙의 단전에서부터 위로 향하고 있다. 도검 기법은 정면을 치는 공격 자세이다.

천유류의 세 번째 투로가 서른두 번째 방어에서 시작하여 공격 – 방어 – 공격 – 방어 – 공격 – 공격으로 서른여덟 번째에서 종료되었다. 공격 4회, 방어 3회로 나타났다. 세 번째 투로에서는 공격과 방어가 조화롭게 이루어지고 있음을 알 수 있었다.

이상과 같이 천유류의 전체적인 38개 동작의 투로를 분석한 바, 공격 19회, 방어 19회로 나타났다. 이를 통해 천유류의 도검 기법은 공격과 방어 중에서 어느 한쪽에 집중하여 치중되기 보다는 공격과 방어가 조화롭게 분포되어 있는 도검기법이라는 것을 파악할 수 있었다.

4) 유피류(柳彼流)

〈그림 2-21〉 왜검 유피류 전체 동작

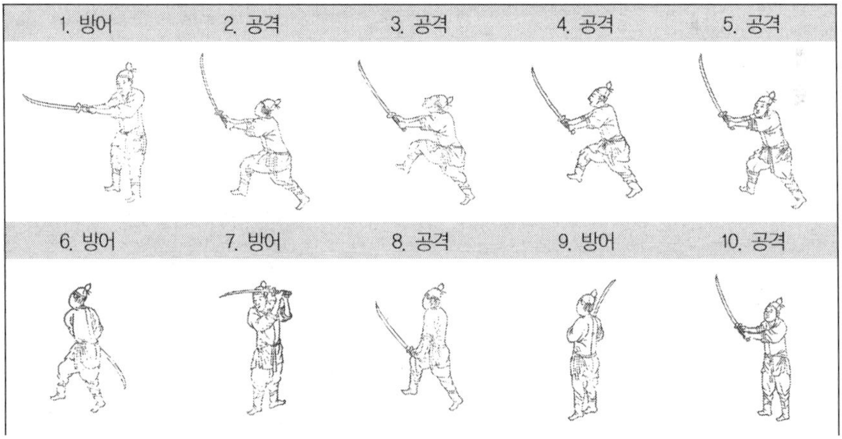

1. 방어	2. 공격	3. 공격	4. 공격	5. 공격
6. 방어	7. 방어	8. 공격	9. 방어	10. 공격

위의 〈그림 2-21〉은 왜검의 한 유파인 유피류의 전체 동작 18개를 정리한 내용이다. 그러나 유피류의 처음 동작은 천유류의 마지막 동작과 함께 실려 있다. 이 동작을 포함하여 『무예도보통지』의 왜검 유피류보(柳彼流譜)에서는 그림 1장에 2인이 1조가 되어서 각자 1가지 세를 취하는 형식으로 2세씩 나와 있다. 마지막 장에만 1가지 세가 실려 있다. 각 세에 대한 내용은 총 10장으로 구성되어 있다.

유피류에서는 각 세에 대한 명칭은 보이지 않았다. 총도(總圖)에도 1번부터 18번까지의 동작의 투로가 나와 있다. 토유류, 천유류가 동일한 형식의 투로의 도검기법을 선 보였다면, 운광류는 새롭게 천리세(千利勢), 속행세(速行勢), 산시우세(山時雨勢), 수구심세(水鳩心勢), 유사세(柳絲勢) 등의 5개의 세를 바탕으로 각 세에 대한 투로가 있다는 특징이 있었다. 그러나 유피류는 위에서 언급한 3유파의 왜검과는 다른 형식으로 1번부터 18번까지 한 개의 투로 형식으로 정리되고 있음을 알 수 있었다. 각 동작에 보이는 내용을 검토하면 다음과 같다.

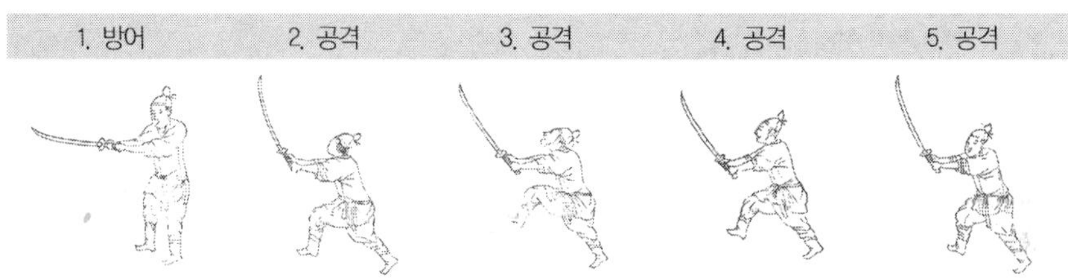

1. 방어	2. 공격	3. 공격	4. 공격	5. 공격

첫 번째 동작은 검을 드리우고 바로 서 있는 자세이다. 보법은 오른발 왼발이 나란히 11자로 벌려 서 있는 모양이다. 수법은 쌍수 형태이며, 안법은 정면을 응시하고 있다. 도검의 위치는 정면의 가슴 부위에서 앞으로 수평으로 칼을 뻗고 있는 모습이다. 도검 기법은 검을 앞으로 내밀어 방어하는 자세이다.

두 번째 동작은 오른손과 오른발로 한 걸음 나아가 앞을 한 번 찌르는 자세이다. 보법은 앞굽이자세로 오른발이 무릎을 굽혀 앞으로 나가고 왼발이 뒤에서 밀어주는 모양이다. 수법은 쌍수 형태이며, 안법은 정면을 응시하고 있다. 도검의 위치는 정면의 어깨에서 위로 향하고 있다. 도검 기법은 정면을 찌르는 자법(刺法)의 공격 자세이다.

세 번째 동작은 왼쪽 발을 내디디며 왼쪽어깨 위에서 똑바로 내려치는 자세이다. 보법은 오른발을 무릎 높이로 들어서 앞에 나오고 왼발이 뒤에서 밀어주는 모양이다. 수법은 쌍수 형태이며, 안법은 정면 위를 응시하고 있다. 도검의 위치는 정면의 어깨에서 위쪽으로 향하고 있다. 도검 기법은 정면을 치는 격법(擊法)의 공격 자세이다.

네 번째 동작은 왼발을 한 걸음 물러서며 오른쪽 어깨 위에서 똑바로 내려치는 자세이다. 보법은 앞굽이 자세로 오른발이 무릎 높이로 굽혀 앞에 나오고 왼발이 뒤에서 밀어주는 모양이다. 수법은 쌍수 형태이며, 안법은 정면을 응시하고 있다. 도검의 위치는 정면의 어깨에서 위쪽으로 향하고 있다. 도검 기법은 정면을 치는 격법의 공격 자세이다.

다섯 번째 동작은 오른발을 한 걸음 물러서며 왼쪽으로 어깨 위에서 똑바로 내려치는 자세이다. 보법은 앞굽이 자세로 오른발이 무릎 높이로 굽혀 앞에 나오고 왼발이 뒤에서 밀어주는 모양이다. 수법은 쌍수 형태이며, 안법은 정면 위를 응시하고 있다. 도검의 위치는 정면의 어깨에서 위쪽으로 향하고 있다. 도검 기법은 정면을 치는 격법의 공격 자세이다.

6. 방어	7. 방어	8. 공격	9. 방어	10. 공격

여섯 번째 동작은 검을 오른쪽 아래에 감추는 자세이다. 보법은 왼발이 무릎 높이로 들어 앞에 나오고 오른발이 뒤에서 밀어주는 모양이다. 수법은 쌍수 형태이며, 안법은 오른쪽을 응시하고 있다. 도검의 위치는 오른쪽 허리에서 아래로 향하고 칼날은 몸의 바깥쪽을 향하고 있다. 도검 기법은 몸의 하단을 방어하는 자세이다.

일곱 번째 동작은 오른손과 오른발이 한 걸음 나아가 검을 이마 위에서 막는 자세이다. 보법은 몸이 왼쪽으로 향하고 있는 자세로 오른발과 왼발이 나란하게 서 있는 모습이다. 수법은 쌍수 형태이며, 안법은 왼쪽을 응시하고 있다. 도검의 위치는 왼쪽어깨에서 이마 위로 칼날이 바깥쪽을 향해 수평으로 들고 있는 모습이다. 도검 기법은 얼굴의 상단 부위를 막는 방어 자세이다.

여덟 번째 동작은 오른손과 오른발이 왼발이 한 걸음 나아가 앞을 한 번 치는 자세이다. 보법은 앞굽이 자세로 왼발이 무릎을 굽혀 앞에 나오고 오른발이 뒤에서 밀어주는 모양이다. 수법은 쌍수 형태이며, 안법은 왼쪽을 응시하고 있다. 도검의 위치는 왼쪽의 허리 바깥쪽에서 위로 향하여 방어하는 모양이다. 도검 기법은 허리 부위를 막는 방어 자세이다.

아홉 번째 동작은 오른손과 오른발로 오른편에 검을 감추는 자세이다. 보법은 두 발이 나란히 벌려 서 있지만 왼발이 앞에 오른발이 뒤에 있는 모습이다. 수법은 쌍수 형태이며, 안법은 정면을 응시하고 있다. 도검의 위치는 오른쪽 허리 부분에 끼고 칼날이 정면을 향하고 있다. 도검 기법은 우협세(右夾勢)의 형식을 취하는 방어 자세이다.

열 번째 동작은 오른손과 오른발로 한 걸음 나아가 앞을 한 번 찌르는 자세이다. 보법은 오른발과 왼발이 나란히 서 있는 모양이다. 수법은 쌍수 형태이며, 안법은 정면을 응시하고 있다. 도검의 위치는 정면의 어깨에서부터 위로 향하고 있다. 도검 기법은 앞을 향해 찌르는 자법의 공격 자세이다.

열한 번째 동작은 왼발을 내디디며 오른쪽으로 검을 감추는 자세이다. 보법은 두 발이 나란히 벌려 서 있지만 왼발이 앞에 오른발이 뒤에 있는 모습이다. 수법은 쌍수 형태이며, 안법은 정면을 응시하고 있다. 도검의 위치는 오른쪽 허리 부분에 대고 칼날이 정면을 향하고 있다. 도검 기법은 우협세의 형식을 취하는 방어 자세이다.

열두 번째 동작은 오른손과 오른발로 한걸음 나아가 앞을 한 번 찌르는 자세이다. 보법은 왼발이 앞에 나오고 오른발에 뒤에서 밀어주는 모양이다. 수법은 쌍수 형태이며, 안법은 정면을 응시하고 있다. 도검의 위치는 정면의 어깨에서 위로 향하고 있다. 도검 기법은 정면을 찌르는 자법의 공격 자세이다.

열세 번째 동작은 왼발을 내디디며 왼쪽어깨 위에서 똑바로 내려치는 자세이다. 보법은 앞굽이 자세로 오른발이 앞에 나오고 왼발이 뒤에서 밀어주는 모양이다. 수법은 쌍수 형태이며, 안법은 정면을 응시하고 있다. 도검의 위치는 몸을 약간 굽힌 상태로 중앙의 명치에서부터 아래로 향하고 있으며 칼날은 위쪽을 바라보고 있다. 도검 기법은 정면을 치는 격법의 공격 자세이다.

열네 번째 동작은 왼발을 한 걸음 물러서며 오른쪽 어깨 위에서 똑바로 내려치는 자세이다. 보법은 앞굽이 자세로 오른발이 무릎 높이로 굽혀 앞에 나오고 왼발이 뒤에서 밀어주는 모양이다. 수법은 쌍수 형태이며, 안법은 정면을 응시하고 있다. 도검의 위치는 정면의 명치에서부터 위쪽으로 향하고 있다. 도검 기법은 정면을 치는 격법의 공격 자세이다.

열다섯 번째 동작은 오른발을 한 걸음 물러서며 왼쪽으로 어깨 위에서 똑바로 내려치는 자세이다. 보법은 앞굽이 자세로 왼발이 무릎 높이로 굽혀 앞에 나오고 오른발이 뒤에서 밀어주는 모양이다. 수법은 쌍수 형태이며, 안법은 정면을 응시하고 있다. 도검의 위치는 몸을 약간 굽힌 상태로 중앙의 명치에서부터 아래로 향하고 있으며 칼날은 위쪽을 바라보고 있다. 도검 기법은 정면을 치는 격법의 공격 자세이다.

16. 방어 17. 방어 18. 공격

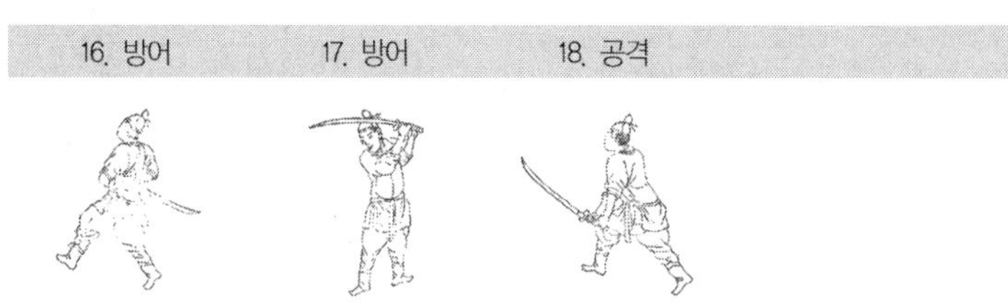

열여섯 번째 동작은 오른쪽 아래에 검을 감추는 자세이다. 보법은 오른 발이 무릎을 굽혀 앞에 나오고 왼발이 뒤에서 밀어주는 모양이다. 수법은 쌍수 형태이며, 안법은 오른쪽을 응시하고 있다. 도검의 위치는 오른쪽 허리 부분에 대고 칼날이 아래로 향하고 있다. 도검 기법은 우협세의 형식을 취하는 방어 자세이다.

열일곱 번째 동작은 오른손과 오른발이 한 걸음 나아가 오른손으로 검을 이마 위로 막는 자세이다. 보법은 몸이 왼쪽으로 향하고 있는 자세로 오른발과 왼발이 나란하게 서 있는 모습이다. 수법은 쌍수 형태이며, 안법은 왼쪽을 응시하고 있다. 도검의 위치는 왼쪽어깨에서 이마 위로 칼날이 바깥쪽을 향해 수평으로 들고 있는 모습이다. 도검 기법은 얼굴의 상단 부위를 막는 방어 자세이다.

열여덟 번째 동작은 오른손과 왼발로 한 걸음 나아가 앞을 한 번 치는 자세이다. 보법은 앞굽이 자세로 왼발이 무릎을 굽혀 앞에 나오고 오른발이 뒤에서 밀어주는 모양이다. 수법은 쌍수 형태이며, 안법은 오른쪽을 응시하고 있다. 도검의 위치는 왼쪽 무릎 바깥쪽에서 위로 향하고 있는 모양이다. 도검 기법은 앞을 치는 격법의 공격 자세이다.

이상과 같이 유피류의 전체적인 18개 동작의 투로를 분석한 바, 공격 11회, 방어 7회로 나타났다. 이를 통해 유피류는 공격에 치중하는 도검기법이라는 알 수 있었다. 왜검의 4가지 유파의 도검기법을 전체적으로 살펴본 바, 공격위주의 도검 기법은 토유류, 운광류, 유피류의 3개 유파에 집중되어 있었던 반면, 어느 한 부분에 치우치지 않고 공격과 방어기법의 조화롭게 정리된 형식의 공방기법이 천유류라는 것을 알 수 있었다.

4. 왜검교전

『무예도보통지』 권2에 실려 있는 왜검교전은 왜검에 교전을 첨부하였다는 내용으로 설명되어 있다.[66] 그리고 교전보(交戰譜)에서 사용하는 칼은 모두 양쪽날이었지만 외날 요도(腰刀)로 고쳤고, 요도가 왜검보(倭劒譜)를 익히는데 매우 필요한 칼이라고 설명하였다.[67]

또한 왜검교전은 원래 모검(牟劍)이라는 명칭으로 사용되다가 정조대에 도검무예의 명칭을 통일화 시키는 과정에서 왜검교전으로 변경되었다. 왜검의 특징은 제독검이나 본국검, 쌍검과 같이 세를 통한 동작의 설명이 아닌 세를 사용하지 않고 동작에 대한 설명으로 되어 있다는 점이다.[68]

왜검교전에 대한 전체 동작은 50개로 이루어져 있으나, 두 사람이 서로 교전하는 모습을 담고 있기에 2인 1조로 하여 총 25장에 그림으로 정리되어 있다. 이에 대한 내용은 〈그림 2-22〉에 자세하다.

〈그림 2-22〉 왜검교전 전체 동작

1. 개문 [방어]	2. 교검 [공방]	3. 상장 [방어]	4. 퇴진 [공방]	5. 환립 [공방]
6. 대격 [공방]	7. 환립 [공방]	8. 상장 [방어]	9. 진퇴 [공방]	10. 환립 [공방]
11. 대격 [공방]	12. 환립 [공방]	13. 재고진 [공방]	14. 퇴진 [공방]	15. 휘도 [공방]
16. 진재고 [공방]	17. 진퇴 [공방]	18. 휘도 [공방]	19. 퇴자격진[공방]	20. 퇴진 [공방]
21. 휘도 [공방]	22. 진퇴자격[공방]	23. 진퇴 [공방]	24. 휘도 [공방]	25. 상박 [공격]

위의 그림은 『무예도보통지』 권2의 왜검교전보(倭劍交戰譜)에 실려 있는 전체 25개의 투로 동작이다. 이에 대한 내용을 각 장별로 내용을 검토하면 다음과 같다.

1. 개문 [방어] 2. 교검 [공방] 3. 상장 [방어] 4. 퇴진 [공방] 5. 환립 [공방]

첫 번째 동작은 두 사람이 오른손으로 칼을 지고 왼손으로 왼쪽에 끼고 서 있는 자세이다. 두 사람의 보법은 왼발이 앞에 나오고 오른발이 뒤에 있는 모양이다. 수법은 단수 형태이다. 안법은 정면을 응시하고 있다. 도검의 위치는 몸은 정면을 응시하고 왼손은 왼쪽 허리에 잡고 오른손은 검을 잡고 머리 뒤쪽의 왼쪽에서 오른쪽 어깨에 대고 수평으로 칼날이 위로 향하고 있는 모습이다. 도검은 오른쪽 어깨에 지고 있는 모습이다. 도검 기법은 방어 자세이다. 총도(總圖) 에는 개문(開門)으로 표기되어 있으며, 두 사람의 교전의 문이 열렸다는 의미를 가지고 있다.

두 번째 동작은 갑이 처음으로 견적출검세(見賊出劍勢)를 취하되 오른손과 오른발로 앞을 한 번 치고 검을 들고 뛰어 나아가 또 한 번 치고 몸을 돌려 뒤를 향하거든 을이 또 견적출검세(見賊出劍勢)를 취하되 검을 들고 뛰어 나가 서로 한번 맞붙는 자세이다.

오른쪽 사람의 보법은 오른발이 무릎 위로 굽혀서 들려 앞에 나오고 왼발이 뒤에서 밀어 주는 모양이다. 수법은 단수 형태이며, 안법은 정면의 상대방을 응시하고 있다. 도검의 위치는 몸이 정면으로 향하고 왼손은 어깨에서 수평으로 뻗어있고, 오른손은 팔이 굽혀 검을 잡고 있는 모습이다. 도검은 오른쪽 어깨 위에서 칼날이 위로 향하고 있다.

왼쪽 사람의 보법은 오른발이 무릎 위로 굽혀서 들려 앞에 나오고 왼발이 뒤에서 밀어 주는 모양이다. 수법은 단수 형태이며, 안법은 정면의 상대방을 응시하고 있다. 도검의 위치는 몸이 정면으로 향하고 왼손은 앞으로 손을 내밀어 세운 상태이며, 오른손은 반 정도 굽힌 상태에서 검을 잡고 있는 모습이다. 도검은 오른쪽 어깨 위에서 앞으로 향하고 있다. 도검 기법은 공격과 방어를 하는 공방 자세이다. 총도에는 교검(交劍)이라고 표기되어 있으며, 두 사람이 검이 서로 치고 받는다는 의미이다.

세 번째 동작은 몸을 돌려 바꾸어서 오른쪽에 검을 감추고 서는 자세이다. 두 사람의 보법은 왼발이 앞에 나오고 오른발이 뒤에 있는 모양이다. 수법은 쌍수 형태이며, 안법은 상대방을 응시하고 있다. 도검의 위치는 양손이 검을 잡고 오른쪽 어깨에 의지하여 검이 수직으로 세워 위로 향하고 있는 모양이다. 도검 기법은 방어 자세이다. 총도에는 상장(相藏)이라고 표기되어 있다. 두 사람이 서로 검을 감추는 의미이다.

네 번째 동작은 갑이 들어와서 한번 갈겨 치고 한 번 들어 치고 또 한 번 갈쳐 치면 을이 물러가며 한번 누르고 한번 맞붙고 또 한 번 누르고 갑이 또 들어와 한번 갈겨 치고 한번 들어 치고 또 한 번 갈겨 치면 을이 물러가며 한번 누르고 한번 맞붙고 또 한 번 누르는 자세이다.

오른쪽 사람의 보법은 왼발이 앞에 나오고 오른발이 뒤에서 밀어주는 모양이다. 수법은 쌍수 형태이다. 안법은 상대방의 정면을 응시하고 있다. 도검의 위치는 몸의 중앙의 명치에서부터 검의 손잡이가 시작하여 앞으로 향하여 상대방의 검과 부딪쳐 있는 모습이다. 왼쪽 사람의 보법은 왼발을 무릎 높이로 굽혀 앞에 나오고 오른발이 밀어주는 모양이다. 수법과 안법은 동일하다. 도검의 위치는 몸을 앞으로 굽힌 상태로 검의 손잡이가 명치에서부터 위로 향하여 상대방의 검과 부딪쳐 있는 모습이다. 도검 기법은 공격과 방어를 하는 공방 자세이다. 총도에는 퇴진(退進)으로 표기되어 있고 왼쪽은 물러나고 오른쪽은 앞으로 나아가는 의미이다.

다섯 번째 동작은 갑과 을이 각각 왼쪽에 검을 감추었다가 칼날로 안으로 한 번 치고 밖으로 한번 치고 몸을 되돌려 바꾸어 서는 자세이다. 오른쪽 사람의 보법은 오른발을 무릎 높이로 들어 앞에 나오고 왼발이 뒤에서 밀어주는 모양이다. 수법은 쌍수 형태이며, 안법은 정면의 상대방을 응시하고 있다. 도검의 위치는 검의 오른쪽 어깨에서부터 아래로 향하고 있으며 상대방의 검 바깥쪽에 위치하고 부딪치고 있는 모습이다.

왼쪽 사람은 왼발이 무릎 높이로 굽혀 앞에 나오고 오른발이 뒤에서 밀어주는 모양이다. 수법과 안법은 동일하다. 도검의 위치는 왼쪽어깨에서부터 아래로 향하고 있으며, 상대방의 검 안쪽에 위치하여 부딪치고 있다. 도검 기법은 공격과 방어를 하는 공방 자세이다. 총도에는 환립(換立)으로 표기되어 있고, 검의 위치가 위에서 아래로 바꾸어 서는 의미이다.

6. 대격 [공방] 7. 환립 [공방] 8. 상장 [방어] 9. 진퇴 [공방] 10. 환립 [공방]

여섯 번째 동작은 검을 드리워서 한 번 치고 오른쪽 아래로 감추고 갑이 나아가 검을 이마 위로 받는 듯이 높이 들어 한 번치는 자세이다. 오른쪽 사람의 보법은 앞굽이 자세로 오른발이 무릎을 굽혀 앞에 나오고 왼발이 뒤에서 밀어주는 모양이다. 수법은 쌍수 형태이며, 안법은 정면을 응시하고 있다. 도검의 위치는 정면의 가슴에서부터 무릎 아래로 향하는 하단세(下段勢)를 취하고 있다.

왼쪽 사람의 보법은 왼발이 무릎 높이로 들어 앞에 나오고 오른발이 뒤에서 밀어주는 모양이다. 수법과 안법은 동일하며, 도검의 위치는 명치에서부터 머리 위쪽 방향으로 향하고 있다. 도검 기법은 공격과 방어를 하는 공방 자세이다. 총도에는 대격(戴擊)으로 표기되어 있다. 머리 위에서 검을 친다는 의미이다.

일곱 번째 동작은 을이 한번 누르고 한번 맞붙고 또 왼쪽에 감추었다가 안으로 한번 치고 밖으로 한번 치고 몸을 되돌려서 바꾸어 서는 자세이다. 오른쪽 사람의 보법은 오른발을 무릎 높이로 들어 앞에 나오고 왼발이 밀어주는 모양이다. 수법은 쌍수 형태이며, 안법은 정면의 상대방을 응시하고 있다. 도검의 위치는 검의 오른쪽 어깨에서부터 아래로 향하고 있으며 상대방의 검 바깥쪽에 위치하고 부딪치고 있는 모습이다.

왼쪽 사람은 왼발이 무릎 높이로 굽혀 앞에 나오고 오른발이 뒤에서 밀어주는 모양이다. 수법과 안법은 동일하다. 도검의 위치는 왼쪽어깨에서부터 아래로 향하고 있으며, 상대방의 검 안쪽에 위치하여 부딪치고 있다. 도검 기법은 공격과 방어를 하는 공방 자세이다. 총도에는 환립(換立)으로 표기되어 있고, 검의 위치가 위에서 아래로 바꾸어 서는 의미이다.

여덟 번째 동작은 검을 드리워 한번 치고 왼쪽 어깨에 검을 감추는 자세이다. 오른쪽 사람의 보법은 오른발 왼발 나란히 서 있는 모습이다. 수법은 쌍수 형태이며, 안법은 정면을 응시하고 있다. 도검의 위치는 왼쪽 어깨에 검을 수직으로 세워서 의지하고 칼날이 바깥쪽을 향하고 있는 모습이다. 왼쪽 사람의 보법은 오른발이 앞에 나오고 왼발이 뒤에 있는 모양이다. 수법과 안법 그리고 도검의 위치도 동일하다. 도검 기법은 방어 자세이다. 총도에는 상장(相藏)이라고 표기되어 있다. 두 사람이 서로 검을 감추는 의미이다.

아홉 번째 동작은 을이 나아가 왼발이 나아가 한번 갈겨 치고 오른발 나아가 한 번 들어 치고 또 한 번 왼발 나가며 갈겨 치면 갑이 왼발로 물러나면서 한번 누르고 을이 또 나아가 왼발로 나아가 한번 갈겨 치고 오른발 나아가 한번 들어 치고 또 왼발 나아가 한번 갈겨 치면 갑이 왼발 물러나며 한번 누르고 오른발 물러나면서 한 번 맞붙고 또 왼발이 물러나면서 한번 누르는 자세이다.

오른쪽 사람의 보법은 오른발을 무릎 위로 들어 앞에 나오고 왼발이 뒤에서 밀어주는 모양이다. 수법은 쌍수 형태이며, 안법은 상대방의 정면을 응시하고 있다. 도검의 위치는 손잡이가 명치에서부터 상대방 머리 방향으로 향하여 상대방의 검과 부딪치고 있는 모양이다.

왼쪽 사람의 보법은 오른발을 무릎 높이로 들어 앞으로 나오고 왼발이 밀어주는 모습이다. 수법과 안법 그리고 도검의 위치도 동일하다. 도검 기법은 공격과 방어를 하는 공방 자세이다. 총도에는 진퇴(進退)라고 표기되어 있다. 왼쪽은 나아가고 오른쪽은 물러나는 의미이다.

열 번째 동작은 갑, 을이 각각 왼쪽어깨에 검을 감추었다가 칼날로써 안으로 한번 치고 밖으로 한번 치고 몸을 되돌려 바꾸어 서며 검을 드리워 한번 치고 오른쪽 아래에 감추는 자세이다.

오른쪽 사람의 보법은 오른발을 무릎 높이로 들어 앞에 나오고 왼발이 뒤에서 밀어주는 모양이다. 수법은 쌍수 형태이며, 안법은 정면의 상대방을 응시하고 있다. 도검의 위치는 검의 오른쪽 어깨에서부터 아래로 향하고 있으며 상대방의 검 바깥쪽에 위치하고 부딪치고 있는 모습이다.

왼쪽 사람은 왼발이 무릎 높이로 굽혀 앞에 나오고 오른발이 뒤에서 밀어주는 모양이다. 수법과 안법은 동일하다. 도검의 위치는 왼쪽어깨에서부터 아래로 향하고 있으며, 상대방의 검 안쪽에 위치하여 부딪치고 있다. 도검 기법은 공격과 방어를 하는 공방 자세이다. 총도에는 환립(換立)으로 검의 위치로 위에서 아래로 바꾸어 서는 의미이다.

열한 번째 동작은 을이 나아가 검을 이마 위로 높이 들어 한번 치면 갑이 한번 누르고 한 번 마주 치는 자세이다. 오른쪽 사람의 보법은 앞굽이 자세로 오른발이 무릎을 굽혀 앞에 나오고 왼발이 뒤에서 밀어주는 모양이다. 수법은 쌍수 형태이며, 안법은 정면을 응시하고 있다. 도검의 위치는 정면의 가슴에서부터 머리 위쪽을 향하고 있다.

왼쪽 사람의 보법은 왼발이 무릎 높이로 들어 앞에 나오고 오른발이 뒤에서 밀어주는 모양이다. 수법과 안법은 동일하며, 도검의 위치는 단전에서부터 오른쪽 무릎 아래로 있고, 칼날이 몸의 바깥쪽을 향하고 있다. 도검 기법은 공격과 방어를 하는 공방 자세이다. 총도에는 대격(戴擊)으로 표기되어 있다. 머리 위에서 검을 친다는 의미이다.

열두 번째 동작은 왼쪽에 감추었다가 칼날로써 안으로 한번 치고 밖으로 한번 치고 몸을 되돌려 바꾸어 서며 검을 드리워 한번 치고 오른쪽 아래로 검을 감추는 자세이다. 오른쪽 사람의 보법은 오른발을 앞굽이 자세로 굽혀 앞에 나오고 왼발이 뒤에서 밀어주는 모양이다. 수법은 쌍수 형태이며, 안법은 정면의 상대방을 응시하고 있다. 도검의 위치는 양손을 교차하여 검의 오른쪽 어깨 아래에서부터 무릎으로 향하고 있으며 상대방의 검 바깥쪽에서 부딪치고 있는 모습이다.

왼쪽 사람은 왼발이 무릎 높이로 들어 앞에 나오고 오른발이 뒤에서 밀어주는 모양이다. 수법과 안법은 동일하다. 도검의 위치는 가슴에서부터 무릎 아래로 향하고 있으며, 상대방의 검 안쪽에 위치하여 부딪치고 있다. 도검 기법은 공격과 방어를 하는 공방 자세이다. 총도에는 환립(換立)으로 검의 위치로 위에서 아래로 바꾸어 서는 의미이다.

열세 번째 동작은 을이 검을 들어 한번 치고 또 한 번치면 갑이 들어가 검을 이마 위로 높이 들어 왼쪽으로 검을 드리워 치고 오른쪽으로 검을 드리워 치고 또 왼쪽으로 검을 드리워 치거든 을이 물러 나가면 왼쪽으로 검을 드리워 막고 오른쪽으로 검을 드리워 막고 또 왼쪽으로 검을 드리워 막는 자세이다.

오른쪽 사람의 보법은 왼발이 앞에 나오고 오른발이 뒤에서 있는 모습이다. 수법은 쌍수 형태이며, 안법은 정면의 상대방을 응시하고 있다. 도검의 위치는 오른쪽 허리에 검을 차고 무릎 아래로 향하고 있는 모습이다. 칼날은 몸의 안쪽을 바라보고 있다.

왼쪽 사람의 보법은 오른발을 무릎 높이로 들어 앞에 나오고 왼발이 뒤에서 밀어주는 모양이다. 수법과 안법은 동일하며, 도검의 위치는 양손으로 검을 정면 이마 위에서 잡고 위로 향하는 상단세(上段勢)를 취하고 있다. 도검 기법은 공격과 방어를 하는 공방 자세이다. 총도에는 재고진(再叩進)으로 표기되어 있다. 왼쪽은 재고(再叩)로 두 번 두드린다는 것이고 오른쪽은 진(進)으로 앞으로 나아간다는 의미이다.

열네 번째 동작은 갑을이 칼날을 들어 높이 치고 왼쪽으로 칼을 드리워 한번 치고 오른쪽 아래에 검을 감추는 자세이다. 오른쪽 사람의 보법은 오른발이 무릎 높이로 들어 앞에 나오고 왼발이 뒤에서 밀어주는 모양이다. 수법은 쌍수 형태이다. 안법은 상대방의 정면을 응시하고 있다. 도검의 위치는 양손을 교차하여 검의 오른쪽 어깨아래에서부터 무릎아래 방향으로 칼날이 내려와 상대방의 검을 바깥쪽에서 부딪치고 있다.

왼쪽 사람은 보법과 수법 그리고 안법은 동일하다. 도검의 위치는 가슴에서부터 무릎 아래로 내려와 상대방 검과 안쪽에서 부딪치고 있다. 도검 기법은 공격과 방어를 하는 공방 자세이다. 총도에는 퇴진(退進)으로 표기되어 있고 왼쪽은 물러나고 오른쪽은 앞으로 나아가는 의미이다.

열다섯 번째 동작은 갑이 검을 들어 한번 치고 또 한 번 치면 을이 나아가 검을 이마 위로 올려 막고 왼쪽으로 칼을 드리워 치고 오른편으로 검을 드리워 치고 또 왼쪽으로도 검을 드리워 치면 갑이 물러가며 왼쪽으로 검을 드리워 막고 오른쪽으로 검을 드리워 막고 또 왼쪽으로 칼을 드리워 막는 자세이다.

오른쪽 사람의 보법은 오른발이 앞굽이 자세로 무릎을 굽혀 앞에 나오고 왼발이 뒤에서 밀어주는 모양이다. 수법은 쌍수 형태이며, 안법은 정면의 상대방을 응시하고 있다. 도검의 위치는 왼쪽의 머리 위에서부터 수평으로 앞으로 향하고 있다. 칼날은 위쪽을 바라보면서 상대방의 검과 부딪치고 있다.

왼쪽의 사람은 오른발을 무릎 높이로 들어서 앞에 있고 왼발이 뒤에서 밀어주는 모양이다. 수법과 안법은 동일하며 도검의 위치는 명치에서부터 머리 방향으로 향하여 상대방 검과 부딪치고 있다. 도검 기법은 공격과 방어를 하는 공방 자세이다. 총도에는 휘도(揮刀)라고 표기되어 있다.

16. 진재고 [공방] 17. 진퇴 [공방] 18. 휘도 [공방] 19. 퇴자격진[공방] 20. 퇴진 [공방]

열여섯 번째 동작은 갑을이 칼날을 들어 높이 치고 왼쪽으로 검을 드리워 한번 치고 오른쪽 아래에 검을 감추는 자세이다. 오른쪽 사람의 보법은 오른발이 무릎 높이 들어 앞에 나오고 왼발이 뒤에서 밀어주는 모양이다. 수법은 쌍수 형태이며, 안법은 정면의 상대방을 응시하고 있다. 도검의 위치는 오른쪽 어깨 위에서 칼날이 위로 향하고 있는 모습이다.

왼쪽 사람의 보법은 오른발을 무릎 높이로 들어 앞에 나오고 왼발이 뒤에서 밀어주는 모양이다. 수법과 안법은 동일하며, 도검의 위치는 양손으로 검을 잡고 오른쪽 허리 바깥쪽에서 무릎 아래로 칼날이 향하고 있는 하단세(下段勢)를 취하고 있다. 도검 기법은 공격과 방어를 하는 공방 자세이다. 총도에는 진재고(進再叩)로 표기되어 있다. 왼쪽은 진(進)으로 나아가는 것이고, 재고(再叩)는 두 번 두드린다는 의미이다.

열일곱 번째 동작은 을이 한번 뛰며 한번 찌르고 한번 치면 갑이 아래로 갈겨 치는 자세이다. 오른쪽 사람의 보법은 오른발이 앞굽이 자세로 무릎을 굽혀 앞에 나오고 왼발이 뒤에서 밀어주는 모양이다. 수법은 쌍수 형태이며, 안법은 상대방의 정면을 응시하고 있다. 도검의 위치는 몸을 숙여 손이 교차하여 오른쪽 어깨아래에서부터 상대방 무릎 아래로 검이 부딪치고 있는 모습이다.

왼쪽 사람의 보법은 오른발을 무릎 높이로 들어 앞으로 나오고 왼발이 밀어주는 모습이다. 수법과 안법은 동일하다. 도검의 위치는 왼쪽 가슴에서부터 상대방 무릎을 향해 상대방 검의 아래에서 부딪치고 있다. 도검 기법은 공격과 방어를 하는 공방 자세이다. 총도에는 진퇴(進退)라고 표기되어 있다. 왼쪽은 나아가고 오른쪽은 물러나는 의미이다.

열여덟 번째 동작은 앞으로 나아가 검을 이마 위로 막고 왼쪽으로 검을 드리워 치고 오른쪽으로 검을 드리워 치고 또 왼쪽으로 검을 드리워 치는 자세이다. 오른쪽 사람의 보법은 오른발이 앞굽이 자세로 무릎을 굽혀 앞에 나오고 왼발이 뒤에서 밀어주는 보양이나. 수법은 쌍수 형태이며, 안법은 정면의 상대방을 응시하고 있다. 도검의 위치는 왼쪽의 머리 위에서부터 수평으로 앞으로 향하고 있다. 칼날은 위쪽을 바라보면서 상대방의 검과 부딪치고 있다.

왼쪽의 사람은 오른발을 무릎 높이로 들어서 앞에 있고 왼발이 뒤에서 밀어주는 모양이다. 수법과 안법은 동일하며 도검의 위치는 명치에서부터 머리 방향으로 향하여 상대방 검을 치고 있다. 도검 기법은 공격과 방어를 하는 공방 자세이다. 총도에는 휘도(揮刀)라고 표기되어 있다.

열아홉 번째 동작은 을이 물러가며 왼쪽으로 검을 드리워 막고 오른쪽으로 검을 드리워 막고 또 왼쪽으로 검을 드리워 막는 자세이다. 오른쪽 사람의 보법은 왼발을 무릎 높이로 들어 앞에 나오고 오른발이 뒤에서 밀어주는 모양이다. 수법은 쌍수 형태이며, 안법은 상대방의 정면을 응시하고 있다. 도검의 위치는 양손이 교차하여 오른쪽 어깨아래에서 칼날이 바깥쪽을 향하여 무릎 아래로 내려오고 있다. 상대방의 검을 바깥쪽에서 막아 부딪치고 있다.

왼쪽 사람의 보법은 왼발을 무릎 높이로 들어 앞에 나아고 오른발이 뒤에서 밀어주는 모양이다. 수법과 안법은 동일하다. 도검의 위치는 정면의 가슴에서부터 상대방의 무릎 아래로 향하고 있다. 상대방의 검을 안쪽에서 부딪치고 있다. 도검 기법은 공격과 방어를 하는 공방 자세이다. 총도에는 퇴자격진(退刺擊進)라고 표기되어 있다. 왼쪽은 퇴자격(退刺擊)으로 물러나면서 찌르고 치는 것이며, 오른쪽은 진(進)으로 앞으로 나아가는 것을 의미한다.

스무 번째 동작은 갑을이 칼날을 들어 높이 치고 왼쪽으로 칼을 드리워 한번 치고 오른쪽 아래에 검을 감추는 자세이다. 오른쪽 사람의 보법은 오른발이 무릎 높이로 들어 앞에 나오고 왼발이 뒤에서 빌어주는 모양이다. 수법은 쌍수 형태이다. 안법은 상대방의 정면을 응시하고 있다. 도검의 위치는 양손을 교차하여 검의 오른쪽 어깨아래에서부터 무릎아래 방향으로 칼날이 내려와 상대방의 검을 바깥쪽에서 부딪치고 있다.

왼쪽 사람은 보법과 수법 그리고 안법은 동일하다. 도검의 위치는 가슴에서부터 무릎 아래로 내려와 상대방의 검과 안쪽에서 부딪치고 있다. 도검 기법은 공격과 방어를 하는 공방 자세이다. 총도에는 퇴진(退進)으로 표기되어 있고 왼쪽은 물러나고 오른쪽은 앞으로 나아가는 의미이다.

21. 휘도 [공방] 22. 진퇴자격[공방] 23. 진퇴 [공방] 24. 휘도 [공방] 25. 상박 [공격]

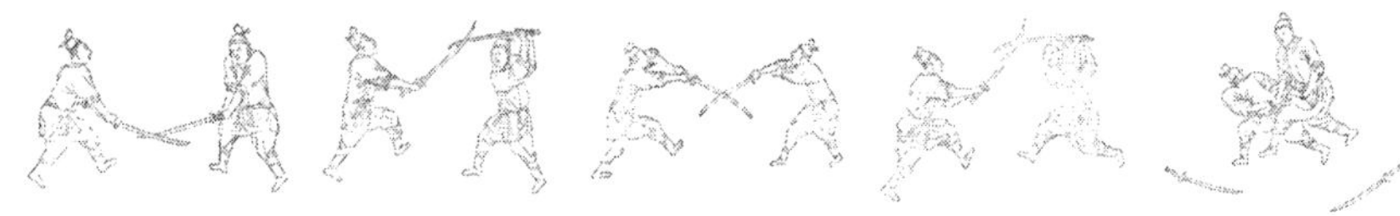

스물한 번째 동작은 갑이 한번 뛰며 한번 찌르고 한번 치면 을이 아래로 갈겨 치는 자세이다. 오른쪽 사람의 보법은 오른발을 무릎 높이로 들어 앞에 나오고 왼발이 뒤에서 밀어주는 모양이다. 수법은 쌍수 형태이며, 안법은 상대방의 정면 아래를 응시하고 있다. 도검의 위치는 몸의 중앙의 단전에서부터 상대방 무릎을 향하여 상대방 검과 부딪치고 있다.

왼쪽 사람의 보법은 오른발이 무릎 위로 들어 앞에 나오고 왼발이 뒤에서 밀어주는 모양이다. 수법과 안법은 동일하다. 도검의 위치는 중앙의 단전에서부터 상대방 무릎 아래로 향하여 상대방 검과 부딪치고 있다. 도검 기법은 공격과 방어를 하는 공방 자세이다. 총도에는 휘도(揮刀)로 표기되어 있다.

스물두 번째 동작은 앞으로 나아가 검을 이마 위로 막고 왼쪽으로 검을 드리워 치고 오른쪽으로 검을 드리워 치고 또 왼쪽으로 검을 드리워 치는 자세이다. 오른쪽 사람의 보법은 오른발이 앞굽이 자세로 무릎을 굽혀 앞에 나오고 왼발이 뒤에서 밀어주는 모양이다. 수법은 쌍수 형태이며, 안법은 정면의 상대방을 응시하고 있다. 도검의 위치는 왼쪽의 머리 위에서부터 수평으로 앞으로 향하여 위쪽을 바라보면서 상대방의 검을 부딪치고 있다.

왼쪽 사람의 보법은 오른발을 무릎 높이로 들어서 앞에 있고 왼발이 뒤에서 밀어주는 모양이다. 수법과 안법은 동일하며 도검의 위치는 명치에서부터 머리 방향으로 향하여 상대방 검을 치고 있다. 도검 기법은 공격과 방어를 하는 공방 자세이다. 총도에는 진퇴자격

(進退刺擊)이라고 표기되어 있다. 왼쪽은 진(進)으로 앞으로 나아가는 것, 오른쪽은 퇴자격(退刺擊)으로 물러나면서 찌르고 치는 것을 의미한다.

스물세 번째 동작은 갑이 물러가며 왼쪽으로 검을 드리워 막고 오른쪽으로 검을 드리워 막고 또 왼쪽으로 검을 드리워 막는 자세이다. 오른쪽 사람의 보법은 오른발이 앞굽이 자세로 무릎을 굽혀 앞에 나오고 왼발이 뒤에서 지탱해주는 모습이다. 수법은 쌍수 형태이며, 안법은 상대방의 정면을 응시하고 있다. 도검의 위치는 몸을 전체적으로 앞으로 숙인 후 양손을 가슴에서부터 쭉 뻗어 상대방의 무릎을 향해 찌르는 모습이다. 칼날은 위로 향하고 있다.

왼쪽 사람의 보법은 오른발을 무릎 높이로 들어 앞에 나오고 왼발이 뒤에서 밀어주는 모양이다. 수법과 안법은 동일하다. 도검의 위치는 오른쪽 어깨에서부터 아래로 향하여 상대방 검과 부딪치고 있다. 도검 기법은 공격과 방어를 하는 공방 자세이다. 총도에는 진퇴(進退)라고 표기되어 있다. 왼쪽은 진(進)으로 앞으로 나아가는 것, 오른쪽은 퇴(退)로 물러나는 것을 의미한다.

스물네 번째 동작은 갑을이 칼날을 높이 들어 치고 왼쪽으로 검을 드리워 한번 치고 오른쪽에 검을 감추는 자세이다. 오른쪽 사람의 보법은 오른발이 앞굽이 자세로 무릎을 굽혀 앞에 나오고 왼발이 뒤에서 밀어주는 모양이다. 수법은 쌍수 형태이며, 안법은 정면의 상대방을 응시하고 있다. 도검의 위치는 왼쪽의 머리 위에서부터 수평으로 앞으로 향하여 위쪽을 바라보면서 상대방의 검을 부딪쳐 막고 있다.

왼쪽 사람은 오른발을 무릎 높이로 들어서 앞에 있고 왼발이 뒤에서 밀어주는 모양이다. 수법과 안법은 동일하며 도검의 위치는 명치에서부터 머리 방향으로 향하여 상대방 검을 치고 있다. 도검 기법은 공격과 방어를 하는 공방 자세이다. 총도에는 휘도(揮刀)로 표기되어 있다.

스물다섯 번째 동작은 검을 던지고 손으로 상대방을 제압하고 마치는 자세이다. 오른쪽 사람의 보법은 기마세를 하여 오른발과 왼발을 나란히 벌려서 있는 모양이다. 수법은 검이 없이 양손으로 상대방의 손을 제압하여 잡고 있는 모양이다. 안법은 정면 아래에 있는 상대방을 응시하고 있다. 도검의 위치는 바닥에 놓여 있다.

왼쪽 사람의 보법은 앞굽이 자세로 왼발이 앞에 있고 왼발이 뒤에서 굽혀 있는 모습이다. 수법은 상대방의 양손에 제압을 당하고 있는 모양이며, 안법은 오른쪽 아래를 바라보고 있다. 도검의 위치는 바닥에 놓여 있다. 기법은 검을 내려놓고 손으로 상대방을 제압하는 공격 자세이다.

이상과 같이 왜검교전의 전체적인 25개의 투로를 분석한 바, 공격 1회, 방어 3회, 공격과 방어와 동시에 이루어지는 공방이 21회로 나타났다. 이를 통해 왜검교전은 두 사람이 실전에 대비하여 공격과 방어를 동시에 할 수 있도록 만든 도검기법이라는 것을 파악할 수 있었다.

5. 제독검

『무예도보통지』 권3에 실려 있는 제독검은 예도처럼 허리에 차는 칼이라고 하였다.[69] 제독검의 유래는 이여송(李如松)이 창안했으며 전체 14세로 구성되었다고 밝히고 있다.[70] 이 검법은 임진왜란 시기 명나라 장수들을 통하여 조선에 전해졌다.

특히 명나라 장수 낙상지(駱尙志)가 당시 영의정으로 있던 유성룡(柳成龍)에게 선의하여 명나라 교사(教師)들에게 조선의 금군 한사립(韓士立) 등 70여명이 창, 검, 낭선 등 단병무예를 체계적으로 배웠다는 내용이다. 또한 낙상지가 이여송 제독 밑에 있었으므로 제독검이 여기서 나왔다고 설명하고 있다.[71]

제독검의 세는 전체 14개 동작으로 이루어져 있다. 대적출검세(對賊出劍勢)로 시작하여 진전살적세(進前殺賊勢), 향우격적세(向右擊賊勢), 향좌격적세(向左擊賊勢), 휘검향적세(揮劍向賊勢), 진전살적세(進前殺賊勢), 초퇴방적세(初退防賊勢), 향후격적세(向後擊賊勢), 향우방적세(向右防賊勢), 향좌방적세(向左防賊勢), 용약일자세(勇躍一刺勢), 재퇴방적세(再退防賊勢), 식검사적세(拭劍伺賊勢), 장검고용세(藏劍賈勇勢)로 마치는 것이다. 각 세 들을 전체적으로 설명하면 〈그림 2-23〉에 자세하다.

〈그림 2-23〉 제독검 전체 동작

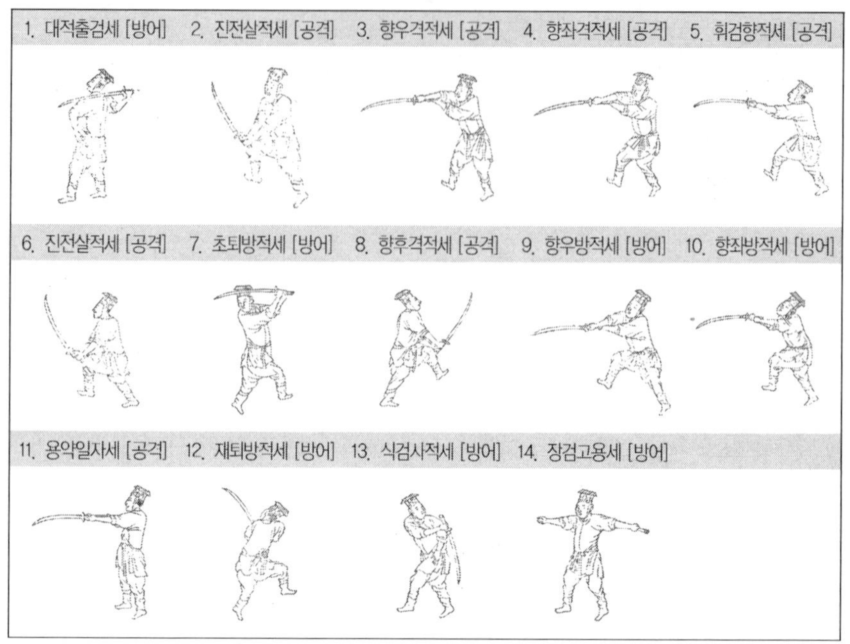

위 그림은 제독검의 전체 동작 14세를 정리한 내용이다. 『무예도보통지』 권3의 제독검보(提督劍譜)에서는 그림 1장에 2인이 1조가 되어서 각자 1가지 세를 취하는 형식으로 2세씩 나와 있다. 각 세에 대한 내용이 총 7장으로 구성되어 있다. 각 세에 보이는 내용을 검토하면 다음과 같다.

1. 대적출검세 [방어]　2. 진전살적세 [공격]　3. 향우격적세 [공격]　4. 향좌격적세 [공격]　5. 휘검향적세 [공격]

대적출검세는 적을 마주보고 검을 뽑는 동작이다. 보법은 왼발이 앞에 나오고 오른발이 뒤에 있는 모양이다. 수법은 단수 형태이다. 안법은 정면을 응시하고 있다. 도검의 위치는 몸은 정면을 응시하고 왼손은 왼쪽 허리를 잡고 오른손은 검을 잡고 머리 뒤쪽으로 왼쪽어깨 위에 칼등이 밑을 보도록 수평으로 올려놓은 모양이다. 도검 기법은 방어 자세이다.

진전살적세는 앞으로 나아가 적을 베는 동작이다. 보법은 오른발이 무릎 높이로 들려 앞에 나오고 왼발이 뒤에서 밀어주는 모양이다. 수법은 쌍수 형태이다. 안법은 정면을 응시하고 있다. 도검의 위치는 몸의 단전에서부터 칼날이 위로 향하는 모양이다. 도검 기법은 공격 자세이다.

향우격적세는 오른쪽을 향해 적을 공격하는 동작이다. 보법은 오른발이 앞굽이 자세로 무릎을 굽혀 앞에 나오고 왼발이 뒤에서 밀어주는 모양이다. 수법는 쌍수 형태이며, 안법은 정면을 응시하고 있다. 도검의 위치는 오른쪽어깨에서 수평으로 칼날을 위로 틀어서 상대방 오른쪽 가슴을 향해 팔을 쭉 뻗고 있는 모습이다. 도검 기법은 상대방의 오른쪽 가슴을 찌르는 공격 자세이다.

향좌격적세는 왼쪽을 향해 적을 공격하는 동작이다. 보법은 오른발이 앞굽이 자세로 무릎을 굽혀 앞에 나오고 왼발이 뒤에서 밀어주는 모양이다. 수법는 쌍수 형태이며, 안법은 정면을 응시하고 있다. 도검의 위치는 오른쪽어깨에서 수평으로 칼날을 위로 틀어서 상대방 왼쪽 가슴을 향해 팔을 쭉 뻗고 있는 모습이다. 도검 기법은 상대방의 왼쪽 가슴을 찌르는 공격 자세이다.

휘검향적세는 적을 향해 검을 휘두르는 동작이다. 보법은 오른발이 앞굽이 자세로 무릎을 굽혀 앞에 나오고 왼발이 뒤에서 밀어주는 모양이다. 수법은 쌍수형태이며, 안법은 정면을 응시하고 있다. 도검의 위치는 양팔을 쭉 뻗어 어깨에서부터 칼날을 돌려서 수평으로 찌르는 모양이다. 도검 기법은 찌르는 공격 자세이다.

6. 진전살적세 [공격]　7. 초퇴방적세 [방어]　8. 향후격적세 [공격]　9. 향우방적세 [방어]　10. 향좌방적세 [방어]

진전살적세는 앞으로 나아가 적을 베는 동작이다. 보법은 오른발이 무릎 높이로 들려 앞에 나오고 왼발이 뒤에서 밀어주는 모양이다. 수법은 쌍수 형태이다. 안법은 정면을 응시하고 있다. 도검의 위치는 몸의 단전에서부터 칼날이 위로 향하는 모양이다. 도검 기법은 공격 자세이다.

초퇴방적세는 처음 물러났다가 적을 방어하는 동작이다. 보법은 오른발이 무릎 높이로 들어 앞에 나오고 왼발이 뒤에서 밀어주는 모양이다. 수법은 쌍수 형태이며, 안법은 오른쪽을 응시하고 있다. 도검의 위치는 양손이 검을 잡고 왼쪽어깨 위에서 수평으로 칼날이 위로 가게 앞으로 막고 있는 모습이다. 도검 기법은 방어 자세이다.

향후격적세는 뒤를 향해 적을 내려치는 동작이다. 보법은 오른발이 무릎 높이로 들어 앞에 나오고 왼발이 뒤에 있는 모양이다. 수법은 쌍수 형태이며, 안법은 후면을 응시하고 있다. 도검의 위치는 몸이 뒤로 향한 상태에서 양손이 검을 잡고 오른쪽 무릎에서부터 칼날이 위로 향하고 있는 모습이다. 도검 기법은 상대방을 치는 공격 자세이다.

향우방적세는 오른쪽을 향해 적을 방어하는 동작이다. 보법은 오른발이 무릎 높이로 들어 앞에 나오고 왼발이 뒤에서 밀어주는 모양이다. 수법은 쌍수 형태이며, 안법은 정면을 응시하고 있다. 도검의 위치는 양손으로 검을 잡고 칼날을 틀어서 양팔을 쭉 뻗어 오른쪽을 막는 모습이다. 도검 기법은 오른쪽을 막는 방어 자세이다.

향좌방적세는 왼쪽을 향해 적을 방어하는 동작이다. 보법은 오른발이 앞굽이 자세로 무릎을 굽혀 앞에 나오고 왼발이 뒤에서 밀어주는 동작이다. 수법은 쌍수 형태이며, 안법은 정면을 응시하고 있다. 도검의 위치는 양손으로 검을 잡고 칼날을 틀어서 양팔을 쭉 뻗어 왼쪽을 막는 모습이다. 도검 기법은 왼쪽을 막는 방어 자세이다.

11. 용약일자세 [공격] 12. 재퇴방적세 [방어] 13. 식검사적세 [방어] 14. 장검고용세 [방어]

용약일자세는 일보 앞으로 뛰어 올랐다가 나아가며 찌르는 동작이다. 보법은 오른발이 앞에 있고 왼발이 뒤에 서 있는 모습이다. 수법은 쌍수 형태이며, 안법은 정면을 응시하고 있다. 도검의 위치는 양손이 검을 잡고 칼날을 위로 돌려 어깨 앞으로 수평을 유지한 채 쭉 뻗어있는 모양이다. 도검 기법은 찌르는 공격 자세이다.

재퇴방적세는 다시 물러나서 적을 방어하는 동작이다. 보법은 오른발이 무릎 높이로 들어 앞에 나오고 왼발이 뒤에서 밀어주는 모양이다. 수법은 쌍수 형태이며, 안법은 왼쪽을 응시하고 있다. 도검의 위치는 양손이 검을 잡고 왼쪽어깨에 의지하여 수직으로 세운 상태의 모습이다. 도검 기법은 왼쪽을 방어하는 자세이다.

식검사적세는 검을 닦으며 적의 동향을 살피는 동작이다. 보법은 몸을 숙인 채 왼발이 앞에 나와 있고 오른발이 뒤에 모양이다. 수법은 오른손만으로 검을 잡고 있는 단수 형태이다. 안법은 왼쪽의 뒤를 돌아보는 모습이며, 도검의 위치는 왼쪽의 뒤편의 어깨부터 아래로 칼날을 바깥으로 향하여 막고 있는 모습이다. 도검 기법은 왼쪽 뒤편의 적을 막기 위한 방어 자세이다.

장검고용세는 검을 감추고 날쌘 용맹으로 마무리 하는 동작이다. 보법은 오른발이 앞에 나와 있고 왼발이 뒤에서 밀어주는 모양이다. 수법은 왼손에만 검을 잡고 있는 단수 형태이다. 안법은 정면을 응시하고 있다. 도검의 위치는 양팔을 벌려 채로 왼손에 검을 잡고 수평으로 뒤로 감추고 있는 모습이다. 도검 기법은 방어 자세이다.

이상과 같이 제독검의 전체 14세를 검토한 바, 공격기법은 진전살적세(進前殺賊勢), 향우격적세(向右擊賊勢), 향좌격적세(向左擊賊勢), 휘검향적세(揮劍向賊勢), 진전살적세(進前殺賊勢), 향후격적세(向後擊賊勢), 용약일자세(勇躍一刺勢)의 7세였고, 방어기법은 대적출검세(對賊出劍勢), 초퇴방적세(初退防賊勢), 향우방적세(向右防賊勢), 향좌방적세(向左防賊勢), 재퇴방적세(再退防賊勢), 식검사적세(拭劍伺賊勢), 장검고용세(藏劍賈勇勢)의 7세였다. 이를 통해 제독검의 도검 기법은 공격과 방어가 조화롭게 구성된 도검무예라는 것을 알 수 있었다.

6. 본국검

『무예도보통지』 권3에 실려 있는 본국검은 신검 또는 예도와 같은 요도(腰刀)로 불린다고 하였다.[72] 본국검은 『신증동국여지승람』에 실린 신라의 화랑 황창랑(黃昌郎) 고사에서 유래되었다. 황창랑이

백제의 왕을 죽이기 위해 가면을 쓰고 검무를 추었는데 그때 그의 검무가 신라의 검법이며 본국검이라 지칭되었다고 하였다.[73]

본국검의 세는 전체 24개 동작으로 이루어져 있다. 지검대적세(持劍對賊勢)로 시작하여 내략세(內掠勢), 진전격적세(進前擊賊勢), 금계독립세(金鷄獨立勢), 후일격세(後一擊勢), 금계독립세(金鷄獨立勢), 맹호은림세(猛虎隱林勢), 안자세(雁字勢), 직부송서세(直符送書勢), 발초심사세(撥艸尋蛇勢), 표두압정세(豹頭壓頂勢), 조천세(朝天勢), 좌협수두세(左挾獸頭勢), 향우방적세(向右防賊勢), 전기세(展旗勢), 좌요격세(左腰擊勢), 우요격세(右腰擊勢), 후일자세(後一刺勢), 장교분수세(長蛟噴水勢), 백원출동세(白猿出洞勢), 우찬격세(右鑽擊勢), 용약일자세(勇躍一刺勢), 향전살적세(向前殺賊勢), 시우상전세(兕牛相戰勢)로 마치는 것이다. 각 세들을 전체적으로 설명하면 〈그림 2-24〉에 자세하다.

〈그림 2-24〉 본국검 전체 동작

위 그림은 본국검의 전체 동작 24세를 정리한 내용이다. 『무예도보통지』 권3의 본국검보(本國劍譜)에서는 그림 1장에 2인이 1조가 되어서 각자 1가지 세를 취하는 형식으로 2세씩 나와 있다. 각 세에 대한 내용이 총 12장으로 구성되어 있다. 각 세에 보이는 내용을 검토하면 다음과 같다.

1. 지검대적세[방어]	2. 내략세[방어]	3. 진전격적세[공격]	4. 금계독립세[방어]	5. 후일격세[공격]

지검대적세는 검을 왼쪽어깨에 의지하고 적과 마주보고 있는 동작이다. 보법은 오른발이 앞에 왼발이 뒤에 있는 모습이다. 수법은 쌍수 형태이며, 안법은 후면에서 앞을 바라보고 있는 모습이다. 도검의 위치는 양손으로 검을 잡아 왼쪽 어깨에 대고 수직 방향으로 세우고 있는 모양이다. 도검 기법은 방어 자세이다

내략세은 검으로 몸의 안쪽을 스쳐 올리는 동작이다. 보법은 오른발을 무릎 높이로 들어 앞에 나오고 왼발이 뒤에서 밀어주는 모양이다. 수법은 쌍수 형태이며, 안법은 좌측을 응시하고 있다. 도검의 위치는 중앙의 가슴부위에서 칼날이 밑으로 향하고 있는 모양이다. 도검 기법은 방어 자세이다.

진전격적세는 앞으로 나아가며 적을 치는 동작이다. 보법은 오른발을 무릎 높이로 들어 앞으로 나오고 왼발이 뒤에서 밀어주는 모양이다. 수법은 쌍수 형태이며, 안법은 정면을 응시하고 있다. 도검의

위치는 양손으로 검을 잡고 단전에서부터 칼날이 위로 향하고 있는 모습이다. 도검 기법은 오른손과 오른다리로 앞을 한 번 치는 공격 자세이다.

금계독립세는 금계라는 새가 적을 공격하기 위해 외다리로 우뚝 서 있는 동작이다. 보법은 왼발을 무릎 높이로 들고 앞으로 나가고 오른발이 뒤에서 밀어주는 모양이다. 수법은 쌍수형태이며, 안법은 후면의 앞쪽을 응시하고 있다. 도검의 위치는 양손이 검을 잡고 오른쪽어깨에서 수직으로 세워 칼날이 앞을 향하고 있는 모습이다. 도검 기법은 왼편으로 돌아 칼을 들고 왼쪽 다리를 들고 뒤를 돌아보는 방어 자세이다.

후일격세는 뒤에 있는 적을 한 번에 치는 동작이다. 보법은 오른발을 무릎 높이로 들어 앞으로 나가고 왼발이 뒤에서 밀어주는 모양이다. 수법은 쌍수 형태이며, 안법은 후면 앞쪽을 응시하고 있다. 도검의 위치는 양손으로 검을 잡고 단전에서부터 칼날이 위로 향하고 있는 모습이다. 도검 기법은 오른손과 오른 다리로 한 번 치는 공격 자세이다.

6. 금계독립세 [방어] 7. 맹호은림세 [방어] 8. 안자세 [공격] 9. 직부송서세 [공격] 10. 발초심사세 [공격]

금계독립세는 금계라는 새가 적을 공격하기 위해 외다리로 우뚝 서 있는 모습을 형상화한 동작이다. 보법은 왼발을 무릎 높이로 들고 앞으로 나가고 오른발이 뒤에서 밀어주는 모양이다. 수법은 쌍수 형태이며, 안법은 오른쪽을 응시하고 있다. 도검의 위치는 양손이 검을 잡고 오른쪽어깨에서 수직으로 세워 칼날이 앞을 향하고 있는 모습이다. 도검 기법은 왼편으로 돌아 칼을 들고 왼쪽 다리를 들고 뒤를 돌아보는 방어 자세이다.

맹호은림세는 호랑이가 수풀 속에 숨어 있는 모습을 형상화한 동작이다. 보법은 왼발을 무릎 위로 들어 앞에 나오고 오른발이 뒤에서 밀어주는 모양이다. 수법은 쌍수 형태이며, 안법은 정면을 응시하고 있다. 도검의 위치는 양손으로 검을 잡고 양팔을 앞으로 뻗어 목에서부터 칼날이 위로 향하고 있는 모습이다. 도검 기법은 오른쪽으로 두 번 돌고 왼편으로 도는 방어 자세이다.

안자세는 기러기 무리의 V자형의 날아가는 모습을 형상화한 동작이다. 보법은 왼발이 무릎 높이로 들어 앞에 나가고 오른발이 뒤에서 밀어주는 모양이다. 수법은 쌍수 형태이며, 안법은 후면에 앞쪽을 응시하고 있다. 도검의 위치는 양손에 검을 잡아 목에서부터 칼날을 위쪽으로 틀어서 수평으로 뻗고 있는 모습이다. 도검 기법은 오른쪽을 향하여 좌우로 감아 오른손과 왼다리로 한 번 찌르는 공격자세이다.

직부송서세는 병부의 부신을 신속하게 보내듯이 찌르는 동작이다. 보법은 오른발이 무릎 높이로 들어 앞으로 나아가고 왼발이 뒤에서 밀어주는 모양이다. 수법은 쌍수 형태이며, 안법은 정면을 응시하고 있다. 도검의 위치는 양손으로 검을 잡고 오른쪽어깨아래에서 칼날이 틀어서 앞쪽 아래를 향하여 양팔을 쭉 뻗어 찌르는 모습이다. 도검 기법은 오른쪽으로 한 번 돌아 오른손과 왼발로 왼쪽으로 한 번 찌르는 공격 자세이다.

발초심사세는 풀을 헤쳐 뱀을 찾는 모습을 형상화한 동작이다. 보법은 오른발을 무릎위로 들어 앞으로 나가고 왼발이 뒤에서 밀어주는 모양이다. 수법은 쌍수 형태이며, 안법은 정면을 응시하고 있다. 도검의 위치는 양손으로 검을 잡고 오른쪽 어깨아래에서 양팔을 쭉 뻗어 정면으로 치는 모습이다. 도검 기법은 오른손과 오른 다리로 한번 치는 공격 자세이다.

11. 표두압정세 [공격]　12. 조천세 [방어]　13. 좌협수두세 [방어]　14. 향우방적세 [방어]　15. 전기세 [방어]

표두압정세는 표범의 정수리를 칼끝으로 겨누어 누르는 듯한 동작이다. 보법은 왼발이 앞에 오른발이 뒤에 있는 모양이다. 수법은 쌍수 형태이며, 안법은 정면에서 왼쪽으로 고개를 기울여 응시하고 있다. 도검의 위치는 양손으로 검을 잡아 오른쪽어깨에서 아래로 양팔을 쭉 뻗어 칼날을 옆으로 틀어 찌르고 있는 모습이다. 도검 기법은 좌우로 감아 오른손과 오른 발로 앞을 한 번 찌르는 공격 자세이다.

조천세는 아침에 태양이 뜨는 모습을 형상화한 동작이다. 보법은 오른발을 무릎 높이로 들어 앞으로 나가고 왼발이 뒤에서 밀어주는 모양이다. 수법은 쌍수 형태이며, 안법은 후면 앞쪽을 응시하고 있다. 도검의 위치는 양손이 검을 잡고 이마 위에서 위로 향하는 상단세(上段勢)를 취하고 있는 모습이다. 도검 기법은 오른쪽으로 돌아 앞으로 나아가 뒤를 향하는 방어 자세이다.

좌협수두세는 짐승의 머리를 왼쪽 겨드랑이에 낀 듯한 모습을 형상화한 동작이다. 보법은 오른발을 무릎 높이로 들어 앞으로 나가고 왼발이 뒤에서 밀어주는 모양이다. 수법은 쌍수 형태이며, 안법은 후면 앞쪽을 응시하고 있다. 도검의 위치는 양손이 검을 잡고 왼쪽 어깨에 의지하여 수직으로 세운 모습이다. 도검 기법은 방어 자세이다.

향우방적세는 오른쪽을 향해 적을 방어하는 동작이다. 보법은 왼발이 무릎 높이로 들어 앞에 나오고 오른발이 뒤에서 밀어주는 모양이다. 수법은 쌍수 형태이며, 안법은 후면의 앞쪽을 응시하고 있다. 도검의 위치는 양손으로 검을 잡고 칼날을 틀어서 목 부위에서 앞으로 상대의 하복부를 향하게 하고 있는 모습이다. 도검 기법은 오른쪽을 막는 방어 자세이다.

전기세는 깃발을 펼치는 듯한 모습의 동작이다. 보법은 오른발을 앞굽이 자세로 무릎을 굽혀 앞에 나오고 왼발이 뒤에서 밀어주는 모양이다. 수법은 쌍수 형태이며, 안법은 정면을 응시하고 있다. 도검의 위치는 양손이 검을 잡고 칼날을 틀어서 목 부위에서 앞으로 쭉 뻗는 모습이다. 도검 기법은 오른발을 들고 안으로 스쳐 방어하는 자세이다.

16. 좌요격세 [공격] 17. 우요격세 [공격] 18. 후일자세 [공격] 19. 장교분수세 [공격] 20. 백원출동세 [방어]

좌요격세는 왼쪽의 허리 부위를 치는 동작이다. 보법은 오른발이 무릎 위로 들어 앞으로 나아가고 왼발이 뒤에서 밀어주는 모양이다. 수법은 쌍수 형태이며, 안법은 오른쪽 위를 응시하고 있다. 도검의 위치는 검이 왼쪽 어깨 옆에서부터 칼끝이 아래로 향하고 있다. 도검 기법은 왼발을 들고 왼쪽 검으로 왼쪽을 목을 씻는 공격 자세이다.

우요격세는 오른쪽의 허리 부위를 치는 동작이다. 보법은 오른발이 무릎 위로 들어 앞으로 나가고 왼발이 뒤에서 밀어주는 모양이다. 수법은 쌍수 형태이며, 안법은 후면의 오른쪽을 응시하고 있다. 도검의 위치는 양손으로 검을 잡아 오른쪽어깨 뒤로 칼을 둘러메고 있는 모습이다. 도검 기법은 오른발을 들고 오른쪽 검으로 오른쪽 목을 씻는 공격 자세이다.

후일자세는 뒤로 향하여 한 번 찌르는 동작이다. 보법은 오른발이 무릎 위로 들어 앞으로 나가고 왼발이 뒤에서 밀어주는 모양이다. 수법은 쌍수 형태이며, 안법은 후면의 왼쪽을 응시하고 있다. 도검의 위치는 양손으로 검을 잡아 오른쪽어깨위에서 칼을 틀어서 앞으로 찌르는 모습이다. 도검 기법은 오른손과 왼발로 한 번 찌르는 공격 자세이다.

장교분수세는 이무기가 물을 뿜어내는 모습을 형상화한 동작이다. 보법은 오른발이 무릎 위로 들어 앞으로 나가고 왼발이 뒤에서 밀어주는 모양이다. 수법은 쌍수 형태이며, 안법은 정면을 응시하고 있다. 도검의 위치는 상체를 조금 숙이고 양손으로 검을 잡아 단전에서부터 위로 향하고 있는 모습이다. 도검 기법은 오른손과 오른발로 한 번 치는 공격 자세이다.

백원출동세는 하얀 원숭이가 동굴을 나가면서 좌우를 살피듯이 나아가는 동작이다. 보법은 오른발이 앞에 나오고 왼발이 뒤에 있는 모양이다. 수법은 쌍수 형태이며, 안법은 정면을 응시하고 있다. 도검의 위치는 양손에 검을 잡고 왼쪽 어깨에 의지하여 수직으로 세운 모습이다. 도검 기법은 오른손과 오른 다리를 들고 있는 방어 자세이다.

21. 우찬격세 [공격] 22. 용약일자세 [공격] 23. 향전살적세 [공격] 24. 시우상전세 [공격]

우찬격세는 오른쪽으로 비비어 찌르는 동작이다. 보법은 왼발이 앞에 나오고 오른발이 뒤에 있는 모양이다. 수법은 쌍수 형태이며, 안법은 오른쪽을 응시하고 있다. 도검의 위치는 오른쪽 어깨에서부터 칼날을 바깥쪽으로 틀어서 왼쪽 어깨 밑으로 향하고 있는 모습이다. 도검 기법은 오른손과 오른발로 오른쪽을 비비어 찌르는 공격 자세이다.

용약일자세는 일보 앞으로 뛰어 올랐다가 나아가며 찌르는 동작이다. 보법은 오른발과 왼발이 나란히 서 있는 모양이다. 수법은 쌍수 형태이며, 안법은 정면을 응시하고 있다. 도검의 위치는 양손의 검을 잡고 칼날을 틀어서 가슴에서부터 양팔을 쭉 뻗어 찌르는 모습이다. 도검 기법은 오른손과 왼발로 한 번 찌르는 공격 자세이다.

향전살적세는 앞을 향하여 나아가 적을 베는 동작이다. 보법은 오른발을 앞굽이 자세로 무릎을 굽혀 앞에 나아고 왼발이 뒤에서 밀어주는 모양이다. 수법은 쌍수 형태이며, 안법은 정면을 응시하고 있다. 도검의 위치는 양손이 검을 잡고 가슴에서부터 양팔을 아래로 쭉 뻗고 있는 모습이다. 도검 기법은 오른손과 오른발로 앞을 치는 공격 자세이다.

시우상전세는 외뿔소가 서로 고개를 박고 뿔로 받는 듯 찌르는 동작이다. 보법은 오른발이 무릎을 굽혀 앞에 있고 왼발이 뒤에서 밀어주는 모양이다. 수법은 쌍수 형태이며, 안법은 정면을 응시하고 있다. 도검의 위치는 양손이 劍을 잡고 오른쪽 어깨 아래에서부터 무릎 방향으로 칼날이 내려오는 모습이다. 도검 기법은 오른손과 오른발로 한 번 찌르는 공격 자세이다.

이상과 같이 본국검의 전체 24세를 검토한 바, 공격기법은 진전격적세(進前擊賊勢), 후일격세(後一擊勢), 안자세(雁字勢), 직부송서세(直符送書勢), 발초심사세(撥艸尋蛇勢), 표두압정세(豹頭壓頂勢), 좌요격세(左腰擊勢), 우요격세(右腰擊勢), 후일자세(後一刺勢), 장교분수세(長蛟噴水勢), 우찬격세(右鑽擊勢), 용약일자세(勇躍一刺勢), 향전살적세(向前殺賊勢), 시우상전세(兕牛相戰勢) 등 14세였다. 방어기법은 지검대적세(持劍對賊勢), 내략세(內掠勢), 금계독립세(金鷄獨立勢), 금계독립세(金鷄獨立勢), 맹호은림세(猛虎隱林勢), 조천세(朝天勢), 좌협수두세(左挾獸頭勢), 향우방적세(向右防賊勢), 전기세(展旗勢), 백원출동세(白猿出洞勢) 등 10세였다. 이를 통해 본국검의 도검 기법은 방어보다는 공격에 좀 더 치중한 도검무예라는 것을 파악할 수 있었다.

7. 쌍 검

『무예도보통지』 권3에 실려 있는 쌍검은 다른 도검무예와는 달리 연원과 유래에 대한 내용이 기록되어 있지 않다. 쌍검은 두 개의 작은 검을 운용하는 기술이라고 볼 수 있다. 『무예도보통지』에는 쌍검에 대한 형태가 그림으로 나와 있지는 않고 다만 칼날 길이와 자루 길이 그리고 무게에 대한 내용이 간략하게 설명되어 있을 뿐이다. 또한 그림을 그리지 않은 이유를 요도(腰刀)의 가장 짧은 것을 택하여 사용했기 때문이라고 하였다.[74]

쌍검은 임진왜란 당시 선조가 명나라의 군사가 시범 보이는 쌍검을 인상 깊게 보고서 쌍검 교습을 훈련도감에 전교하는 내용이 있다.[75] 선조가 의주(義州)에서 중국 군사의 쌍검을 보고 흡족하여 훈련도감에게 전교하여 쌍검을 훈련시키는 일을 논의 하는 과정이다. 여기서 훈련도감은 쌍검의 도검무예가 다른 기예보다 어려우므로 살수 중에서 특출한 자를 선정하여 집중적으로 쌍검을 가르치게 하겠다는 내용이다. 또한 선조가 쌍검에 대한 중국의 고사(故事)를 들어서 설명하고 있다. 이를 통해 쌍검은 중국에서 그 근원을 찾을 수 있다.

쌍검의 세는 전체 13개 동작으로 이루어져 있다. 지검대적세(持劍對賊勢)로 시작하여 견적출검세(見賊出劍勢), 비진격적세(飛進擊賊勢), 초퇴방적세(初退防賊勢), 향우방적세(向右防賊勢), 향좌방적세(向左防賊勢), 진전살적세(進前殺賊勢), 향좌방적세(向左防賊勢), 오화전신세(五花纏身勢), 향후격적세(向後擊賊勢), 지조염익세(鷙鳥斂翼勢), 장검수광세(藏劍收光勢), 항장기무세(項莊起舞勢)로 마치는 것이다. 각 세들을 전체적으로 설명하면 〈그림 2-25〉에 자세하다.

〈그림 2-25〉 쌍검 전체 동작

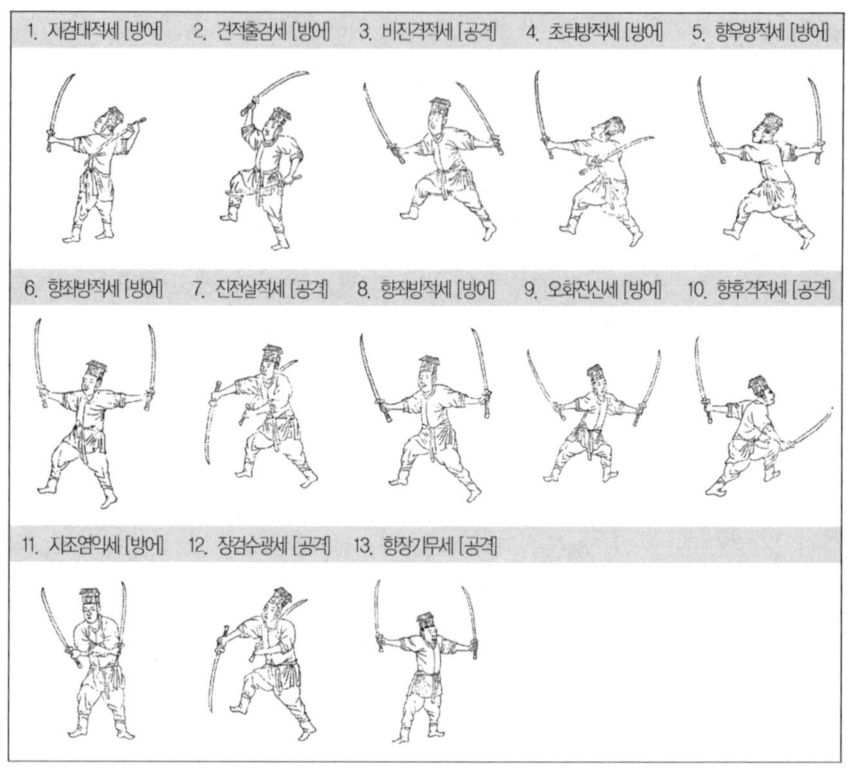

위 그림은 쌍검의 전체 동작 13세를 정리한 내용이다. 『무예도보통지』 권3의 쌍검보(雙劍譜)에서는 그림 1장에 2인이 1조가 되어서 각자 1가지 세를 취하는 형식으로 2세씩 나와 있다. 각 세에 대한 내용이 총 7장으로 구성되어 있으며, 맨 마지막 장에는 1가지 세만 나와 있다. 각 세에 보이는 내용을 검토하면 다음과 같다.

1. 지검대적세 [방어]　2. 견적출검세 [방어]　3. 비진격적세 [공격]　4. 초퇴방적세 [방어]　5. 향우방적세 [방어]

지검대적세는 검을 의지하여 상대방과 대적하고 있는 동작이다. 보법은 오른발과 왼발이 나란히 서 있는 모양이다. 수법은 쌍수 형태이며, 안법은 오른쪽 위를 응시하고 있다. 도검의 위치는 오른쪽 검은 오른 어깨에 지고 왼쪽 검은 이마 위에 들고 바로 서 있는 모습이다. 도검 기법은 방어 자세이다.

견적출검세는 적을 보고 검을 뽑는 동작이다. 보법은 오른발이 무릎 위로 들어 앞에 나오고 왼발이 뒤에서 밀어주는 모양이다. 수법은 쌍수 형태이며, 안법은 정면을 응시하고 있다. 도검의 위치는 오른쪽 검은 오른쪽 어깨 위에 들고 있고 왼쪽 검은 왼쪽 허리 앞에 수평으로 들고 있다. 도검 기법은 오른손과 왼 다리로 한 걸음 뛰는 방어 자세이다.

비진격적세는 빨리 앞으로 나아가 적을 치는 동작이다. 보법은 오른발을 무릎 위로 들어 올려 앞으로 나가고 왼발이 뒤에서 밀어주는 모양이다. 수법은 쌍수 형태이며, 안법은 정면을 응시하고 있다. 오른쪽 검과 왼쪽 검은 동시에 양팔을 벌려 양쪽 어깨 높이에서 바깥쪽을 향하고 있는 모습이다. 도검 기법은 오른손과 오른발로 한 번 치는 공격 자세이다.

초퇴방적세는 처음 물러나서 적을 방어하는 동작이다. 보법은 오른발이 앞굽이 자세로 무릎을 굽혀 앞에 있고 왼발이 뒤에서 밀어주는 모양이다. 수법은 쌍수 형태이며, 안법은 정면 위를 응시하고 있다. 도검의 위치는 오른쪽 검은 왼쪽 겨드랑이에 끼어 칼날이 위로 향하고 하고 왼손 검은 팔을 뻗어 어깨에서 위를 향하고 있는 모습이다. 도검 기법은 오른쪽 칼을 왼쪽 겨드랑이 끼고 오른쪽으로 세 번 돌아 물러나는 자세이다.

향우방적세는 오른쪽으로 향하여 적을 방어하는 동작이다. 보법은 왼발이 앞굽이 자세로 무릎을 굽혀 앞에 나오고 오른발이 뒤에서 밀어주는 모양이다. 수법은 쌍수 형태이며, 안법은 오른쪽을 응시하고 있다. 도검의 위치는 오른쪽 검은 오른쪽 어깨의 뒤쪽에 있고 왼쪽 검은 왼쪽 어깨의 앞쪽에 있다. 칼날이 모두 바깥쪽을 향하고 있다. 도검 기법은 방어 자세이다.

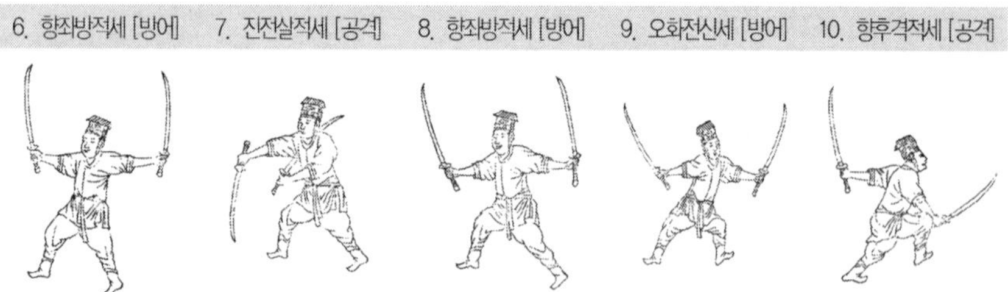
6. 향좌방적세 [방어]　7. 진전살적세 [공격]　8. 향좌방적세 [방어]　9. 오화전신세 [방어]　10. 향후격적세 [공격]

향좌방적세는 왼쪽으로 향하여 적을 방어하는 동작이다. 보법은 오른발이 앞굽이 자세로 무릎을 굽혀 앞에 나오고 왼발이 뒤에서 밀어주는 모양이다. 수법은 쌍수 형태이며, 안법은 왼쪽을 응시하고 있다. 도검의 위치는 오른쪽 검은 오른쪽 어깨위로 왼쪽 검은 왼쪽 어깨 위로 양쪽 어깨가 모두 나란히 펴진 상태에서 칼날이 바깥쪽을 향하고 있는 모습이다. 도검 기법은 방어 자세이다.

진전살적세는 앞으로 나아가 적을 베는 동작이다. 보법은 오른발이 앞굽이 자세로 앞에 나오고 왼발이 뒤에서 밀어주는 모양이다. 수법은 쌍수 형태이며, 안법은 왼쪽을 응시하고 있다. 도검의 위치는 왼쪽 검은 오른쪽 겨드랑이에 끼고 오른쪽 검은 오른쪽 어깨에서 팔을 쭉 뻗어 아래로 칼날을 향하고 있는 모습이다. 도검 기법은 오른손과 오른 발로 앞을 한 번 치는 공격 자세이다.

향좌방적세는 왼쪽으로 향하여 적을 방어하는 동작이다. 보법은 오른발이 앞굽이 자세로 무릎을 굽혀 앞에 나오고 왼발이 뒤에서 밀어주는 모양이다. 수법은 쌍수 형태이며, 안법은 왼쪽을 응시하고 있다. 도검의 위치는 오른쪽 검은 오른쪽 어깨위로 왼쪽 검은 왼쪽 어깨 위로 양쪽 어깨가 모두 나란히 펴진 상태에서 칼날이 바깥쪽을 향하고 있는 모습이다. 도검 기법은 방어 자세이다.

오화전신세는 다섯 개의 꽃이 몸을 감싼다는 의미의 동작이다. 보법은 왼발이 무릎 높이로 들어 앞에 나오고 오른발이 뒤에서 밀어주는 모양이다. 수법은 쌍수 형태이며, 안법은 후면의 앞쪽을 응시하고 있다. 도검의 위치는 오른손 劍은 팔을 옆으로 벌려 바깥쪽으로 향하고 있고, 왼손 검은 몸의 앞쪽에 왼쪽 팔을 쭉 뻗은 상태로 칼날이 앞을 향하고 있는 모습이다. 도검 기법은 현란한 움직임으로 몸을 방어하는 자세이다.

향후격적세는 뒤를 향하여 적을 치는 동작이다. 보법은 오른발이 무릎 높이로 들어 앞에 나가고 왼발이 뒤에서 밀어주는 모양이다. 수법은 쌍수 형태이며, 안법은 후면의 앞쪽을 응시하고 있다. 도검의 위치는 오른손 검은 무릎 앞쪽에 있고 왼손 검은 왼쪽 팔을 뒤로 쭉 뻗어 몸의 뒤쪽에 있는 모습이다. 도검 기법은 공격 자세이다.

11. 지조염익세 [방어] 12. 장검수광세 [공격] 13. 항장기무세 [공격]

지조염익세는 새가 날개를 거두듯이 검을 접는 동작이다. 보법은 오른발이 무릎을 굽혀 앞에 나오고 왼발이 뒤에 있는 모양이다. 수법은 쌍수 형태이며, 안법은 왼쪽을 응시하고 있다. 도검의 위치는 양손을 교차하여 오른쪽 검은 왼쪽 겨드랑이에 끼고 왼쪽 검은 오른쪽 겨드랑이게 끼고 있는 모습이다. 도검 기법은 방어 자세이다.

장검수광세는 검을 빛처럼 거두는 듯한 동작이다. 보법은 오른발이 무릎 위로 앞을 향하고 왼발이 뒤에서 밀어주는 모양이다. 수법은 쌍수 형태이며, 안법은 정면을 응시하고 있다. 도검의 위치는 왼손 검은 오른쪽 겨드랑이에 끼고 오른손 검은 정면의 가슴에서부터 아래로 향하고 있는 모습이다. 도검 기법은 왼쪽 검을 오른쪽 겨드랑이에 끼고 오른쪽 검으로 오른발을 쳐들고 안으로 스쳐 한걸음 뛰어 좌우로 씻어 오른발을 들어 왼쪽 손과 왼쪽 다리로 앞을 한 번 찌르는 공격 자세이다.

항장기무세는 왼쪽 검으로 오른쪽을 한 번 씻어 대문을 만드는 동작이다. 보법은 오른발과 왼발이 나란히 서 있는 모양이다. 수법은 쌍수 형태이며, 안법은 왼쪽을 응시하고 있다. 도검의 위치는 양쪽 어깨를 나란히 벌려 오른손 검과 왼손 검이 어깨 높이에서 위로 향하고 있는 모습이다. 도검 기법은 공격 자세이다.

이상과 같이 쌍검의 전체 13세를 검토한 바, 공격기법은 비진격적세(飛進擊賊勢), 진전살적세(進前殺賊勢), 향후격적세(向後擊賊勢), 장검수광세(藏劍收光勢), 항장기무세(項莊起舞勢) 등 5세였다. 방어기법은 지검대적세(持劍對賊勢), 견적출검세(見賊出劍勢), 초퇴방적세(初退防賊勢), 향우방적세(向右防賊勢), 향좌방적세(向左防賊勢), 향좌방적세(向左防賊勢), 오화전신세(五花纏身勢), 지조염익세(鷙鳥斂翼勢) 등 8세였다. 이를 통해 쌍검의 도검 기법은 공격보다는 방어에 치중한 도검무예라는 것을 파악할 수 있었다.

8. 월 도

『무예도보통지』 권3에 실려 있는 월도는 일명 언월도로 불리어지기도 한다. 월도는 금식(今式)은 조선의 방식, 화식(華式)은 중국의 방식으로 그림이 그려져 있다. 모원의는 월도에 대하여 "조련하고 익힐 때는 그 웅대함을 보이는 것이 전중에는 쓸 수 없다"고 하였다.[76] 이는 실전에서 쓰는 군사 훈련용보다는 의례에서 행해지는 웅장함을 드러낼 때 사용되는 도검무예라고 볼 수 있다. 월도의 세는 전체 18개 동작으로 이루어져 있다. 용약재연세(龍躍在淵勢)를 시작으로 신월상천세(新月上天勢), 맹호장조세(猛虎張爪勢), 지조염익세(鷙鳥斂翼勢), 금룡전신세(金龍纏身勢), 오관참장세(五關斬將勢), 내략세(內掠勢), 향전격적세(向前擊賊勢), 용광사우두세(龍光射牛斗勢), 창룡귀동세(蒼龍歸洞勢), 월야참선세(月夜斬蟬勢), 상골분익세(霜鶻奮翼勢), 분정주공번신세(奔霆走空翻身勢), 개마참량세(介馬斬良勢), 검안슬상세(劍按膝上勢), 장교출해세(長蛟出海勢), 장검수광세(藏劍收光勢), 수검고용세(竪劍賈勇勢)로 마치는 것이다. 각 세들을 전체적으로 설명하면 〈그림 2-26〉과 같다.

〈그림 2-26〉 월도 전체 동작

위 그림은 월도의 전체 동작 18세를 정리한 내용이다. 『무예도보통지』 권3의 월도보(月刀譜)에서는 그림 1장에 1가지 세를 취하는 형식으로 나와 있다. 각 세에 대한 내용이 총 18장으로 구성되어 있다. 각 세에 보이는 내용을 검토하면 다음과 같다.

용약재연세는 연못에서 용이 뛰어오르는 모습의 기세를 과시하는 동작이다. 보법은 왼발과 오른발이 나란하게 서 있는 모양이다. 수법은 단수 형태이며, 안법은 정면을 응시하고 있다. 도검의 위치는 왼손이 어깨 높이에서 월도의 손잡이를 잡고 오른손은 오른쪽 허리에 끼고 있는 모습이다. 도검 기법은 왼손으로 자루를 잡고 오른 손은 오른편에 끼고 칼을 세워 바로 서서 있고 오른 주먹으로 앞을 한 번 치는 공격 자세이다.

신월상천세는 초생 달이 하늘에 떠오르는 모습이 동작이다. 보법은 왼발을 무릎을 굽혀 앞에 나가고 오른발이 뒤에서 밀어주는 모양이다. 수법은 단수 형태이며, 안법은 정면을 응시하고 있다. 도검의 위치는 왼손으로 손잡이를 잡아 왼쪽 어깨 위에 의지하고 도는 칼날이 위쪽을 향하게 하고 있는 모습이다. 도검 기법은 앞으로 나아가 오른 주먹으로 앞을 한 번 치고 한걸음 뛰어 뒤를 돌아보는 공격 자세이다.

맹호장조세는 호랑이가 손톱으로 할퀴는 듯한 동작이다. 보법은 오른발을 무릎을 굽혀 앞에 있고 왼발이 뒤에서 밀어주는 모양이다. 수법은 쌍수 형태이며, 안법은 오른쪽 위를 응시하고 있다. 도검의 위치는 양손으로 도를 잡고 오른쪽 어깨의 위쪽에 칼날이 바깥쪽을 향하여 있는 모습이다. 도검 기법은 오른쪽으로 세 번 돌아 물러나 제자리에 이르는 방어 자세이다.

지조염익세는 새가 날개를 거두듯이 칼을 접는 동작이다. 보법은 오른발이 무릎을 굽혀 앞에 나오고 왼발이 뒤에서 밀어주는 모양이다. 수법은 단수 형태이며, 안법은 정면 위를 응시하고 있다. 도검의 위치는 왼손은 팔을 뻗어 앞에 있고 오른손은 도를 잡고 몸의 뒤쪽 하단부에 칼날이 바깥쪽을 향하고 있는 모습이다. 도검 기법은 방어 자세이다.

금룡전신세는 도를 들어 왼쪽으로 휘둘러 나가는 동작이다. 보법은 오른발이 무릎 높이로 들어 앞에 있고 왼발이 뒤에서 밀어주는 모양이다. 수법은 쌍수 형태이며, 안법은 정면 아래를 응시하고 있다. 도검의 위치는 양손이 도의 손잡이를 잡고 왼쪽 위에서 아래로 칼날이 바깥쪽을 향하고 있는 모습이다. 도검 기법은 공격 자세이다.

6. 오관참장세 [공격]　7. 내략세 [공격]　8. 향전격적세 [공격]　9. 용광사우두세 [방어]　10. 창룡귀동세 [공격]

오관참장세는 좌우로 돌면서 크게 내려치는 동작이다. 보법은 오른발이 무릎 높이로 들어 앞에 있고 왼발이 뒤에서 밀어주는 모양이다. 수법은 쌍수 형태이며, 안법은 정면 위를 응시하고 있다. 도검의 위치는 양손이 도의 손잡이를 잡고 오른쪽 허리 바깥쪽에서 위쪽으로 향하고 있는 모습이다. 도검 기법은 공격 자세이다.

내략세는 몸의 안쪽을 스쳐 치는 동작이다. 보법은 오른발이 무릎 높이로 들어 앞에 있고 왼발이 뒤에서 밀어주는 모양이다. 수법은 쌍수 형태이며, 안법은 정면 위를 응시하고 있다. 도검의 위치는 양손이 도의 손잡이를 잡고 왼쪽 무릎에서 위쪽으로 향하고 있는 모습이다. 도검 기법은 공격 자세이다.

향전격적세는 앞을 향하여 적을 치는 동작이다. 보법은 오른발이 무릎 높이로 들어 앞에 있고 왼발이 뒤에서 밀어주는 모양이다. 수법은 쌍수 형태이며, 안법은 정면 위를 응시하고 있다. 도검의 위치는 양손이 도의 손잡이를 잡고 왼쪽 무릎에서 위쪽을 향하고 있는 모습이다. 도검 기법은 앞을 한 번 치는 공격 자세이다.

용광사우두세는 용이 내뿜는 비치 하늘에 있는 견우성과 북두성을 비춘다는 의미로 크고 긴 칼날의 힘찬 움직임을 나타내는 동작이다. 보법은 오른발이 무릎 높이로 들어 앞에 있고 왼발이 뒤에서 밀어주는 모양이다. 수법은 쌍수 형태이며, 안법은 정면 위를 응시하고 있다. 도검의 위치는 양손이 도의 손잡이를 잡고 왼쪽 허리에서부터 위쪽을 향하고 있는 모습이다. 도검 기법은 왼쪽으로 세 번 끌어 돌아서 제자리로 물러나는 방어 자세이다.

창룡귀동세는 푸른 용이 돌아가는 모습으로 뒤를 향해 한 번 치는 동작이다. 보법은 오른발이 무릎 높이로 들어 앞에 있고 왼발이 뒤에서 밀어주는 모양이다. 수법은 쌍수 형태이며, 안법은 후면의 위를 응시하고 있다. 도검의 위치는 양손이 도의 손잡이를 잡고 오른쪽 허리에서부터 위쪽을 향하고 있는 모습이다. 도검 기법은 뒤를 향해 한번 치고 몸을 돌려 앞을 향하는 공격 자세이다.

11. 월아참선세 [공격] 12. 상골분익세 [방어] 13.분정주공번신세[방어] 14. 개마참랑세 [공격] 15. 검안슬상세 [방어]

월야참선세는 달밤에 매미를 베는 동작이다. 보법은 오른발이 무릎 높이로 들어 앞에 있고 왼발이 뒤에서 밀어주는 모양이다. 수법은 쌍수 형태이며, 안법은 정면을 응시하고 있다. 도검의 위치는 양손이 도의 손잡이를 잡고 왼쪽 허리에서부터 앞쪽을 향하고 있는 모습이다. 도검 기법은 오른손과 오른다리로 두 번 좇는 공격 자세이다.

상골분익세는 흰 송골매가 날개를 흔드는 모양의 동작이다. 보법은 오른발이 무릎 높이로 들어 앞에 있고 왼발이 뒤에서 밀어주는 모양이다. 수법은 쌍수 형태이며, 안법은 정면을 응시하고 있다. 도검의 위치는 양손이 도의 손잡이를 잡고 오른쪽 머리 위의 뒤쪽에 있는 모습이다. 도검 기법은 도를 들어 앞을 향하는 방어 자세이다.

분정주공번신세는 앞으로 나아가는 동작이다. 보법은 왼발이 무릎을 굽혀 앞에 나가고 오른발이 뒤에서 밀어주는 모양이다. 수법은 쌍수 형태이며, 안법은 오른쪽을 응시하고 있다. 도검의 위치는 양손이 도의 손잡이를 잡고 칼날이 몸의 뒤쪽에 있는 모습이다. 도검 기법은 앞으로 나아가는 방어 자세이다.

개마참량세는 오른손과 오른발로 한 번 찌르는 동작이다. 보법은 오른발이 무릎 높이로 들어 앞에 있고 왼발이 뒤에서 밀어주는 모양이다. 수법은 쌍수 형태이며, 안법은 정면 위를 응시하고 있다. 도검의 위치는 양손이 도의 손잡이를 잡고 칼날이 안쪽을 향하여 왼쪽 허리에서 위쪽으로 향하고 있는 모습이다. 도검 기법은 찌르는 공격 자세이다.

검안슬상세는 한 걸음 뛰어 앞으로 나아가는 동작이다. 보법은 오른발이 무릎을 굽혀 앞에 있고 왼발이 뒤에서 밀어 주는 모양이다. 수법은 쌍수 형태이며, 안법은 정면을 응시하고 있다. 도검의 위치는 왼손이 어깨부위에서 손잡이 밑을 잡고 오른손이 머리 위에서 손잡이 위를 잡고 있고 있는 모습이다. 칼날은 바깥쪽을 향하고 있다. 도검 기법은 방어 자세이다.

16. 장교출해세 [공격] 17. 장검수광세 [공격] 18. 수검고용세 [방어]

장교출해세는 긴 교룡이 바다에서 나오는 듯한 동작이다. 보법은 오른발이 무릎 높이로 들어 앞에 있고 왼발이 뒤에서 밀어주는 모양이다. 수법은 쌍수 형태이며, 안법은 정면 위를 응시하고 있다. 도검의 위치는 양손이 도의 손잡이를 잡고 칼날이 안쪽을 향하여 왼쪽 허리에서 앞쪽으로 향하고 있는 모습이다. 도검 기법은 왼쪽으로 한 번 치고 왼손과 왼발로 한 번 치는 공격 자세이다.

장검수광세는 검을 빛처럼 거두는 듯한 동작이다. 보법은 오른발이 무릎을 굽혀 앞에 있고 왼발이 뒤에서 밀어주는 모양이다. 수법은 단수 형태이며, 안법은 오른쪽을 응시하고 있다. 도검의 위치는 오른손이 도를 몸의 뒤쪽에서 잡고 있는 모습이다 도검 기법은 오른쪽에 도를 끼고 왼 주먹으로 앞을 한 번 치는 공격 자세이다.

수검고용세는 마치는 동작이다. 보법은 오른발이 무릎을 굽혀 앞에 있고 왼발이 뒤에서 밀어주는 모양이다. 수법은 쌍수 형태이며,

안법은 왼쪽을 응시하고 있다. 도검의 위치는 도를 수직으로 세워 놓고 왼손이 밑에 오른손이 위를 잡고 있는 모습이다. 도검 기법은 상대방을 주시하는 방어 자세이다.

이상과 같이 월도의 전체 18세를 검토한 바, 공격기법은 용약재연세(龍躍在淵勢), 신월상천세(新月上天勢), 금룡전신세(金龍纏身勢), 오관참장세(五關斬將勢), 내략세(內掠勢), 향전격적세(向前擊賊勢), 창룡귀동세(蒼龍歸洞勢), 월야참선세(月夜斬蟬勢), 개마참량세(介馬斬良勢), 장교출해세(長蛟出海勢), 장검수광세(藏劍收光勢) 등 11세였다. 방어기법은 맹호장조세(猛虎張爪勢), 지조염익세(鷙鳥斂翼勢), 용광사우두세(龍光射牛斗勢), 상골분익세(霜鶻奮翼勢), 분정주공번신세(奔霆走空翻身勢), 검안슬상세(劍按膝上勢), 수검고용세(竪劍賈勇勢) 등 7세였다. 이를 통해 월도의 도검 기법은 방어보다는 공격에 치중한 도검무예라는 것을 파악할 수 있었다.

9. 협 도

협도는 『무예도보통지』 권3에 실려 있다. 협도는 자루 길이는 3척, 무게는 4근이며 칼자루에 붉은 칠을 하며 칼날 등에는 깃털을 단다고 설명하고 있다.[77] 금식(今式)은 협도, 화식(華式)은 미첨도(眉尖刀), 왜식(倭式)은 장도(長刀)로 세 개의 그림과 명칭이 『무예도보통지』 협도 내용에 나온다.

협도의 세는 전체 18개 동작으로 이루어져 있다. 용약재연세(龍躍在淵勢)를 시작으로 중평세(中平勢), 오룡파미세(烏龍擺尾勢), 오화전신세(五花纏身勢), 용광사우두세(龍光射牛斗勢), 우반월세(右半月勢), 창룡귀동세(蒼龍歸洞勢), 단봉전시세(丹鳳展翅勢), 오화전신세(五花纏身勢), 중평세(中平勢), 홍광사우두세(龍光射牛斗勢), 좌반월세(左半月勢), 은룡출해세(銀龍出海勢), 오운조정세(烏雲罩頂勢), 좌일격세(左一擊勢), 우일격세(右一擊勢), 전일격세(前一擊勢), 수검고용세(竪劍賈勇勢)로 마치는 것이다. 각 세들을 전체적으로 설명하면 〈그림 2-27〉과 같다.

〈그림 2-27〉 협도 전체 동작

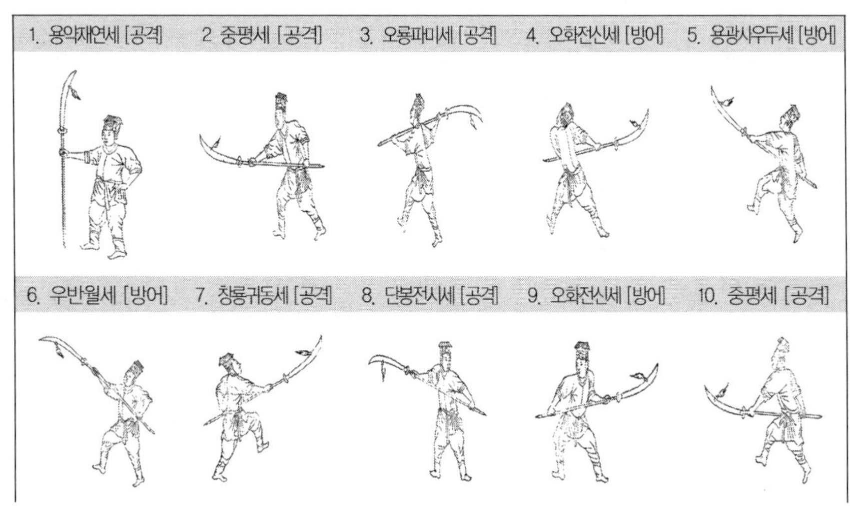

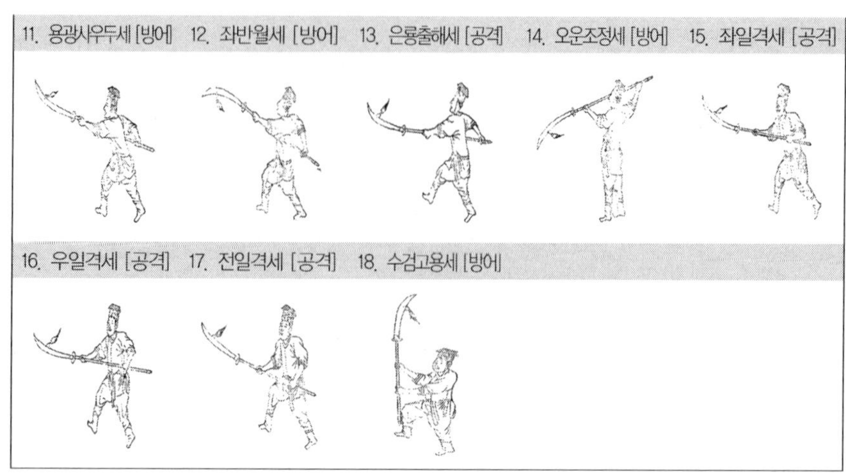

위 그림은 협도의 전체 동작 18세를 정리한 내용이다. 『무예도보통지』 권3의 협도보(挾刀譜)에서는 그림 1장에 1가지 세를 취하는 형식으로 나와 있다. 각 세에 대한 내용이 총 18장으로 구성되어 있다. 각 세에 보이는 내용을 검토하면 다음과 같다.

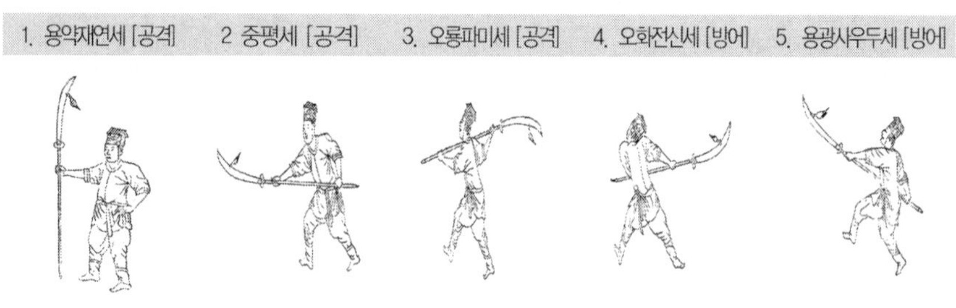

용약재연세는 연못에서 용이 뛰어오르는 모습의 기세를 과시하는 동작이다. 보법은 왼발과 오른발이 나란하게 서 있는 모양이다. 수법은 단수 형태이며, 안법은 정면을 응시하고 있다. 도검의 위치는 오른손이 어깨 높이에서 협도의 손잡이를 잡고 왼손은 왼쪽 허리에 끼고 있는 모습이다. 도검 기법은 한번 뛰어 왼 주먹으로 앞을 치는 공격 자세이다.

중평세는 중단에서 찌르는 동작이다. 보법은 오른발이 무릎을 굽혀 앞에 나오고 왼발이 뒤에서 밀어주는 모양이다. 수법은 쌍수 형태이며, 안법은 정면을 응시하고 있다. 도검의 위치는 왼손은 왼쪽 허리 앞에서 손잡이를 잡고 오른손은 오른팔을 뻗어 손잡이를 잡아 앞으로 쭉 뻗고 있는 모습이다. 도검 기법은 오른손과 오른발로 한 번 찌르는 공격 자세이다.

오룡파미세는 왼쪽으로 칼끝을 휘둘리는 동작이다. 보법은 오른발이 무릎을 굽혀 앞에 나오고 왼발이 뒤에서 밀어주는 모양이다. 수법은 쌍수 형태이며, 안법은 정면을 응시하고 있다. 도검의 위치는 왼손은 손잡이 아래를 오른 손은 도의 손잡이 위를 잡고 있는 모습이다. 도검 기법은 도의 끝을 휘두르는 공격 자세이다.

오화전신세는 다섯 개의 꽃이 몸을 감싼다는 의미의 방어 동작이다. 보법은 왼발이 앞에 있고 오른발이 뒤에서 밀어주는 모양이다. 수법은 쌍수 형태이며, 안법은 오른쪽의 위를 응시하고 있다. 도검의 위치는 양손이 도의 손잡이를 잡고 뒤쪽에서 앞쪽으로 쭉 뻗고 있는 모습이다. 도검 기법은 오른손과 오른 다리로 방어하는 자세이다.

용광사우두세는 용이 내뿜는 빛이 하늘에 있는 견우성과 북두성을 비춘다는 의미로 크고 긴 칼날의 힘찬 움직임을 나타내는 동작이다. 보법은 오른발이 무릎 높이로 들어 앞에 있고 왼발이 뒤에서 밀어주는 모양이다. 수법은 쌍수 형태이며, 안법은 정면 위를 응시하고 있다. 도검의 위치는 양손이 도의 손잡이를 잡고 오른쪽 허리에서부터 위쪽을 향하고 쭉 뻗고 있는 모습이다. 도검 기법은 왼쪽으로 끌어 물러나는 방어 자세이다.

6. 우반월세 [방어] 7. 창룡귀동세 [공격] 8. 단봉전시세 [공격] 9. 오화전신세 [방어] 10. 중평세 [공격]

우반월세는 오른쪽으로 반달의 형상을 하고 있는 동작이다. 보법은 오른발이 무릎 높이로 들어 앞에 있고 왼발이 뒤에서 밀어주는 모양이다. 수법은 쌍수 형태이며, 안법은 정면 위를 응시하고 있다. 도검의 위치는 도를 반대로 돌려서 칼날이 밑으로 오게 하여 왼손이 왼쪽 허리에서 잡고 오른손이 오른쪽 어깨 위의 앞에서 팔을 뻗어 잡고 있는 모습이다. 도검 기법은 오른손과 오른발로 방어하는 자세이다.

창룡귀동세는 푸른 용이 돌아가는 모습으로 뒤를 향해 한 번 치는 동작이다. 보법은 오른발이 무릎 높이로 들어 앞에 있고 왼발이 뒤에서 밀어주는 모양이다. 수법은 쌍수 형태이며, 안법은 후면의 위를 응시하고 있다. 도검의 위치는 양손이 도의 손잡이를 잡고 오른쪽 허리에서부터 위쪽을 향하고 있는 모습이다. 도검 기법은 오른손과 오른발로 왼쪽으로 돌아 뒤를 한 번 치고 그대로 왼쪽으로 돌아 앞을 한 번 치는 공격 자세이다.

단봉전시세는 붉은 봉황이 날개를 펴는 모양으로 칼끝을 휘두르는 동작이다. 보법은 오른발이 무릎을 굽혀 앞에 나오고 왼발이 뒤에서 밀어주는 모양이다. 수법은 쌍수 형태이며, 안법은 후면의 오른쪽 아래를 응시하고 있다. 도검의 위치는 칼날을 옆으로 돌려서 왼손이 팔을 뻗어 도의 아래를 잡고 오른손이 오른쪽 어깨 위에서 칼날 바로 밑에를 잡고 있는 모습이다. 도검 기법은 왼쪽으로 끝을 휘두르고 오른쪽으로 칼날을 휘두르는 공격 자세이다.

오화전신세는 다섯 개의 꽃이 몸을 감싼다는 의미의 방어 동작이다. 보법은 왼발이 앞에 나와 있고 오른발이 뒤에서 밀어주는 모양이다. 수법은 쌍수 형태이며, 안법은 몸을 돌려 정면을 응시하고 있다. 도검의 위치는 오른손이 도의 아래를 잡고 왼손이 도의 칼날 바로 아래를 잡고 있는 모습이다. 도검 기법은 오른손과 오른 다리로 방어하는 자세이다.

중평세는 중단에서 찌르는 동작이다. 보법은 오른발이 무릎을 굽혀 앞에 나오고 왼발이 뒤에서 밀어주는 모양이다. 수법은 쌍수 형태이며, 안법은 정면을 응시하고 있다. 도검의 위치는 몸을 숙인 채로 오른손은 오른쪽 허리 뒤에서 손잡이를 잡고 왼손은 왼팔을 뻗어 도의 칼날 바로 아래를 수평으로 잡고 있는 모습이다. 도검 기법은 한번 찌르는 공격 자세이다.

11. 용광사우두세 [방어] 12. 좌반월세 [방어] 13. 은룡출해세 [공격] 14. 오운조정세 [방어] 15. 좌일격세 [공격]

용광사우두세는 용이 내뿜는 빛이 하늘에 있는 견우성과 북두성을 비춘다는 의미로 크고 긴 칼날의 힘찬 움직임을 나타내는 동작이다. 보법은 오른발이 무릎을 굽혀 앞에 나오고 왼발이 뒤에서 밀어주는 모양이다. 수법은 쌍수 형태이며, 안법은 정면 위를 응시하고 있다. 도검의 위치는 양손이 도의 손잡이를 잡고 오른쪽 허리에서부터 앞쪽을 향하고 쭉 뻗고 있는 모습이다. 도검 기법은 오른쪽으로 끌어 물러나는 방어 자세이다.

좌반월세는 왼쪽으로 반달의 형상을 하고 있는 동작이다. 보법은 오른발이 무릎 높이로 들어 앞에 있고 왼발이 뒤에서 밀어주는 모양이다. 수법은 쌍수 형태이며, 안법은 정면 위를 응시하고 있다. 도검의 위치는 도를 반대로 돌려서 칼날이 밑으로 오게 하여 왼손이 왼쪽 허리에서 잡고 오른손이 오른쪽 어깨 위의 앞에서 팔을 뻗어 잡고 있는 모습이다. 도검 기법은 왼손과 왼발로 방어하는 자세이다.

은룡출해세는 은빛용이 물에서 나오는 모습으로 흔들며 찌르는 동작이다. 보법은 오른발이 무릎 높이로 들어 앞에 나오고 왼발이 뒤에서 밀어주는 모양이다. 수법은 쌍수 형태이며, 안법은 정면 위를 응시하고 있다. 도검의 위치는 오른손이 도의 끝을 잡고 왼손이 중간의 위쪽을 잡아 앞으로 쭉 뻗는 모습이다. 도검 기법은 왼손과 왼발로 흔들며 한 번 찌르는 공격 자세이다.

오운조정세는 검은 까마귀가 이마를 찍는 모습으로 칼을 들어 앞을 향하는 동작이다. 보법은 왼발이 앞에 나오고 오른발이 뒤에 있는 모양이다. 수법은 쌍수 형태이며, 안법은 정면을 응시하고 있다. 도검의 위치는 칼날을 돌려서 오른손이 도의 아래를 머리 위쪽에서 잡고 왼손이 왼쪽 어깨에서 도의 위를 잡고 있는 모습이다. 도검 기법은 왼손과 왼발로 도를 들어 앞을 향하는 방어 자세이다.

좌일격세는 왼쪽으로 한 번 치는 동작이다. 보법은 오른발이 무릎을 굽혀 앞에 나오고 왼발이 뒤에서 밀어주는 모양이다. 수법은 쌍수 형태이며, 안법은 정면을 응시하고 있다. 도검의 위치는 왼손이 도의 아래를 잡고 오른손이 도의 위를 잡아 앞으로 쭉 뻗고 있는 모습이다. 도검 기법은 오른손과 오른발로 왼쪽으로 돌아 왼쪽을 한 번 치는 공격 자세이다.

16. 우일격세 [공격] 17. 전일격세 [공격] 18. 수검고용세 [방어]

우일격세는 오른쪽으로 한 번 치는 동작이다. 보법은 오른발이 무릎을 굽혀 앞에 나오고 왼발이 뒤에서 밀어주는 모양이다. 수법은 쌍수 형태이며, 안법은 정면을 응시하고 있다. 도검의 위치는 왼손이 도의 아래를 잡고 오른손이 도의 위를 잡아 앞으로 쭉 뻗고 있는 모습이다. 도검 기법은 왼손과 오른발로 오른쪽으로 돌아 오른쪽으로 한 번 치는 공격 자세이다.

전일격세는 앞으로 나아가 한 번 치는 동작이다. 보법은 오른발이 무릎을 굽혀 앞에 나오고 왼발이 뒤에서 밀어주는 모양이다. 수법은 쌍수 형태이며, 안법은 정면을 응시하고 있다. 도검의 위치는 왼손이 도의 아래를 왼쪽 허리 앞쪽에서 잡고 오른손이 도의 위를 잡아 위로 향하고 있는 모습이다. 도검 기법은 오른손과 오른 발로 왼쪽으로 돌아 앞으로 한 번 치는 공격 자세이다.

수검고용세는 마치는 동작이다. 보법은 오른발이 무릎 높이로 들어 앞으로 나오고 왼발이 뒤에서 밀어주는 모양이다. 수법은 쌍수 형태이며, 안법은 정면을 응시하고 있다. 도검의 위치는 오른 발을 든 상태로 도를 수직으로 세워 왼손이 아래에 오른 손이 위를 향해 잡고 있는 모습이다. 도검 기법은 오른손과 오른 다리로 마치는 방어 자세이다.

이상과 같이 협도의 전체 18세를 검토한 바, 공격기법은 용약재연세(龍躍在淵勢), 중평세(中平勢), 오룡파미세(烏龍擺尾勢), 창룡귀동세(蒼龍歸洞勢), 단봉전시세(丹鳳展翅勢), 중평세(中平勢), 은룡출해세(銀龍出海勢), 좌일격세(左一擊勢), 우일격세(右一擊勢), 전일격세(前一擊勢) 등 10세였다. 방어기법은 오화전신세(五花纏身勢), 용광사우두세(龍光射牛斗勢), 우반월세(右半月勢), 오화전신세(五花纏身勢), 용광사우두세(龍光射牛斗勢), 좌반월세(左半月勢), 오운조정세(烏雲罩頂勢), 수검고용세(竪劍賈勇勢) 등 8세였다. 이를 통해 협도의 도검 기법은 방어보다는 공격에 치중한 도검무예라는 것을 파악할 수 있었다.

10. 등 패

등패는『무예도보통지』권3에 실려 있다.『무예도보통지』에는 등패와 요도(腰刀)와 함께 사용하며, 손과 팔로 칼을 움직이는데 한 손에는 표창을 쥐고 저쪽 편에 던지면 반드시 급히 칼을 뽑아서 응대한다고 하였다.[78] 또한 모원의는 근세의 조선인이 등패를 사용하는 것은 조총을 상대할 수 있는 하나의 방법이 될 수 있다고 주장

하였다.[79]

등패에 사용하는 요도는 척계광이 말하기를 길이는 3척 2촌, 무게는 1근 10량이며 자루길이가 3촌이 된다고 하였다.[80] 기계도식(器械圖式)의 그림에는 화식(華式)과 금식(今式) 그리고 요도식(腰刀式)과 표창식(鏢槍式)의 한자와 그림이 그려져 있다.

등패의 세는 전체 8개 동작으로 이루어져 있다. 기수세(起手勢)를 시작으로 약보세(躍步勢), 저평세(低平勢), 금계반두세(金鷄畔頭勢), 곤패세(滾牌勢), 선인지로세(仙人指路勢), 매복세(埋伏勢), 사행세(斜行勢)로 마치는 것이다. 각 세들을 전체적으로 설명하면 〈그림 2-28〉과 같다.

〈그림 2-28〉 등패 전체 동작

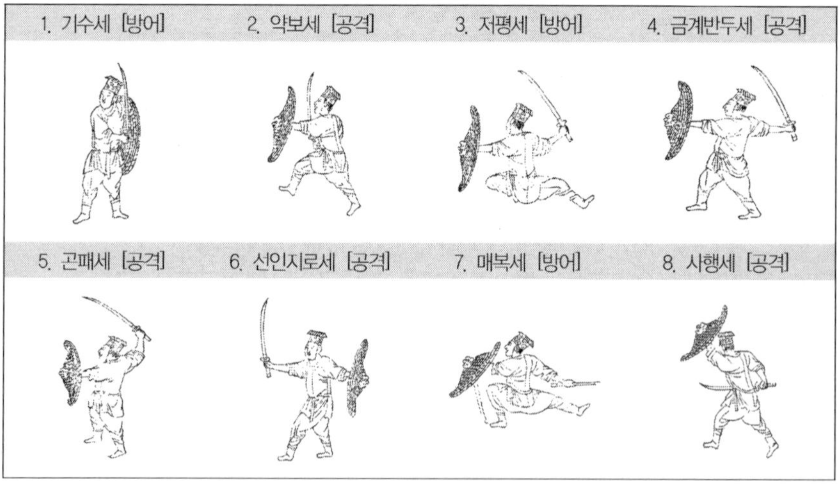

1. 기수세 [방어]	2. 약보세 [공격]	3. 저평세 [방어]	4. 금계반두세 [공격]
5. 곤패세 [공격]	6. 선인지로세 [공격]	7. 매복세 [방어]	8. 사행세 [공격]

위 그림은 등패의 전체 동작 8세를 정리한 내용이다. 『무예도보통지』 권3의 등패보(藤牌譜)에서는 그림 1장에 2인이 1조가 되어서 각자 1가지 세를 취하는 형식으로 2세씩 나와 있다. 각 세에 대한 내용이 총 4장으로 구성되어 있다. 각 세에 보이는 내용을 검토하면 다음과 같다.

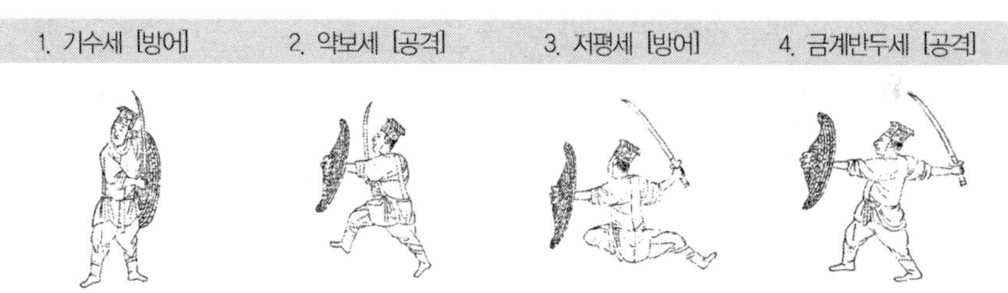

기수세는 처음에 시작하는 동작이다. 보법은 오른발이 앞에 나와 있고 왼발이 뒤에 있는 모양이다. 수법은 단수이며, 안법은 정면을 응시하고 있다. 도검의 위치는 왼손은 등패를 쥐고 오른손은 검을 쥐고 오른쪽 어깨에 정면으로 나오면서 왼쪽 허리에 대고 있는 모습이다. 도검 기법은 방어 자세이다.

약보세는 앞으로 뛰어 나가는 동작이다. 보법은 오른발이 무릎을 들어 앞으로 나오게 하고 왼발이 뒤에서 밀어주는 모양이다. 수법은 단수이며, 안법은 정면을 향하고 있다. 도검의 위치는 왼손은 등패를 들고 앞으로 팔을 뻗어 막고 오른손은 검을 잡고 오른쪽 허리에서 수직으로 세운 모습이다. 도검 기법은 검으로써 등패를 쫓아 한

번 휘두르는 공격 자세이다.

저평세는 평지에 앉아서 방어하는 동작이다. 보법은 땅에 앉은 상태로 왼발이 무릎 안쪽으로 굽힌 상태로 앞에 있고 왼발은 뒤에 있는 모양이다. 수법은 단수이며, 안법은 정면을 응시하고 있다. 도검의 위치는 왼손은 등패를 잡고 앞으로 팔을 쭉 뻗어 있고, 오른손은 오른쪽 어깨 바깥쪽에서 위로 향하게 검을 잡고 있는 모습이나. 도검 기법은 방어 자세이다.

금계반두세는 앞으로 한 번 나아가 휘두르는 동작이다. 보법은 오른발이 무릎을 굽혀 앞에 있고 왼발이 뒤에서 밀어주는 모양이다. 수법은 단수이며 안법은 정면을 응시하고 있다. 도검의 위치는 왼손은 등패를 잡고 앞으로 팔을 쭉 뻗어 있고, 오른손 검은 오른쪽 어깨 뒤에서 칼날이 바깥쪽을 향하고 있는 모습이다. 도검 기법은 등패를 쫓아 휘두르는 공격 자세이다.

5. 곤패세 [공격] 6. 선인지로세 [공격] 7. 매복세 [방어] 8. 시행세 [공격]

곤패세는 몸을 뒤집어 일어나는 동작이다. 보법은 오른발과 왼발이 나란히 서 있는 모양이다. 수법은 단수이며, 안법은 정면을 응시하고 있다. 왼손은 등패를 잡고 앞으로 팔을 쭉 뻗어 있고 오른손 검은 오른쪽 어깨 위에 칼날이 바깥쪽을 향하고 있는 모습이다. 도검 기법은 공격 자세이다.

선인지로세는 보법은 왼발이 무릎을 굽혀 앉은 자세로 앞에 나오고 오른발이 뒤에 있는 모양이다. 수법은 단수이며, 안법은 정면 위를 응시하고 있다. 왼손은 등패를 잡고 왼쪽의 후면을 쭉 펴서 막고 오른손은 정면으로 손을 쭉 뻗어 검을 수직으로 잡고 있는 모습이다. 도검 기법은 공격 자세이다.

매복세는 몸을 숨기고 적이 공격하기 좋은 지점에서 기다리는 것으로 낮은 자세로 앉아 있는 동작이다. 보법은 왼발이 무릎을 굽혀 앉은 자세로 앞에 있고 오른발이 뒤에 있는 모양이다. 수법은 단수이며, 안법은 정면 위를 응시하고 있다. 왼손은 등패를 잡고 땅의 아래에 고정하여 막고 오른손 검은 오른쪽 어깨 뒤에 있는 모습이다. 도검 기법은 방어 자세이다.

사행세는 한발을 들어 발을 둘러싸고 검을 휘두르고 오른쪽으로 한 걸음 옮기는 동작이다. 보법은 왼발이 무릎을 굽혀 앞으로 나가고 오른발이 뒤에서 밀어주는 모양이다. 수법은 단수이며, 안법은 정면 위를 응시하고 있다. 왼손은 등패를 잡고 오른쪽 머리 위를 막고 오른손 검은 오른쪽 허리에서부터 수평으로 앞으로 나아 있는 모습이다. 도검 기법은 공격 자세이다.

이상과 같이 등패의 전체 8세를 검토한 바, 공격기법은 약보세(躍步勢), 금계반두세(金鷄畔頭勢), 곤패세(滾牌勢), 선인지로세(仙人

指路勢), 사행세(斜行勢) 등 5세였다. 방어기법은 기수세(起手勢), 저평세(低平勢), 매복세(埋伏勢) 등 3세였다. 이를 통해 등패의 도검 기법은 방어보다는 공격에 치중한 도검무예라는 것을 파악할 수 있었다.

3절

도검무예에 나타난 기법의 특징

『무예도보통지』 권2에 나오는 쌍수도, 예도, 왜검, 왜검교전의 4기와 권3에 나오는 제독검, 본국검, 쌍검, 월도, 협도, 등패의 6기의 도검무예 내용을 보(譜)에 나오는 세를 중심으로 검토하여 특징을 정리하면 다음과 같다.

먼저 권2에 나오는 쌍수도, 예도, 왜검, 왜검교전의 4기의 도검기법의 내용을 전체적인 동작의 세를 중심으로 검토하였다. 쌍수도는 전체 동작 15세 중에서 공격은 지검대적세(持劍對賊勢), 향전격적세(向前擊賊勢), 진전살적세(進前殺賊勢), 휘검향적세(揮劍向賊勢)의 4세였고, 방어는 견적출검세(見賊出劍勢), 향좌방적세(向左防賊

勢), 향우방적세(向右防賊勢), 향상방적세(向上防賊勢), 초퇴방적세(初退防賊勢), 지검진좌세(持劍進坐勢), 식검사적세(拭劍伺賊勢), 섬검퇴좌세(閃劍退坐勢), 재퇴방적세(再退防賊勢), 삼퇴방적세(三退防賊勢), 장검고용세(藏劍賈勇勢) 등 11세로 방어 위주의 기법이었다.

예도는 전체 동작 28세 중에서 공격은 점검세(點劍勢), 좌익세(左翼勢), 표두세(豹頭勢), 탄복세(坦腹勢), 과우세(跨右勢), 전기세(展旗勢), 간수세(看守勢), 찬격세(鑽擊勢), 요격세(腰擊勢), 게격세(揭擊勢), 좌협세(左夾勢), 과좌세(跨左勢), 흔격세(掀擊勢), 역린세(逆鱗勢), 염시세(斂翅勢), 우협세(右夾勢), 봉두세(鳳頭勢), 횡충세(橫沖勢), 금강보운세(金剛步雲勢) 등 19세, 방어는 점검세(點劍勢), 요략세(撩掠勢), 어거세(御車勢), 은망세(銀蟒勢), 전시세(殿翅勢), 우익세(右翼勢), 태아도타세(太阿倒他勢) 등 7세, 기타는 여선참사세(呂仙斬蛇勢), 양각조천세(羊角弔天勢)의 2세로 공격 위주의 기법이었다.

왜검은 토유류(土由流), 운광류(運光流), 천유류(千柳流), 유피류(柳彼流)의 4가지 유파로 구분되어 검토하였다. 토유류는 30개 전체 동작 중에서 공격이 18세, 방어 12세로 공격 기법이었다. 운광류는 전체 25개 동작 중에서 공격이 20세, 방어 5세로 토유류와 동일한 공격 기법이었다. 천유류는 전체 38개 동작 중에서 공격이 19세, 방어가 19세로 공격과 방어가 적절하게 조합되어 있는 공방의 기법이었다. 유피류는 전체 18개 동작 중에서 공격이 11세, 방어가 7세로 공격 기법이었다. 이를 통해 천유류를 제외한 토유류, 운광류, 유피류의 3유파는 공격에 치중해 있는 공격 기법이었다.

왜검교전은 두 사람이 2인 1조로 교전하는 동작이 나와 있는 전체 25개의 투로의 보(譜)를 대상으로 분석하였다. 공격 1회, 방어 3회, 공격과 방어가 동시에 이루어지는 공방의 기법이 21회로 나타났다. 이를 통해 왜검교전은 실전에 대비하여 공격과 방어를 동시에 할 수 있도록 만든 도검기법이었다. 이에 대한 내용은 〈표 2-3〉에 자세하다.

표 2-3 | 『무예도보통지』 권2 도검무예 기법 비교

도검무예명		전체 동작	도검기법			특징
			공격	방어	기타(공방)	
쌍수도		15	4	11		방어
예도		28	19	7	2	공격
왜검	토유류	30	18	12		공격
	운광류	25	20	5		공격
	천유류	38	19	19		공방
	유피류	18	11	7		공격
왜검교전		25	1	3	21	공방(실전)

출처 : 『무예도보통지영인본』, 권2, 경문사, 1981

다음은 권3에 나오는 제독검, 본국검, 쌍검, 월도, 협도, 등패의 6기의 도검기법의 내용을 전체적인 동작의 세를 중심으로 검토하였다. 제독검은 전체 동작 14세 중에서 공격은 진전살적세(進前殺賊勢), 향우격적세(向右擊賊勢), 향좌격적세(向左擊賊勢), 휘검향적세(揮劍向賊勢), 진전살적세(進前殺賊勢), 향후격적세(向後擊賊勢), 용약일자세(勇躍一刺勢)의 7세였고, 방어은 대적출검세(對賊出劍勢), 초퇴방적세(初退防賊勢), 향우방적세(向右防賊勢), 향좌방적세(向左防賊勢), 재퇴방적세(再退防賊勢), 식검사적세(拭劍伺賊勢), 장검고용세(藏劍賈勇勢)의 7세로 공격과 방어가 조화롭게 구성된 공방의 기법이었다.

본국검은 전체 동작 24세 중에서 공격은 진전격적세(進前擊賊勢), 후일격세(後一擊勢), 안자세(雁字勢), 직부송서세(直符送書勢), 발초심사세(撥艸尋蛇勢), 표두압정세(豹頭壓頂勢), 좌요격세(左腰擊勢), 우요격세(右腰擊勢), 후일자세(後一刺勢), 장교분수세(長蛟噴水勢), 우찬격세(右鑽擊勢), 용약일자세(勇躍一刺勢), 향전살적세(向前殺賊勢), 시우상전세(兕牛相戰勢) 등 14세였다. 방어는 지검대적세(持劍對賊勢), 내략세(內掠勢), 금계독립세(金鷄獨立勢), 금계독립세(金鷄獨立勢), 맹호은림세(猛虎隱林勢), 조천세(朝天勢), 좌협수두세(左挾獸頭勢), 향우방적세(向右防賊勢), 전기세(展旗勢), 백원출동세(白猿出洞勢) 등 10세로 공격 위주의 기법이었다.

쌍검은 전체 동작 13세 중에서 공격은 비진격적세(飛進擊賊勢),

진전살적세(進前殺賊勢), 향후격적세(向後擊賊勢), 장검수광세(藏劍收光勢), 항장기무세(項莊起舞勢) 등 5세였다. 방어은 지검대적세(持劍對賊勢), 견적출검세(見賊出劍勢), 초퇴방적세(初退防賊勢), 향우방적세(向右防賊勢), 향좌방적세(向左防賊勢), 향좌방적세(向左防賊勢), 오화전신세(五花纏身勢), 지조염익세(鷙鳥斂翼勢) 등 8세로 방어 위주의 기법이었다.

월도는 전체 동작 18세 중에서 공격은 용약재연세(龍躍在淵勢), 신월상천세(新月上天勢), 금룡전신세(金龍纏身勢), 오관참장세(五關斬將勢), 내략세(內掠勢), 향전격적세(向前擊賊勢), 창룡귀동세(蒼龍歸洞勢), 월야참선세(月夜斬蟬勢), 개마참량세(介馬斬良勢), 장교출해세(長蛟出海勢), 장검수광세(藏劍收光勢) 등 11세였다. 방어는 맹호장조세(猛虎張爪勢), 지조염익세(鷙鳥斂翼勢), 용광사우두세(龍光射牛斗勢), 상골분익세(霜鶻奮翼勢), 분정주공번신세(奔霆走空翻身勢), 검안슬상세(劍按膝上勢), 수검고용세(竪劍賈勇勢) 등 7세로 공격 위주의 기법이었다.

협도의 전체 동작 18세 중에서 공격은 용약재연세(龍躍在淵勢), 중평세(中平勢), 오룡파미세(烏龍擺尾勢), 창룡귀동세(蒼龍歸洞勢), 단봉전시세(丹鳳展翅勢), 중평세(中平勢), 은룡출해세(銀龍出海勢), 좌일격세(左一擊勢), 우일격세(右一擊勢), 전일격세(前一擊勢) 등 10세였다. 방어은 오화전신세(五花纏身勢), 용광사우두세(龍光射牛斗勢), 우반월세(右半月勢), 오화전신세(五花纏身勢), 용광사우두세(龍光射牛斗勢), 좌반월세(左半月勢), 오운조정세(烏雲罩

頂勢), 수검고용세(竪劍賈勇勢) 등 8세로 공격 위주의 기법이었다.

등패의 전체 동작 8세 중에서 공격은 약보세(躍步勢), 금계반두세(金鷄畔頭勢), 곤패세(滾牌勢), 선인지로세(仙人指路勢), 사행세(斜行勢) 등 5세였다. 방어는 기수세(起手勢), 저평세(低平勢), 매복세(埋伏勢)의 3세로 공격 위주의 기법이었다. 이에 대한 내용은 〈표 2-4〉에 자세하다.

표 2-4 | 『무예도보통지』 권3 도검무예 기법 비교

도검무예명	전체 동작	도검기법		특징
		공격	방어	
제독검	14	7	7	공방
본국검	24	14	10	공격
쌍검	13	5	8	방어
월도	18	11	7	공격
협도	18	10	8	공격
등패	8	5	3	공격

출처 : 『무예도보통지영인본』, 권3, 경문사, 1981

위에서 쌍수도, 예도, 왜검, 왜검교전, 제독검, 본국검, 쌍검, 월도, 협도, 등패 등 10기의 도검무예를 공격과 방어 그리고 공방의 세 가지로 구분하여 살펴보았다. 공격 위주의 도검무예는 예도, 왜검의 토유류, 운광류, 유피류, 본국검, 월도, 협도, 등패 등이었다. 방어 위주의 도검무예는 쌍수도와 쌍검이었다. 이어 공격과 방어가

동시에 이루어지는 공방 위주의 도검무예는 왜검의 천유류, 왜검교전, 제독검이었다. 특히 왜검교전은 실전에서 바로 사용할 수 있도록 만든 도검무예라는 것을 짐작할 수 있었다.

이처럼 『무예도보통지』에 나타난 도검무예의 특징을 기법을 통하여 전체적으로 살펴보았다. 이를 통해 18세기 도검무예가 갖는 의의는 『무예도보통지』를 통한 도검무예의 정비와 실제라고 할 수 있다. 이 시기의 도검무예 특성은 정조대 편찬된 『무예도보통지』 권2에 실려 있는 쌍수도, 예도, 왜검, 왜검교전의 4기과 권3에 실려 있는 제독검, 본국검, 쌍검, 월도, 협도, 등패의 6기 등 보군이 사용하는 근접전 도검무예 10기에 정리되어 있다.

임진왜란을 기점으로 조선에 보급된 보군의 도검무예는 중국의 『기효신서』와 『무비지』의 영향을 받았다. 그 영향으로 선조대 편찬된 조선식의 단병무예서인 『무예제보』에 처음 쌍수도가 장도(長刀)라는 이름으로 등패와 함께 실렸다. 이 도검무예를 발판으로 광해군대에 편찬된 『무예제보번역속집』에서는 청룡언월도와 협도(곤), 왜검 등에 관한 내용이 증보되었다. 이후 영조대에 와서는 『무예신보』에서 쌍수도, 예도, 왜검, 왜검교전, 제독검, 본국검, 쌍검, 월도, 협도, 등패 등의 10기로 증보 되었다. 『무예신보』까지는 보군의 도검무예에만 집중했다면 정조대에 편찬된 『무예도보통지』부터는 마군의 마상쌍검과 마상월도를 추가하여 보군과 마군이 함께 도검무예를 훈련할 수 있도록 정리되었다는 점이다.

『무예도보통지』에서는 도검무예의 유형과 종류를 구분하기 위하여 도검기법에 해당하는 찌르는 자법(刺法), 베기의 감법(砍法), 치기의 격법(擊法)으로 분류하지 않고, 창(槍), 도(刀), 권(拳)의 3기를 기준으로 각각 해당하는 무예를 종류별로 정리하였다.

정조대 도검무예는 조선, 명, 왜 등 동북아시아 삼국의 도검형태를 금식(今式), 화식(華式), 왜식(倭式)의 3가지로 구분하여 도검의 형태를 도식을 통해서 비교하고 설명하였다는 점을 들 수 있다. 보검(牟劍)으로 불리던 왜검교전을 전체적으로 통일시키면서 도검무예 명칭을 정비하였다. 도검무예의 명칭은 쌍수도, 예도, 왜검, 왜검교전, 제독검, 본국검, 쌍검, 등패 등으로 구분했지만, 실제적으로 도검기법을 재현할 때에는 모두 동일하게 요도(腰刀)를 공통적으로 가지고 시행한 점이 특징적이다.

도검무예는 보(譜), 총보(總譜), 총도(總圖)의 3단계로 절차를 나누는 형식으로 군사들을 실용적인 목적에서 단계적으로 훈련시켰다고 볼 수 있다. 먼저 보(譜)는 개별 도검무예에 대표되는 세들을 엄선하여 내용을 설명하고 그 아래에 군사들을 2인 1조로 하여 2세씩 그림을 그려서 시각적으로 파악하게 하였다.

다음으로 총보(總譜)에서는 전체적인 '세'에 대한 명칭과 가는 방향에 대한 선을 그려놓음으로써 전후좌우의 선을 따라 세의 명칭을 전체적으로 암기하면서 방향을 숙지할 수 있도록 하였다. 마지막으로 총도(總圖)에서는 보의 대표적인 개별 세와 총보의 전체적인 세의 명칭과 방향을 암기함으로써 전체적인 윤곽이 머릿속에 있는 상태에서 도검무예에 대한 전체적인 내용을 그림을 통한 시각적이고 역동적인 세를 처음부터 끝까지 연결하여 설명함으로써 군사들이 실제적으로 총도만 보아도 어떻게 해야 하는지를 한 눈에 알 수 있게 배려한 것이다. 이러한 도검무예 형식의 특징은 모두 '세'를 사용한다는 점에 있다.

도검무예에 나오는 '세'를 대상으로 공격, 방어, 공방의 세 가지로 기법을 구분하여 도검무예 10기의 특성을 살펴보면, 예도, 왜검의 토유류, 운광류, 유피류, 본국검, 월도, 협도, 등패가 공격 위주의 기법이었고, 쌍수도와 쌍검은 방어 위주의 기법이었다. 공격과 방어가 동시에 조화롭게 이루어지는 공방기법은 왜검의 천유류, 왜검교전, 제독검 등이 해당되었다. 특히 왜검교전의 경우에는 실전에서 바로 사용할 수 있도록 두 사람이 마주보고 교전을 실시하는 도검기법이었다.

18세기 도검무예가 갖는 의의는 『무예도보통지』를 통해 정비된 도검무예의 쌍수도, 예도, 왜검, 왜검교전, 제독검, 본국검, 쌍검, 월도, 협도, 등패 등 10기의 전체적인 기법에 대한 실제를 파악할 수 있었다는 점이다.

이어서 『무예도보통지』의 실려 있는 도검무예가 훈련도감, 금위영, 어영청, 장용영 등 중앙군영의 군사들에게 실제적으로 어떻게 보급되고 전개되는지에 대한 실상을 『대전통편』, 『만기요람』에 나오는 도검무예 시취규정과 『어영청중순등록』, 『장용영고사』에 나오는 도검무예의 내용을 토대로 다음 장에서 18세기 이후 도검무예의 보급과 실상을 검토하고자 한다.

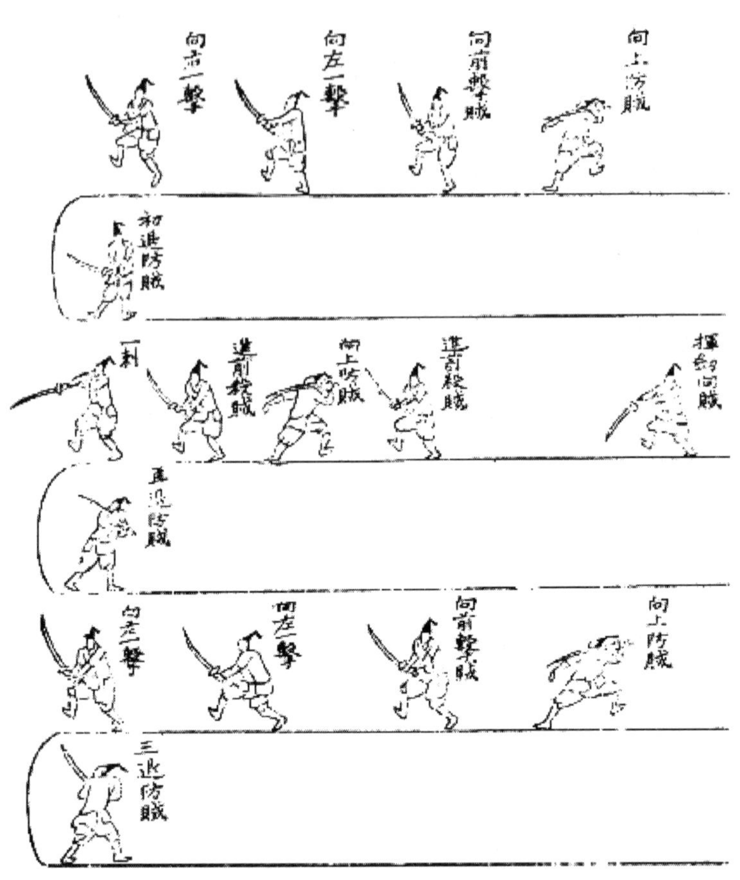

向上防賊
向前擊賊
向左一擊
向右一擊
初退防賊
揮劍向賊
進前殺賊
向上防賊
進前殺賊
一刺
再退防賊
向上防賊
向前擊賊
向左一擊
向右一擊
三退防賊

雙手刀總圖
始
見賊出劒
持劒對賊
向左防賊
向右防賊

進前殺賊
進坐
拭劒伺賊
閃劒進坐
進前殺賊
向上防賊
進前殺賊

向上防賊
向前擊賊
進坐
拭劒伺賊
向左防賊
向右防賊

向前擊賊
向前擊賊
進坐
拭劒伺賊
藏劒賈勇
終

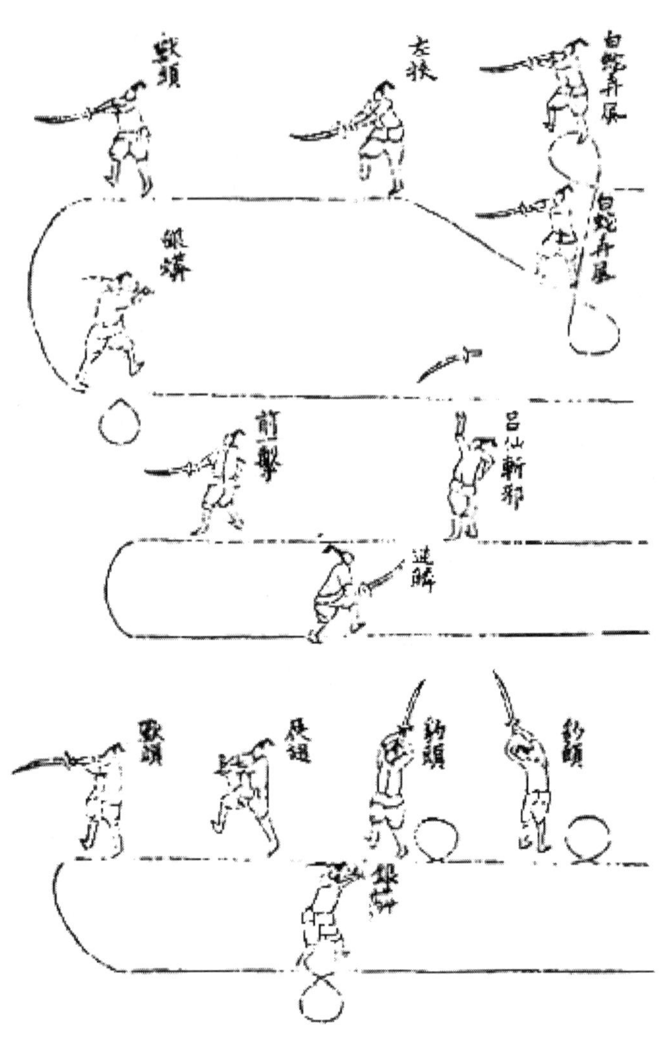
白蛇弄風
左挾
白蛇弄風
銀蟒
前擊
呂仙斬蛇
展翅
銀蟒

銳刀總圖

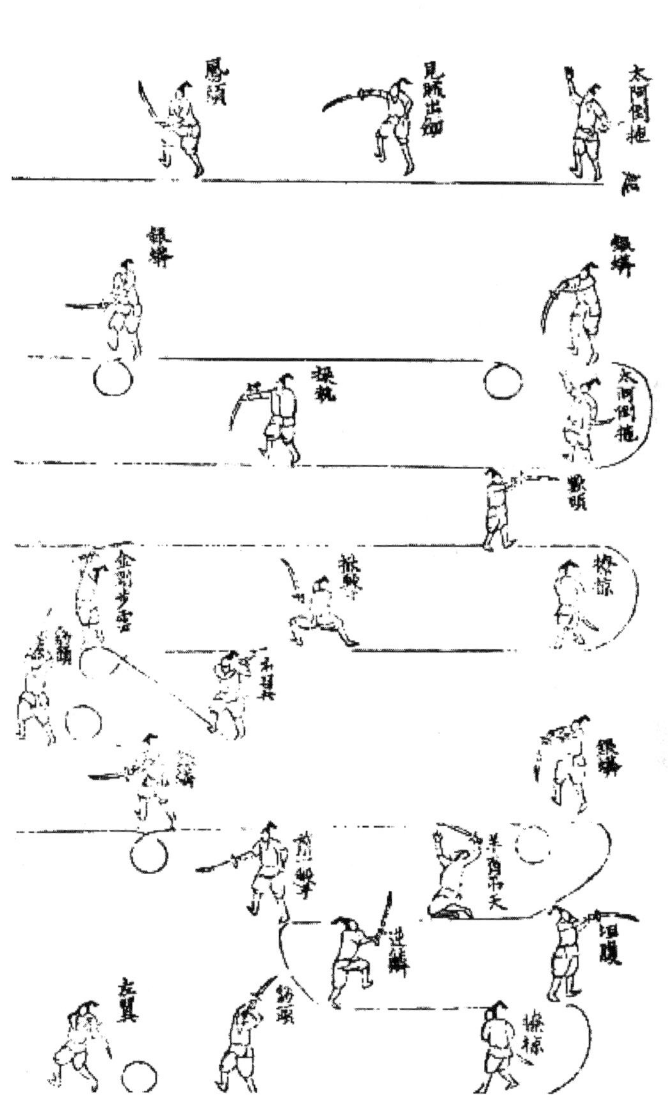

運光流
千利
速行
山時雨
水鳴心

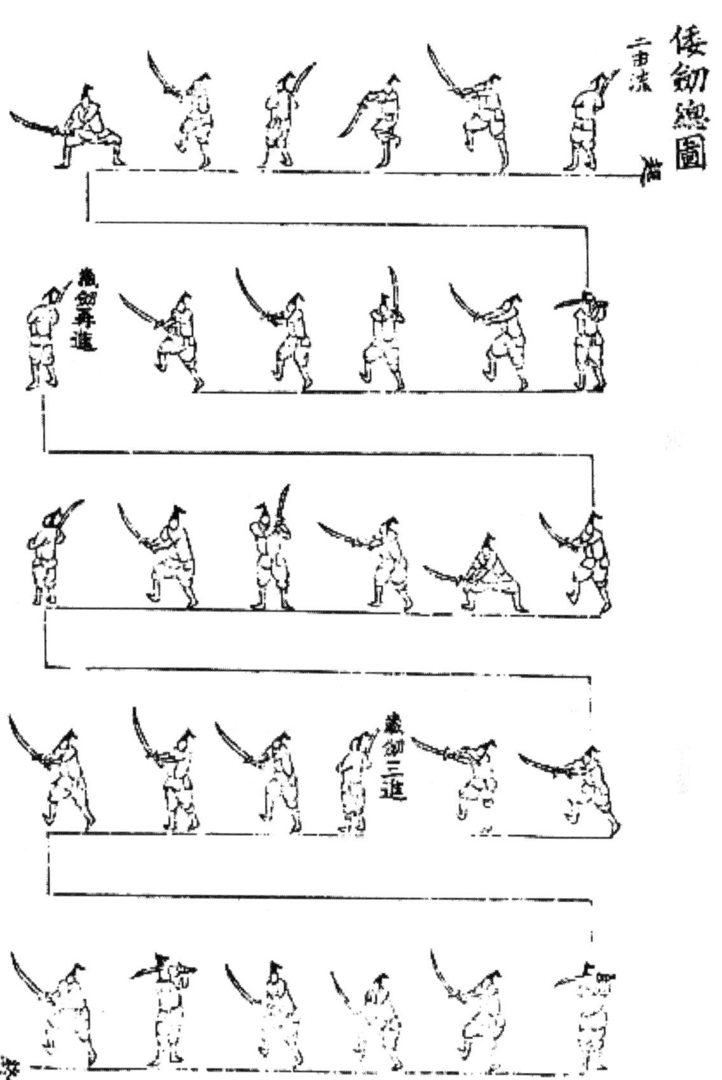
倭劍總圖
倭劍再進
倭劍三進

再叩
十六
進
退
十七
進
揮刀
十八
進
十九
退刺擊
進
二十
退
揮刀
二十一
退刺擊
二十二
進
退
二十三
進
揮刀
二十四
相撲
二十五

交戰總圖
起
開門
一
交劒
二
相藏
三
進
四
退
換立
五
截擊
六
換立
七
相藏
八
退
九
進
換立
十
截擊
十一
換立
十二
進
十三
再叩
進
十四
退
揮刀
十五

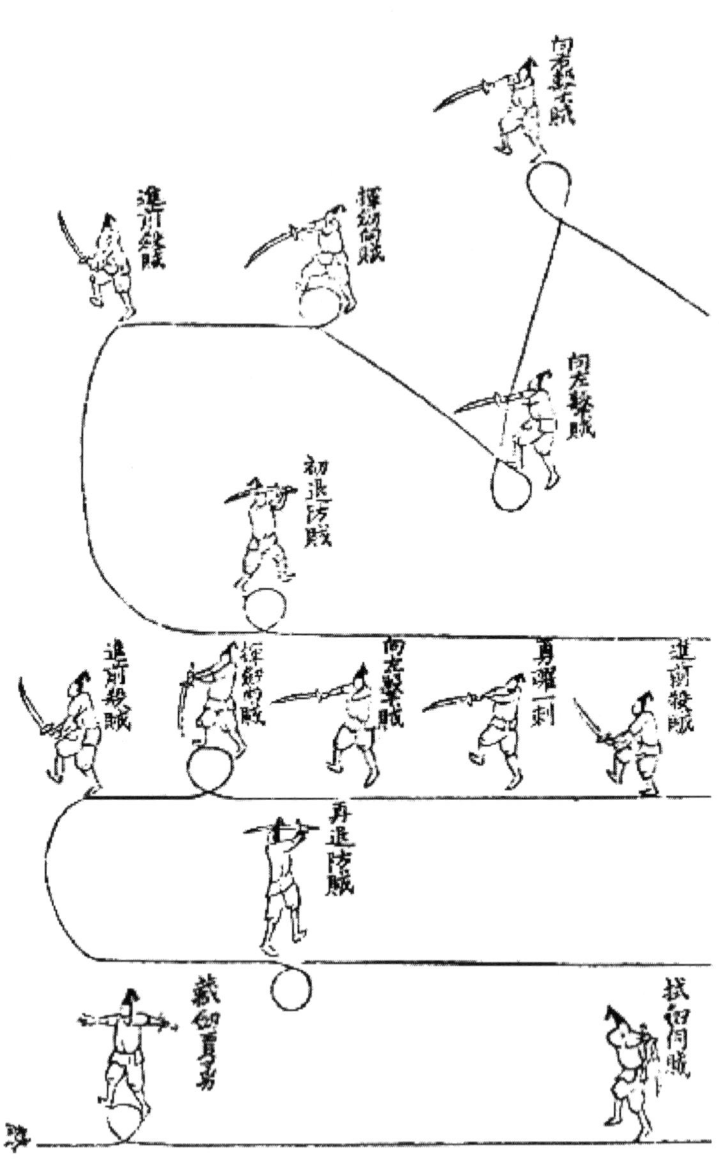
向右擊賊
進前殺賊
揮劍向賊
向左擊賊
初退防賊
進前殺賊
揮劍向賊
向左擊賊
勇躍一刺
進前殺賊
再退防賊
藏劍賈勇
拭劍伺賊

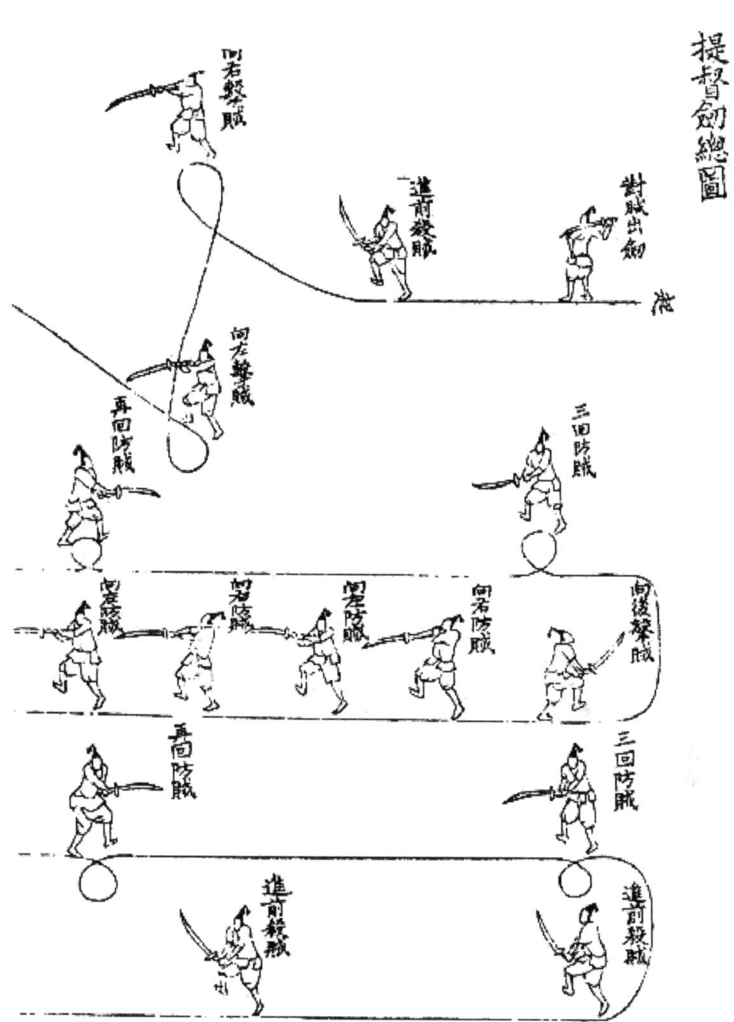
提督劍總圖
對賊出劍
進前殺賊
向右擊賊
向左擊賊
再回防賊
三回防賊
向後擊賊
三回防賊
再回防賊
進前殺賊
進前殺賊

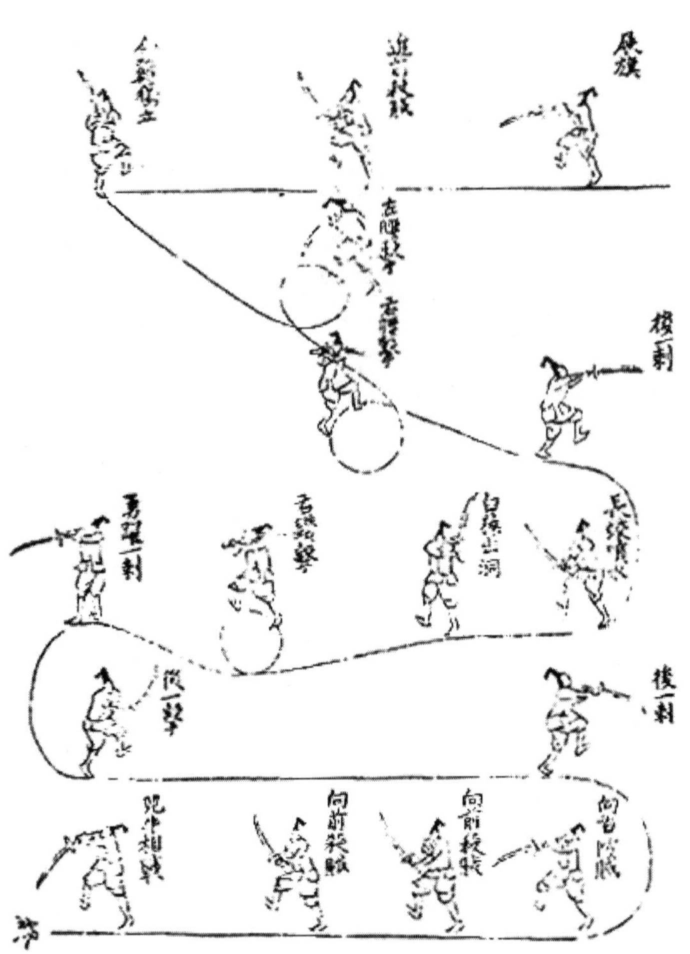
展旗
左腰擊
後一刺
白猿出洞
勇躍一刺
後一刺
向前殺賊
向前殺賊

本國劍總圖
持劍對賊
內掠
進前殺賊
後一擊
金雞獨立
進前殺賊
一刺
雁字
猛虎隱林
撥艸尋蛇
豹頭壓頂
朝天
左挾獸頭
後一擊
向右防賊

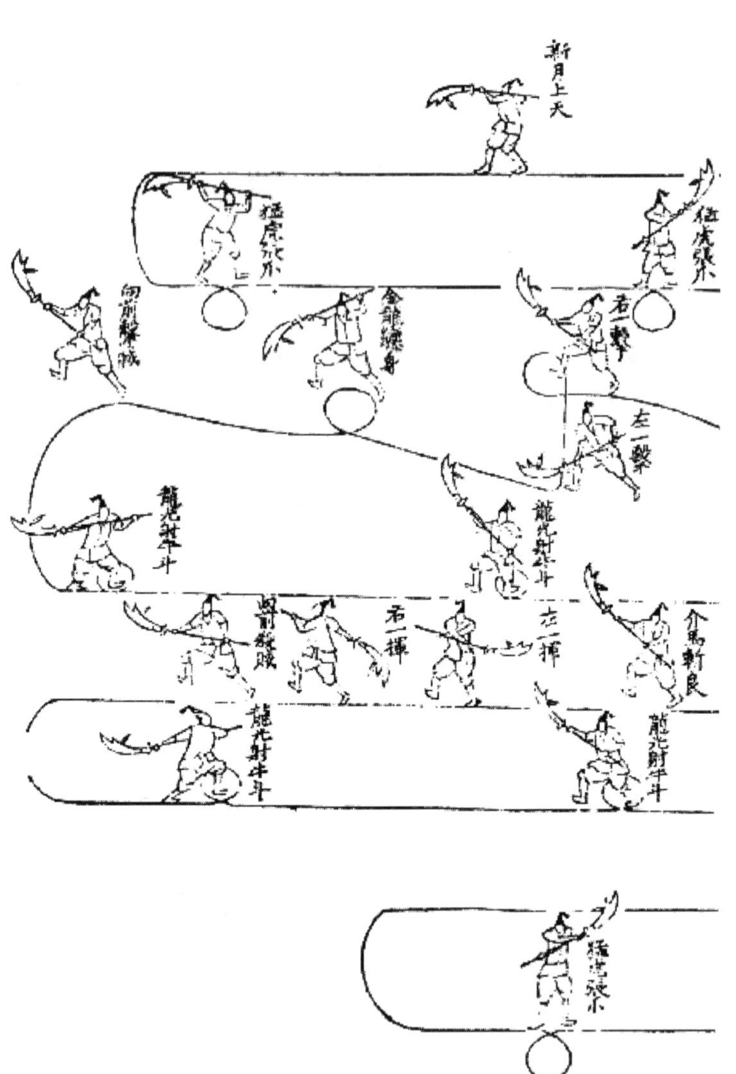

新月上天
猛虎張爪
猛虎張爪
右一擊
金龍纏身
向前擊賊
左一擊
龍光射牛斗
龍光射牛斗
介馬斬良
左一揮
右一揮
向前擊賊
龍光射牛斗
龍光射牛斗
猛虎張爪

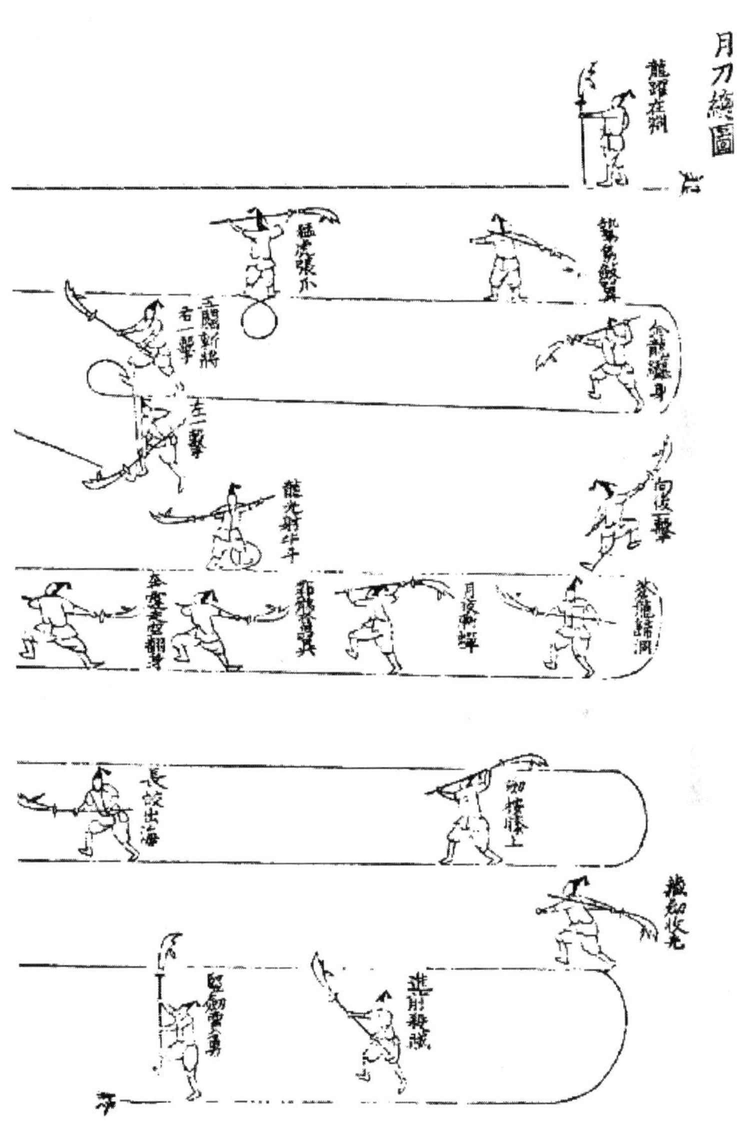
月刀總圖
龍躍在淵
猛虎張爪
右一擊
左一擊
向後一擊
長蛟出海
進前殺賊

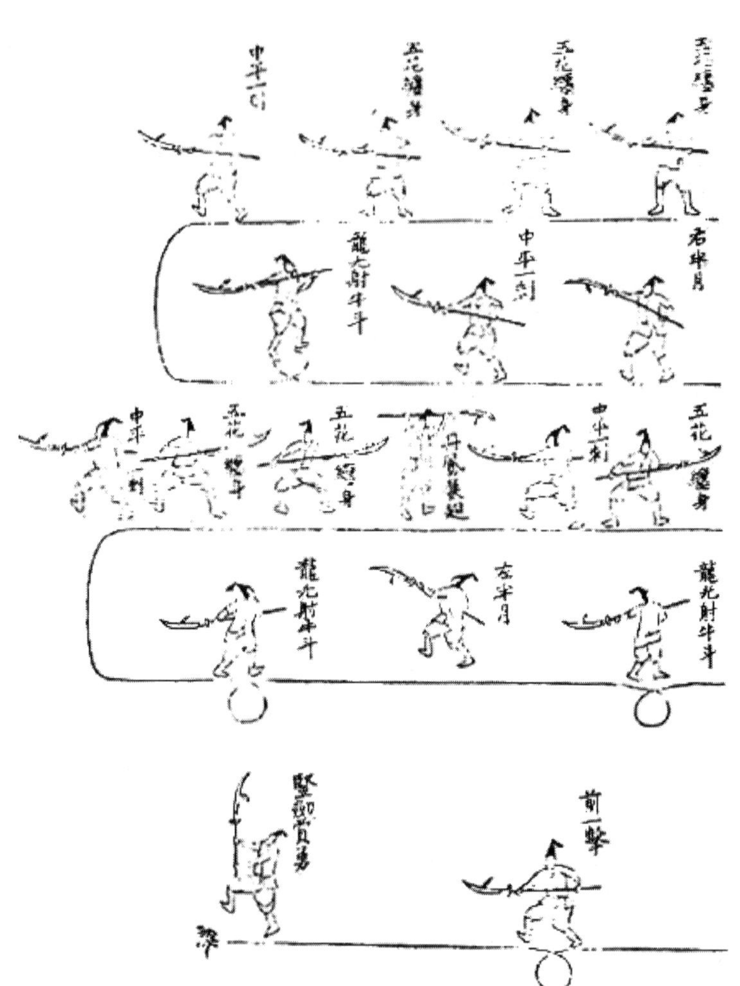
五花纏身
五花纏身
五花纏身
中平一刺
右半月
中平一刺
龍光射牛斗
五花纏身
中平一刺
五花纏身
五花纏身
中平一刺
龍光射牛斗
左半月
龍光射牛斗
前一擊

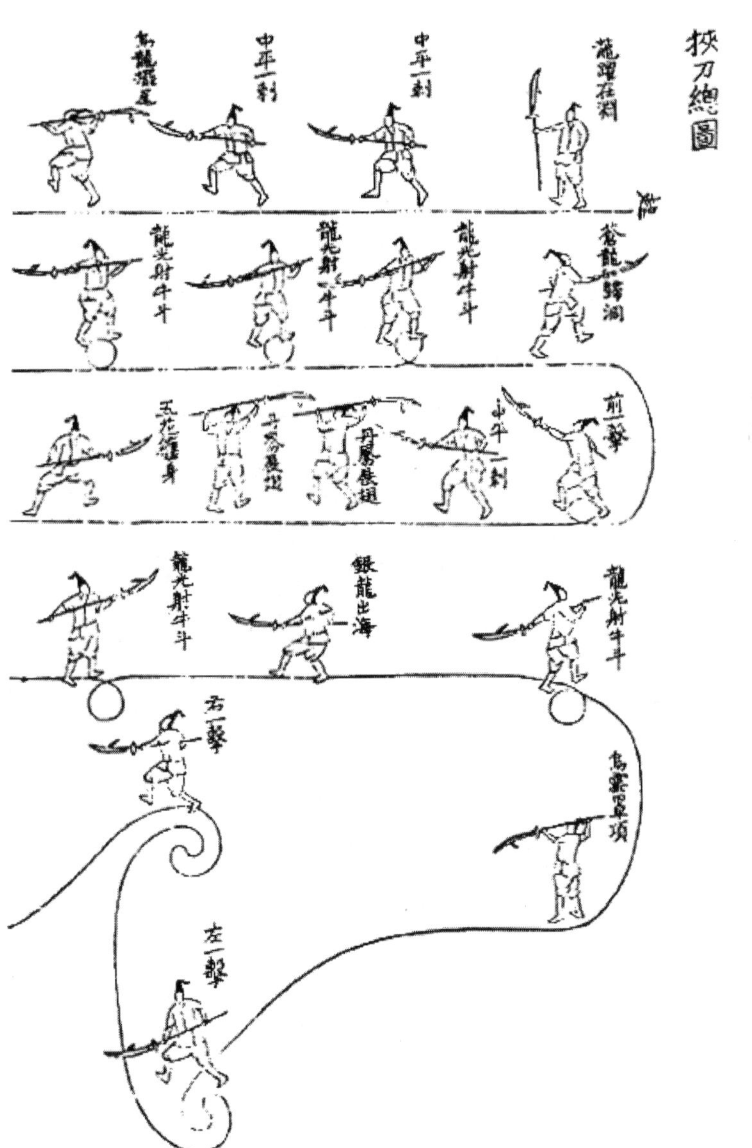
挾刀總圖
龍躍在淵
中平一刺
中平一刺
烏龍擺尾
蒼龍歸洞
龍光射牛斗
龍光射牛斗
龍光射牛斗
前一擊
中平一刺
丹鳳展翅
丹鳳展翅
五花纏身
龍光射牛斗
銀龍出海
龍光射牛斗
右一擊
烏雲罩頂
左一擊

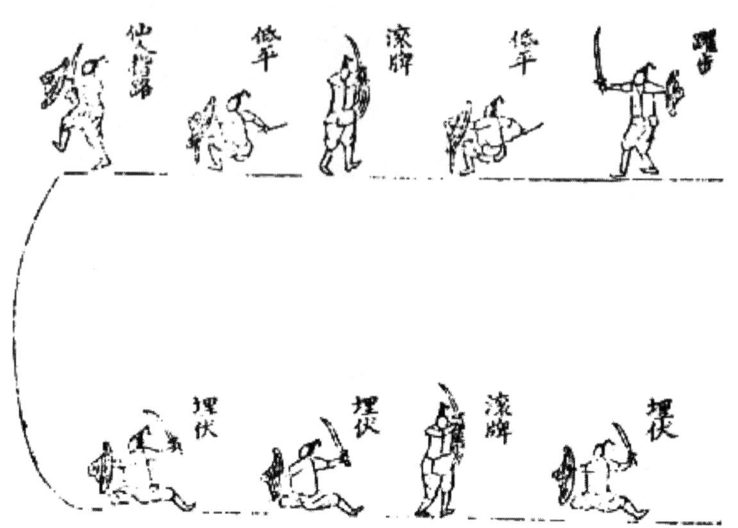

仙人指路
低平
滚牌
低平
埋伏
埋伏
滚牌
埋伏

藤牌總圖
起手
躍步
低平
金雞畔頭
低平

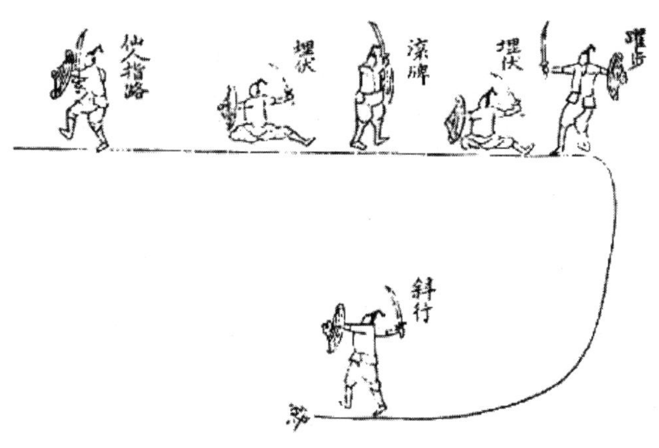
躍步
埋伏
滚牌
埋伏
仙人指路
斜行

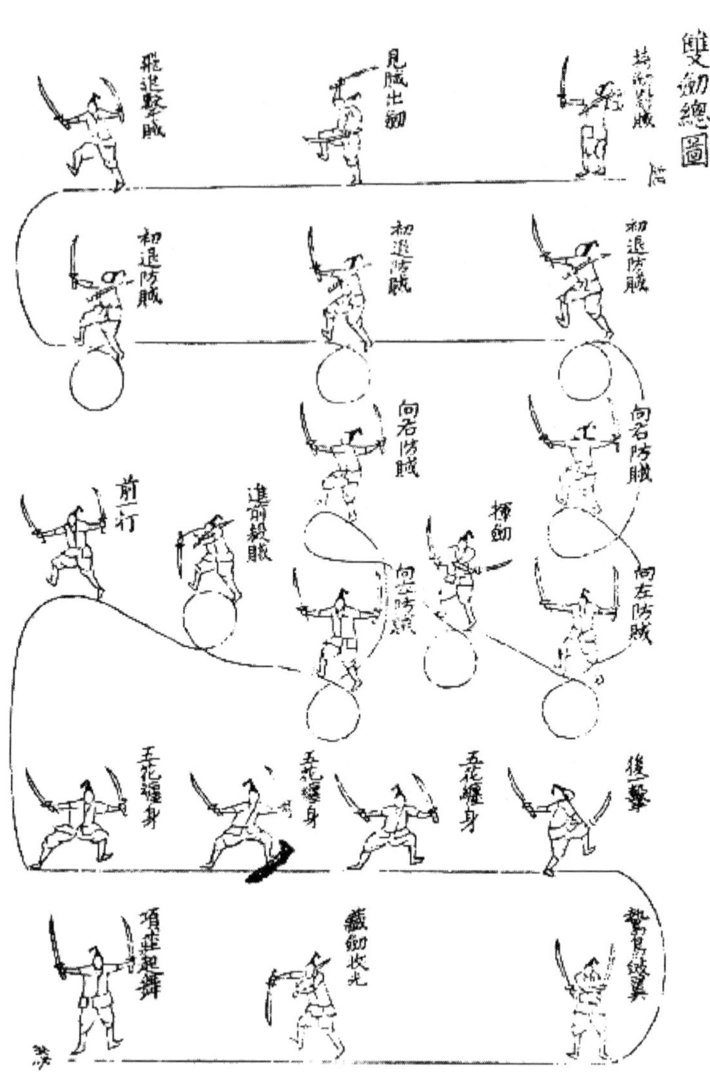
雙劍總圖
持劍對賊
始
見賊出劍
飛進擊賊
初退防賊
初退防賊
初退防賊
向右防賊
向右防賊
揮劍
向左防賊
向左防賊
進前殺賊
前一行
後一擊
五花纏身
五花纏身
五花纏身
鷙鳥斂翼
藏劍收光
項莊起舞
終

제3장

18세기 이후 도검무예 보급과 실태

| 왕세자두후평복진하도병(운검) |
고려대학교 박물관 소장

| 정조세자책봉의례도中운검 |
서울대학교 박물관 소장

1절

도검무예 관련 시취규정

1. 『대전통편』의 도검무예

조선의 무과는 문과와 함께 운영되기 시작하여 약 80여년의 정비 과정을 거쳐 1485년(성종 16)의 『경국대전』 반포로 그 제도적 확립을 보게 된다. 이후 무과는 임진왜란을 거치면서 시험 종류의 증가, 시취과목의 확대, 선발인원의 폭발적 증가 등 큰 변화를 겪게 되었다. 무과의 선발인원이 크게 증가함으로써 공상, 서얼, 천인 등의 불법적인 무과 응시를 비롯해 하층민들의 무과 진출이 활발해져 갔다. 이러한 무과의 변화는 18세기 영조대 『속대전』으로 정리된 후

『대전통편』을 거쳐 『대전회통』으로 최종 마무리된다.[1]

조선전기의 무과 실기는 『경국대전』을 중심으로 검토하면, 마군은 기사(騎射), 기창(騎槍), 격구(擊毬), 보군은 목전(木箭), 철전(鐵箭), 편전(片箭) 등으로 궁시와 창, 마상무예를 주로 실시하였다. 이처럼 조선전기의 무과 실기에서는 도검무예가 시험과목으로 채택되지 않고 시행되지 않았음을 알 수 있다. 그러나 조선후기에서는 임진왜란을 통한 도검무예가 조선에 수용되면서 전술과 무기의 변화와 함께 법전에서 무과의 실기로 채택하여 실시하는 변화가 보이는 것을 확인할 수 있다.

도검무예의 내용이 보이는 법전은 『속대전』부터 시작하여 『대전통편』과 『대전회통』까지이다. 이들 조선후기의 법전들은 무과의 시취 내용 중에서 관무재와 중일(中日)에 집중하여 도검무예가 채택되어 실시되고 있음을 기록으로 설명하고 있었다. 따라서 여기에서는 도검무예에 나오는 관무재와 중일에 집중하여 도검무예를 설명하고자 한다.

먼저, 조선후기 도검무예가 보이는 『속대전』에 새롭게 추가된 시취는 별시, 정시, 알성시, 중시, 외방별과, 관무재 등이다. 『대전통편』에서 새롭게 추가된 시취는 권무과(勸武科)이다. 이처럼 다양한 시취 종류가 생기면서 어떠한 시취과목을 선택했는지 전체적으로 살펴볼 필요가 있다. 이에 대한 내용은 〈표 3-1〉과 같다.

표 3-1 | 시취 종류 및 무예 내용

<table>
<tr><th colspan="2">試取 種類</th><th>경국대전
(經國大典)</th><th>속대전
(續大典)</th><th>대전통편
(大典通編)</th><th>개수</th></tr>
<tr><td colspan="2">식년시
式年試</td><td>목전, 철전, 편전,
기사, 기창, 격구</td><td>관혁, 유엽전, 조총,
편추</td><td></td><td>10</td></tr>
<tr><td colspan="2">도시
都試</td><td>목전, 철전, 편전,
기사, 기창, 격구</td><td>관혁, 유엽전, 조총,
편추</td><td></td><td>10</td></tr>
<tr><td colspan="2">별시
別試</td><td></td><td>목전, 철전, 유엽전,
편전, 기추, 관혁, 격구,
기창, 조총, 편추</td><td></td><td>10</td></tr>
<tr><td colspan="2">정시
庭試</td><td></td><td>목전, 철전, 유엽전,
편전, 기추, 관혁, 격구,
기창, 조총, 편추</td><td></td><td>10</td></tr>
<tr><td colspan="2">알성시
謁聖試</td><td></td><td>목전, 철전, 유엽전,
편전, 기추, 관혁, 격구,
기창, 조총, 편추</td><td></td><td>10</td></tr>
<tr><td colspan="2">중시
重試</td><td></td><td>목전, 철전, 유엽전,
편전, 기추, 관혁, 격구,
기창, 조총, 편추</td><td></td><td>10</td></tr>
<tr><td colspan="2">외방별과
外方別科</td><td></td><td>목전, 철전, 유엽전,
편전, 기추, 관혁, 격구,
기창, 조총, 편추</td><td>관무재 4기 선정 시험
별시재 2기 선정 시험</td><td>10</td></tr>
<tr><td rowspan="3">관무재
觀武才</td><td rowspan="2">초시
初試</td><td rowspan="2"></td><td rowspan="2">철전, 유엽전, 편전,
기추</td><td>기창교전, 편추,
마상언월도</td><td rowspan="2">28</td></tr>
<tr><td>조총, 유엽전, 편전,
용검, 쌍검, 제독검,
언월도, 왜검, 왜검교전,
본국검, 예도, 목장창,
기창, 당파, 낭선, 등패,
권법, 보편곤, 협도, 봉,
죽장창</td></tr>
<tr><td>복시
覆試</td><td></td><td></td><td>조총, 편추, 검(1선택),
창(1선택)</td><td>4</td></tr>
<tr><td colspan="2">권무과
勸武科</td><td></td><td></td><td>목전, 철전, 유엽전, 편전,
기추, 관혁, 격구, 기창,
조총, 편추</td><td>10</td></tr>
<tr><td colspan="2">총계</td><td>12</td><td>62</td><td>38</td><td>112</td></tr>
</table>

출저 : 이종일역, 『대전회통연구-병전편』, 시취, 1996

위의 〈표 3-1〉에서 제시한 내용을 통해 알 수 있는 것은 『경국대전』에서는 기본적인 무예 실기가 목전(木箭), 철전(鐵箭), 편전(片箭), 기사(騎射), 기창(騎槍), 격구(擊毬) 등 6기로 정해지지만, 『속대전』에 가면 다양한 시취 종류와 함께 무예 실기도 증가하게 된다. 식년시, 도시, 별시, 정시, 알성시, 중시, 외방별과까지 동일하게 관혁(貫革), 유엽전(柳葉箭), 조총(鳥銃), 편추(鞭芻) 등 4기가 추가되었음을 알 수 있다. 다만 외방별과의 경우 『대전통편』의 단계에 이르러서는 관무재는 4기를 선정하고, 별시재는 2기를 선정하여 취재하는 점이 있었다.

별시와 정시는 나라의 경사가 있을 때 시행하였다. 무예에 관한 실기는 11기를 국왕에게 보고하여 2기 또는 3기를 낙점 받아 실시하였다. 무예로는 목전, 철전, 편전, 기사, 관혁, 기창, 격구, 유엽전, 조총, 편추, 강서 등이었다.[2] 시행 지역은 한성이었다. 점수기준은 점수 혹은 적중 화살수로 뽑는 것은 초시와 복시가 동일하였다.

『대전통편』에서 추가된 기예조항은 철전 하나였다. 이 기예를 실시할 때 화살 하나가 표적에 미치지 못하면 3시(矢)가 적중하여도 모두 못쓰게 된다는 내용이다. 또한 알성시는 국왕이 문묘에 가서 작헌례(酌獻禮)를 올린 후에 시행하는 과거시험이다. 알성시의 초시와 복시의 모든 법 규정은 정시에 동일하지만, 시행 장소가 달랐다. 또한 선발인원도 한 곳이 아닌 두 장소에서 실시하여 각각 50인을 뽑았고, 전시에는 임금이 직접 임석하여 실시한다는 점이 차이가 있었다. 중시도 『속대전』에 새롭게 추가되었다.

중시는 10년에 1회 실시하는 것이 특징인 과거시험이다. 응시자격은 당하관으로부터 무과출신자이면서 관직이 없는 자까지 모두 가능하였다. 초시와 전시의 모든 법 규정은 정시와 동일하다. 합격자 정원수는 알성시와 동일하다. 『대전통편』에 추가된 기예는 철전 하나뿐이며, 별시, 정시, 알성시, 중시 모두에 공통으로 삽입되었다.

이외에 『대전통편』에서 새롭게 추가된 것이 권무과이다. 초시와 회시 없이 전시에 응시하는 것이 특징이다. 시험자격대상은 중앙 삼군문인 훈영(훈련도감), 금위영, 어영청의 권무군관(勸武軍官)이다. 무예시험은 별시와 동일하였다. 목전, 철전, 편전, 기사, 관혁, 기창, 격구, 유엽전, 조총, 편추, 강서 등 무예 11기를 국왕에게 올려서 2기 또는 3기를 낙점 받아서 실시하였다.

외방별과는 평안도, 함경도, 강화, 제주 등지의 지역을 대상으로 실시되는 특별 과거시험이었다. 무예는 11기를 국왕에게 올려서 기예를 낙점을 받아서 실시하였다. 『대전통편』에서 추가된 내용으로는 관무재에서 4기로서 취재시험을 보았고[3], 국왕의 특별시험인 별시재에서는 2기로서 취재시험을 보는 특징도 있었다.[4]

『대전통편』
서울대학교 규장각 소장

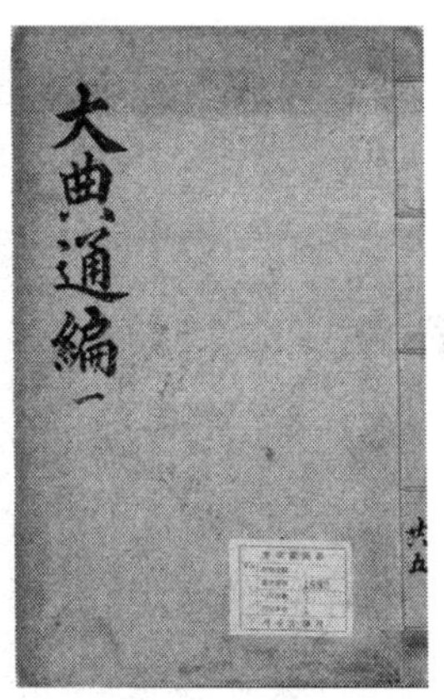

(奎 201) 6卷5冊 목판본, 37×23.6cm 김치인(金致仁) 등, 1785년 (정조 9)에 인쇄되어 반포된 법전

1) 관무재(觀武才)에 나타난 도검무예

관무재는 조선 전기부터 관사(觀射)의 형태로 출발한 군사들의 무예의 단련으로 시행되었다. 성종대를 거쳐 연산군 그리고 중종대에 이르러 관무재가 본격화되었다. 중종대부터는 관무재가 武科의 하나로서 발달하기 시작하였다. 특히 임진왜란 이후 오군영의 장설과 함께 조선후기의 관무재는 조선전기의 관무재를 이어 받아 군사들의 무예권장책으로써 시행하였다. 다만 조선 전기의 마군은 궁마를 위주로 기사(騎射), 이갑사(二甲射), 삼갑사(三甲射), 기창(騎槍), 이갑창(二甲槍), 삼갑창(三甲槍), 사모구(射毛毬), 격구(擊毬) 등의 마상무예가 실시되었고, 보군은 소혁(小革), 관혁(貫革), 원사(遠射) 등의 궁시가 주로 실시되었다.[5]

조선 후기의 마군은 기창교전, 편추, 마상언월도 등이 시행되었고, 보군은 조총, 유엽전, 편전, 용검, 쌍검, 제독검, 언월도, 왜검, 왜검교전, 본국검, 예도, 목장창, 기창, 당파, 낭선, 등패, 권법, 보편곤, 협도, 봉, 죽장창 등이 시행되었다.

이를 통해 알 수 있는 것은 조선전기의 관무재는 도검무예를 제외한 궁시, 창, 마상무예를 위주로 실시한 반면, 조선후기의 관무재는 기본적인 궁시, 창, 마상무예를 포함하여 조총, 용검, 쌍검, 제독검, 언월도, 왜검, 왜검교전, 본국검, 예도, 등패 등의 도검무예와 권법, 낭선, 당파, 보편곤, 봉 등의 단병무예가 추가되었다. 이는 군사전술의 변화와 군사들의 양성과도 연관성을 가지고 있다. 조선전기의 보군 무예들은 사수들이 사용하는 무기에 치중하였다면, 조선후기는 궁시를 위주로 하는 사수, 조총을 위주로 하는 포수, 도검과 단병을 위주로 하는 살수들의 양성에서 차이가 있었다고 볼 수 있다.

또한 관무재에 보이는 무예를 설명하면 다음과 같다. 기존에 추가된 관혁, 유엽전, 조총, 편추의 무예와는 달리 공통적으로 들어가 있는 유엽전을 뺀 관혁, 조총, 편추 대신에 철전, 편전, 기추의 무예로 변경한 차이가 있었다.

| 북새선은도 |
국립중앙박물관 소장

조선 중기
한시각이 그린 기록화. 1664년(현종 5)작
비단 바탕에 채색. 제자 62.5cm×55.5cm, 그림 338.0cm×56.7cm, 기록 327.0cm×56.7cm

길주목과 함흥부에서 실시된 함경남북도 별설 문무과 과거를 왕에 보고하기 위하여 그린 기록화로 두루마리의 형식에 크게 세 부분으로 나누어 그렸다.

관무재초시의 경우 『대전통편』에 가서는 마군과 보군의 무예를 서로 구별하여 지정한 특징이 있다. 마군은 기창교전, 편추, 마상언월도 등 3기를 지정하여 장교를 대상으로 실시하였다. 보군은 조총, 유엽전, 편전, 용검, 쌍검, 제독검, 언월도, 왜검, 왜검교전, 본국검, 예도, 목장창, 기창, 당파, 낭선, 등패, 권법, 보편곤, 협도, 봉, 죽장창 등 21기를 지정하였다. 도검무예를 포함한 다양한 무기의 단병무예들은 군사들을 포수, 사수, 살수의 체계적인 편제 안에서 군사들을 훈련시키고자 한 목적으로 보인다.

또한 포수의 조총, 사수의 유엽전, 편전에 비하여 살수의 용검, 쌍검, 제독검, 언월도, 왜검, 왜검교전, 본국검, 예도, 목장창, 기창, 당파, 낭선, 등패, 권법, 보편곤, 협도, 봉, 죽장창 등 18기의 내용이 많다는 점이다. 이는 포수와 사수의 양성보다는 아직까지 부족한 살수의 무예들을 적극적으로 훈련시키고자 하는 의도로 생각된다. 특히 살수의 18기 중에서 절반이상을 차지하는 도검무예에 주목할 필요가 있다.

다양한 단병무예 안에서 용검, 쌍검, 제독검, 언월도, 왜검, 왜검교전, 본국검, 예도, 협도, 등패 등 10기에 해당하는 도검무예를 선정한 이유는 무엇이며, 왜 도검무예들이 시험과목으로 선택되었는지 의문이 든다.

이는 조선 정부가 임진왜란 이후 조선에 수용된 조선, 명, 왜의 도검무예들을 군사들이 집단적으로 도검무예 전체를 모두 습득하기에는 많은 시간과 효율성에서 문제가 있다고 판단하여, 다양한 도검무예를 시험과목으로 선정하고, 그 중에서 군사들 본인이 스스로 도검무예를 1기에서 2기내외로 개인의 역량과 숙달도 그리고 전문성을 고려하여 선택하도록 유도하여 1인 1기의 전문가를 배출하고자 한 목적이 있다고 생각되어진다.

이후 군사 개인의 역량을 강화하여 전문가가 되었을 때 전체적으로 집단 군사훈련에서 각자의 역할이 분업화되고 실제적으로 효율성을 담보할 수 있는 상태를 요구한 것으로 보인다. 이를 위해 포상제도를 도입하여 군사들의 사기를 진작하고 군사훈련에 대한 동기부여를 줌으로써 개인의 역량을 극대화하는 방향에서 이루어진 것이라고 볼 수 있다.

또한 도검무예가 많이 선정된 이유는 군사들이 개인적으로 습득하기에는 창, 궁시보다는 근접전을 대비한 무기로서 도검이 실용적인 매력이 있었기에 군사들이 선호하는 배경이 되었을 것이며, 무엇보다도 도검의 실용성과 개인훈련에서 가장 효율성이 높은 도검의 연마를 통해 포상을 받을 수 있는 기회가 제공된다는 측면에서 도검무예를 원하는 군사들의 수효가 많았기에 도검무예가 다른 단병무예보다 많이 채택되었다고 생각된다. 따라서 다양한 단병무예 안에서 도검무예는 군사들이 선택할 수 있는 다양한 폭의 도검을 연마할 수 있는 기회를 제공했으며, 전문적인 살수양성을 위해 1인 1기의 전문적인 습득체계를 갖추었다고 볼 수 있다.

다음은 관무재의 시행내용을 살펴보면, 초시와 복시의 두 가지 형태로 실시되었다. 먼저 관무재초시는 무예 11기를 국왕에게 올려서

4기를 낙점 받아서 시행하였다. 응시자격과 기예는 오군문과 호위청의 군관, 유청군(有廳軍) 및 현직, 전직의 조관(朝官), 무과출신과 한량 등은 2기를, 오군문, 호위청의 부료군관(付料軍官), 서・북미부료군관(西・北未付料軍官), 북한수첩부료군관(北漢守堞付料軍官), 군기시의 별파진(別破陣) 등은 1기를 선택하였다. 특히 금군은 병조판서가 직접 시험보아서 뽑되, 기존의 4기에 편추와 기창교전을 추가하여 6기로서 무예를 실시하였다.

각 군문의 군졸은 해당 군영에서 조총 및 각 기예로 시험을 시행하였다. 『대전통편』에서 추가된 사항은 마군 및 장교는 기창교전, 편추, 마상언월도의 3기를 추가하였다. 보군은 조총, 유엽전, 편전, 용검, 쌍검, 제독검, 언월도, 왜검, 교전(왜검), 본국검, 예도, 목장창, 기창, 당파(삼지창), 낭선(창), 등패, 권법, 보편곤(철연가), 협도, 봉, 죽장창 등의 21기이었다. 이를 국왕에게 올려서 기수(技數)와 시수(矢數)를 낙점 받아서 실시하였다.[6] 특히 수어청과 총융청의 보군은 조총 1기만을 시험 보았다.

관무재복시는 문관 1명, 무관 2명을 참시관으로 선정하여 관무재초시에서 시행한 철전, 유엽전, 편전, 기추 등 4기를 시험 보았다. 지방에서는 의정(議政) 1명을 참시관으로 하여 조총과 편추 2기만을 시험하였다. 또한 국왕 좌우에 2품 시관 2명을 임명하여 검술과 창술 등의 살수 기예를 시험 보았다. 응시대상은 가선대부이상인 무관, 금군별장, 호위별장, 금군장, 오위장, 내승, 별군직, 병조의 당상군관, 오군문의 중군 이하 제장교, 선전관, 무겸선전관, 도총부의 낭청, 서북부료군관, 제주부료자제 등 이었다. 이들은 초시를 면제하고 복시 응시를 허용하여 4기를 갖추어 시험을 실시하였으며, 초시 합격자는 그 합격한 기예로만 복시를 시험하였다.

응시자의 합격 규정은 한량은 전시에 바로 응시하고 차석자에게는 상을 주었으며, 무과출신 이상이면, 유엽전 3시를 맞춘(三中)경우에 4점을 주어 수령 또는 변장에 임명하였다. 합격자 중 성적우등자는 加資(승진)하였고, 차석자는 상을 주었다. 다만 보군의 기예 중에서 편추 및 살수 기예로는 국왕의 특명으로 급제를 시켜주는(賜第)의 경우가 없는 것이 특징이었다.

2) 중일(中日)에 나타난 도검무예

中日[7]에서는 좀 더 시취를 세분하여 군관들이 시행한 무예에 관한 내용을 검토하고자 한다. 특히 살수들이 시행한 도검무예를 중점적으로 살펴보고자 한다. 『속대전』에 새롭게 신설된 병종은 선전관, 무겸선전관, 부장, 수문장, 금군, 호위군관, 충익위, 무예포수, 살수, 기대장, 숙위기사, 포수 등이다. 이에 대한 내용은 다음의 〈표 3-2〉에 자세하다.

〈표 3-2〉은 중일 시재에 관한 무예 내용을 정리한 내용이다. 여기에 나오는 내용은 『속대전』에 새로 신설된 군관들이다. 위에서 언급된 내용들을 중심으로 살펴보면, 선전관(宣傳官), 무겸선전관(武兼宣傳官), 부장(部將), 수문장(守門將), 금군(禁軍), 호위군관(扈衛軍官), 충익위(忠翊衛) 등은 유엽전 1기만을 시험 보았다. 그러나

『대전통편』에 가서는 유엽전 이외에 편전이 추가되었다. 무예포수(武藝砲手)와 포수(砲手)는 조총의 1기만을 시험 보았다. 기대장(旗大將)은 유엽전, 편전의 2기, 숙위기사(宿衛騎士)는 유엽전, 편전, 기추 등 3기를 시험 보았다. 여기서 주목할 점은 『속대전』부터는 유엽전이 모든 시험에 공통적으로 들어간다는 것이다.

표 3-2 | 중일 무예 내용

병 종	속 대 전	대전통편	개수
선전관	유엽전	유엽전, 편전	3
무겸선전관	유엽전	유엽전, 편전	3
부장	유엽전	유엽전, 편전	3
수문장	유엽전	유엽전, 편전	3
금군	유엽전	유엽전, 편전	3
호위군관	유엽전	유엽전, 편전	3
충익위	유엽전	유엽전, 편전	3
무예포수	조총		1
살수	검예(월도, 쌍검, 제독검, 평검, 권법 중 선택1)		1(5)
기대장	유엽전, 편전		2
숙위기사	유엽전, 편전, 기추		3
포수	조총		1
총계	15(5)	14	29(5)

출처 : 이종일역, 『대전회통연구-병전편』, 시취, 1996

『속대전』에서는 선전관, 무겸선전관, 부장, 수문장, 금군, 호위군관, 충익위가 새롭게 추가되었다.[8] 기본적으로 1기 만점자 한량은 전시로 바로 응시하고 무과출신은 논의하여 시상하였다. 『대전통편』에 추가된 것은 내중일(午, 卯), 외중일(子, 酉)에 유엽전과 편전 만점자는 관계를 올리고 한량은 전시에 바로 응시하는 것이다. 무예는 1기로서 유엽전 1순(巡)이다. 이외에 무예포수, 살수, 기대장, 숙위기사, 포수가 『속대전』에 추가되었다.

무예포수는 양인포수(良人砲手)인 경우 1차 3회 적중이면 1년 동안 겸사복 급료지급, 2차 3회는 본인 급료, 3차 3회면 바로 전시(殿試)에 응시하였다. 무예는 조총 1기 3방(放)이었다. 살수는 월등한 자에게 겸사복의 급료를 주었다. 무예는 1예를 시험하였다. 월도, 쌍검, 제독검, 평검, 권법 등의 단병무예 5기 중 1예를 선택하는 것이다. 기대장은 해당군문에서 중군이 시험하여 뽑으며 1기 만점자가 무과출신이면 관계를 올리고, 한량이면 전시에 바로 응시하였다. 무예는 유엽전 1순, 편전 1순 등 2기이었다. 숙위기사는 해당군문의 별장이 시험하여 뽑으며 1기 만점자가 기대장 경우와 동일하였다. 『대전통편』에서는 황해도 기사(騎士)를 혁파하여 본도에 배속시켰다.

금위영 기사는 감영에 부속, 어영청 기사는 병영에 부속 시켜서 매년 본도의 별무사(別武士) 도시(都試)에서 시험하여 시상하였으며, 무예는 유엽전 1순, 편전 1순, 기추 1차 등 3기이었다. 포수는 중군이 시험으로 뽑고 1기 만점자에 대한 처우는 기대장의 경우와 동일하다. 시험은 조총 3발을 쏜다는 것이다.

살수는 도검무예에 대한 내용을 시행하는 것으로 나타나 있다. 살수는 검예 1기만을 시험 보았으나, 도검무예 종류 중에서 선택을 할 수 있었다. 또한 살수들이 훈련하는 도검무예가 새롭게 나타난다는 점이다. 이는 도검무예가 체계적으로 시험과목에 채택되어 시험기준이 마련되어 정착되어 간다는 의미를 부여할 수 있다.

검예 안에는 월도, 쌍검, 제독검, 평검의 도검무예 4기와 맨손무예인 권법의 1기를 포함한 5기가 들어가 있다. 이 중에서 하나를 선택하는 조건은 있지만 그동안 궁시에 밀려 천시 받던 도검무예가 법전에 제도화 되어 나타난다는 점은 매우 흥미로운 사실이다. 결국 임진왜란을 겪으면서 근접전에서 가장 효율성이 높은 도검무예의 실상을 파악한 조선은 결국 도검무예의 검술을 수용하여 법전에 시험과목으로 선정하면서 도검무예를 정착시켜 나갔다고 볼 수 있다.

2. 『만기요람』의 도검무예

조선후기 오군영의 개괄적인 현황과 도검무예에 대하여 상세하게 기술하고 있는 서적이 바로 『만기요람』이다. 이 중에서도 필자가 주목하고 있는 도검무예에 대한 내용을 상세하게 정리하고 있는 것이 바로 「군정편」에 수록되어 있는 시예(試藝)이다.

『만기요람』의 구성은 크게 「재용편」과 「군정편」으로 되어 있다.

세부적으로 「재용편」은 6권 62절목, 「군정편」은 5권 23절목으로 분류하여 서술하고 있다. 18세기 후반부터 19세기 초에 이르는 조선후기의 재정과 군정에 관한 내용들이 집약되어 있는 것이 『만기요람』의 가장 큰 특징이다.

『만기요람』은 비교적 상세한 문답으로 정리되어 있다. 필자가 주목하는 것은 군사들의 무예에 대한 내용이다. 여기서 "월도십팔기"는 도검무예의 단병기와 무예의 수를 의미하며[9], 삼련법(三練法)은 포수, 살수, 사수 등의 삼수병제 군사훈련체계를 의미한다.[10] 따라서 군사들이 실제적으로 훈련하여 몸에 체득한 도검무예가 어떤 중앙군영에서 많이 보급되고 시행되었는지를 파악할 수 있다.

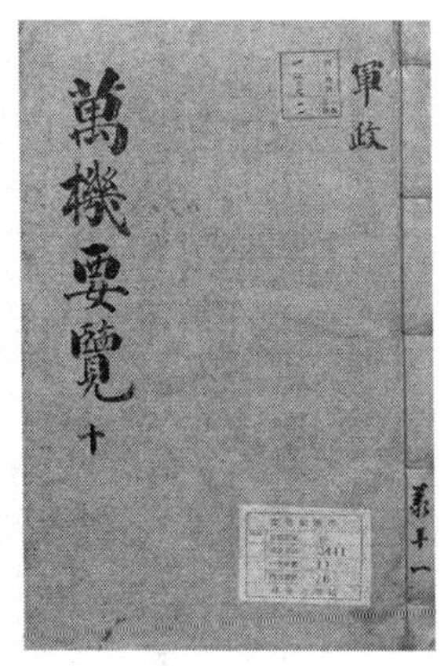

『만기요람』 서울대학교 규장각 소장

奎 6939-v1-10, 심상규, 서영보편, 필사본, 11권 10책, 1808년, 마이크로필름 (82-16-279-A)

조선후기 도성을 방어하는 오군영체제가 확립되었지만, 여기서는 도성외곽을 방어한 총융청과 수어청을 제외한 도성 내부를 방어한 훈련도감, 금위영, 어영청 등의 삼군문 군사들을 대상으로 분석하고 있다. 세부적인 분석·비교 대상은 삼군문의 시예 영역이다. 시예(試藝)는 정기적 또는 비정기적으로 군사들을 소집하여 무예시험을 진행하였는데, 이 과정에서 기량의 향상 여부를 단계적으로 점검할 수 있는 장점이 있었다. 그 밖에도 우수한 군사들에게 상을 하사하여 그들의 마음을 위로하는 위무의 역할도 담당하고 있었다.

조선후기 중앙군은 도성을 중심으로 훈련도감, 금위영, 어영청, 총융청, 수어청을 합하여 오군영으로 지칭한다. 도성 안에 대한 방어임무는 훈련도감, 금위영, 어영청 등의 삼군문이 담당하며, 도성 외곽인 북한산성과 남한산성의 방어임무는 총융청과 수어청이 맡고 있었다.

여기서는 오군영 중에서 삼군문에 해당하는 훈련도감, 금위영, 어영청을 대상으로 『만기요람』 「군정편」 '시예'의 도검무예와 관련된 시험규정을 구체적으로 살피고자 한다. 삼군문의 군사들이 도성의 방어임무를 수행하기 위하여 어떠한 시예규정으로 무슨 종류의 단병무예를 훈련했는지 점검할 필요가 있다.

『만기요람』 「군정편」 시예
한국고전번역원 원문이미지 중

○褒貶講、六臘月設行、殿
最以爲等第、
習陣於鷺梁、二三四八九十月一朔二次、
正五月一次、六七至臘月、停
大將有故、都提調行操、宮墻外
各處入直軍、始則除標信出用、 正宗戊戌、勿爲出
用、著爲式。○客使來往時、限松京停操、
[試藝]大比較、盖倣戚氏浙兵月六操鍊月中較藝之
制、故亦謂之中旬、設行於慕華館、

특히 필자는 삼군문의 여러 가지 유형의 시예 중에서 관무재와 중순을 선택하여 집중적으로 분석하고자 한다. 관무재와 중순은 왕이 직접 친림하여 실시하며, 시예 내용이 다른 시예와는 달리 도검무예를 중심으로 군사들의 무예를 점검한다는 특징이 있기 때문이다. 이러한 분석을 통해 당시 군사들이 시행한 도검무예의 실태 즉 더 나아가 도검무예를 좀 더 구체적으로 파악할 수 있다는 점에서 주목하였다.

표 3-3 | 삼군문 시예 유형

시예명	군 영	총 계
중순(中旬)	훈련도감, 금위영, 어영청	3
관무재(觀武才)	훈련도감, 금위영, 어영청	3
별시재(別試才)	훈련도감, 금위영	2
서총대시사(瑞蔥臺試射)	훈련도감, 금위영, 어영청	3
상시재(賞試才)	금위영, 어영청	2
기사도시(騎士都試)	금위영, 어영청	2
별시사(別試射)	어영청	1
총 계		16

출처 : 민족문화추진회, 『국역만기요람 68-군정편』, 삼군문 시예, 1982

먼저 '시예'의 종류는 군영별로 살폈을 때, 훈련도감은 중순, 관무재, 별시재, 서총대시사,[11] 금위영은 상시재, 기사도시, 중순, 관무재, 별시재, 서총대시사,[12] 어영청은 상시재, 기사도시, 중순,

관무재, 별시사, 서총대시사 등으로 구별된다.[13] 삼군문의 시예 유형을 정리하면 〈표3-3〉과 같다.

위에서 제시한 〈표 3-3〉를 통해 훈련도감, 금위영, 어영청 등이 공통으로 실시하는 시예로는 중순, 관무재, 서총대시사 등이었으며, 금위영, 어영청 또는 훈련도감, 금위영 등 두 개의 군영에서 실시한 시예로는 별시재, 상시재, 기사도시 등이 있음을 파악할 수 있다. 또한 개별군영인 어영청이 독자적으로 실시한 시예로는 별시사가 있음을 알 수 있다.

다음은 시예유형을 토대로 훈련도감, 금위영, 어영청 등이 공통으로 실시한 중순과 관무재의 도검무예 시예규정이 구체적으로 서술되어 있는 『만기요람』「군정편」의 내용을 가지고 훈련도감, 금위영, 어영청의 군사들이 실제로 어떠한 도검무예를 훈련하는지의 대한 실태를 파악해보고자 한다.

구체적인 내용을 파악하기 위하여 중순과 관무재 시예를 대상으로 무예에 관한 내용을 전체적으로 살펴볼 필요가 있다. 먼저, 중순에 대한 내용이다. 중순은 조선후기에 군사들에게 활쏘기 및 단병무예를 권장하고 습득시키기 위해 실시한 시험으로 그 기원은 명나라의 척계광이 절강성(浙江城)의 군사들을 대상으로 월 6회의 조련 및 달마다 기술을 시합하던 제도를 따른 것이었다.

중순은 용호영은 물론 훈련도감, 금위영, 어영청, 총융청, 수어청 등 중앙의 군영에서 실시하였다. 시험대상은 중군(中軍)이하 장관

(將官)・장교(將校)・군병(軍兵) 등 지위 고하를 막론하고 군영에 소속된 대부분의 사람들이었으며, 시험성적에 따라 상을 내렸다. 이 중순 시예는 군사들 간의 실력을 겨루는 시험이라기보다는 본인이 평상시 기량을 닦은 기예를 점검하며 그 성적에 따라 차등적으로 상을 지급하는 상시사(賞試射)와 유사하였다. 본인의 기량에 따라 상을 지급하는 기준인 '상하'에서 '상상'까지 도달하면 상을 받았다.[14]

다음은 훈련도감의 중순에 보이는 단병무예 시예규정에 대하여 초시를 기준으로 한 설명이다.[15] 병종은 마군과 보군으로 대별할 수 있다. 마군의 기본응시과목(元技)은 기추, 유엽전, 편전, 편추 등의 4기이었으며, 특별응시과목(別技)은 월도, 이화창, 쌍검, 마재, 쌍마재, 기창교전 등의 6기이었다.

보군의 기본응시과목(元技)은 조총, 유엽전, 검(등패, 낭선, 장창), 권법(곤방, 보편) 등의 4기이며, 특별응시과목(別技)은 왜검교전, 예도, 협도 등의 3기이었다. 위에서 언급한 단병무예 중에서 도검무예의 내용을 살펴보면 마군의 도검무예는 월도, 쌍검의 2기가 지정되었고, 보군은 검, 왜검교전, 예도, 협도 등의 4기가 지정되어 시행되었다. 이에 대한 전체적인 내용은 〈표 3-4〉와 같다.

표 3-4 | 훈련도감 중순 시예

<table>
<tr><th colspan="2">병 종</th><th colspan="2">기 예 명</th><th>수</th><th>유형</th></tr>
<tr><td rowspan="3">마군</td><td>유형</td><td>단병무예</td><td>도검무예</td><td rowspan="2">4</td><td rowspan="6">조시</td></tr>
<tr><td>원기</td><td>기추, 유엽전, 편전, 편추</td><td></td></tr>
<tr><td>별기</td><td>이화창, 마재, 쌍마재, 기창교전</td><td>월도, 쌍검</td><td>6</td></tr>
<tr><td rowspan="2">보군</td><td>원기</td><td>조총, 유엽전, 권법(봉, 보편)</td><td>검(등패, 낭선, 장창)</td><td>4(5)</td></tr>
<tr><td>별기</td><td></td><td>왜검교전, 예도, 협도</td><td>3</td></tr>
<tr><td colspan="4">총 계</td><td>17(5)</td></tr>
</table>

출처 : 민족문화추진회, 『국역만기요람 68-군정편』, 삼군문 시예 중순, 1982

위의 〈표 3-4〉에서 보면 훈련도감에서 실시한 단병무예와 도검무예의 기예를 전체적으로 파악하면 다음과 같다. 단병무예 시행에 대한 마군과 보군의 기예들을 살펴보면, 마군은 원기(元技)에서 기추, 유엽전, 편전, 편추, 별기(別技)에서는 이화창, 마재, 쌍마재, 기창교전 등 4기로 지정되어 있었다. 보군은 원기에서 조총, 유엽전, 권법(봉, 보편 포함)의 3기가 지정되었고, 별기에서는 보이지 않았다.

도검무예의 경우는 마군은 원기에서는 찾아 볼 수 없었고, 별기에서만 마상월도와 마상쌍검이 2기가 지정되었음을 알 수 있었다. 보군은 원기에서 검(등패, 낭선, 장창 포함) 1기, 별기에서 왜검교전, 예도, 협도의 3기가 지정되어 있었다. 여기서 주목할 점은 보군의 원기에 속한 검의 기예 안에 등패, 낭선, 장창 등이 함께 포함되어 있다는 것이다.

낭선과 장창을 제외한 등패는 요도(腰刀)를 함께 사용하는 기예로 도검무예라고 볼 수 있다. 이 기예들은 훈련도감의 포수, 사수, 살수 중에서 살수들을 기본적으로 훈련시키기 위하여 배려한 기예라고 할 수 있다.

이처럼 단병무예 안에서 도검무예가 마군과 보군에게 마상월도, 마상쌍검, 검, 등패, 왜검교전, 예도, 협도 등 7기이다. 이 도검무예들이 군사훈련의 필수와 선택과목으로 지정되어 시험을 보았다는 것은 실제로 군사들에게 체계적으로 도검무예가 지정되어 전수되었다는 것을 의미한다.

특히 보군의 별기인 왜검교전, 예도, 협도는 임진왜란을 기점으로 조선에 수용된 도검무예들이다. 왜검교전은 왜의 대표적인 도검무예이며, 예도는 명나라 모원의가 저술한 『무비지』에 '조선세법'이라는 용어로 소개된 조선의 도검무예이다. 협도는 1610년(광해군 2)에 편찬된 『무예제보번역속집』에 '협도곤' 이라는 명칭으로 나오는 도검무예이다.

또한 훈련도감에서 실시한 전체 기예를 대상으로 좀 더 부연 설명하면, 마군과 보군의 특별응시과목에까지 월도, 이화창, 쌍검, 마재, 쌍마재, 기창교전, 왜검교전, 예도, 협도 등 9기의 다양한 종류의 단병무예가 시험과목으로 선정되었음을 알 수 있다. 여기서 주목할 것은 이화창, 마재, 쌍마재, 기창교전을 제외한 월도, 쌍검, 왜검교전, 예도, 협도 등 5기의 다양한 형태의 도검무예가 시험과목으로 선정되었다는 점이다.

이를 통해 훈련도감의 군사들에게 단병무예 속에서 시예에 보이는 규정의 시험과목만이 아닌 시예를 통해 실제 다양한 도검무예가 단계적으로 보급될 수 있었다. 이 과정에서 군사들은 개인에게 적합한 도검무예를 전수받을 수 있었을 것이다.

도검무예의 훈련도감 응시자의 지원제한규정을 살펴보면, 월도는 각초(各哨)에 10명, 별무사(別武士)는 2명, 국출신(局出身)은 각국(各局)에 1명씩만 제한을 두었고, 이화창과 쌍검은 동일하게 각초에 5명, 별무사는 2명, 국출신은 각국에 1명씩 제한을 두었다. 반면에 단병무예의 마재, 쌍마재, 기창교전은 응시정원의 제한이 없어 군사들 누구나 지원이 가능하였다.

도검무예 실기시험 규정에 있어서 월도, 이화창, 쌍검은 서로 중복해서 응시를 못하였고, 또한, 왜검교전수도 예도와 협도를, 예도와 협도수가 왜검교전 기예를 중복해서 응시할 수 없었다. 이는 군사들이 여러 종류의 도검무예를 전체적으로 훈련하기보다는 한 가지의 도검무예 지식과 실기를 체계적으로 훈련하여 그 분야의 전문가가 될 수 있도록 배려를 한 제도규정이라고 볼 수 있다.

다음으로 관무재에 대한 내용이다. 관무재는 국왕이 친히 열병한 뒤에 당상관으로부터 그 아래의 군관 및 한량에게 실시하는 무과시험이다. 관무재에 보이는 단병무예 시예규정은 초시를 기준으로 보면 다음과 같이 개략적으로 설명할 수 있다. 훈련도감 마군의 기본 응시과목(元技)은 유엽전, 편전, 기추, 편추의 4기이며, 특별응시과목(別技)은 월도, 쌍검, 기창교전, 마상재 등의 4기이다. 보군의 기

표 3-5 | 삼군문 관무재 시예

군영	병종		기예명		수	유형
훈련도감	마군	유형	단병무예	도검무예	4	초시
		원기	유엽전, 편전, 기추, 편추			
		별기	기창교전, 마상재	월도, 쌍검	4(2)	
	보군	원기	조총, 권법	검예	3(1)	
		별기		왜검교전, 예도, 협도	3	
금위영	마군	원기	유엽전, 편전, 기추, 편추		4	
		별기	기창교전	월도, 쌍검	3(2)	
	보군	원기	조총		1	
		별기	기창, 낭선, 죽장창, 당파, 보편곤, 권법, 봉	왜검교전, 예도, 언월도, 제독검, 본국검, 협도, 등패,	14(7)	
어영청	마군	원기	유엽전, 편전, 기추, 편추		4	
		별기	철전, 기창교전		2	
	보군	원기	유엽전, 조총,	제독검, 언월도, 쌍검, 본국검, 용검	7(5)	
		별기	죽장창, 기창, 등패, 낭선, 목장창, 당파, 권법, 봉, 보편곤	예도, 협도, 왜검교전,	12(3)	
총계					49	

출처 : 민족문화추진회, 『국역만기요람 68-군정편』, 삼군문 시예 관무재, 1982

본응시과목(元技)은 조총, 검예, 권법 등 3기이며, 특별응시과목(別技)은 왜검교전, 예도, 협도의 3기이다.[16] 금위영 마군의 기본응시과목(元技)은 유엽전, 편전, 기추, 편추 등 훈련도감과 동일하며,

특별응시과목(別技)은 월도, 쌍검, 기창교전의 3기이었다.

보군의 기본응시과목(元技)은 조총 하나이었으며, 특별응시과목(別技)은 왜검교전, 예도, 언월도, 제독검, 본국검, 기창, 협도, 등패, 낭선, 죽장창, 당파, 보편곤, 권법, 곤방 등의 14기이었다.[17] 어영청 마군의 기본응시과목(元技)은 훈련도감과 금위영의 내용과 동일하며, 특별응시과목(別技)은 철전, 기창교전 등 2기이다.

보군의 기본응시과목(元技)은 유엽전, 조총, 제독검, 언월도, 쌍검, 본국검, 용검 등의 7기이며, 특별응시과목(別技)은 죽장창, 기창, 등패, 낭선, 목장창, 당파, 예도, 협도, 왜검교전, 권법, 곤방, 보편곤 등 12기였다.[18] 전체적인 내용을 정리하면 〈표 3-5〉에 자세하다.

위의 〈표 3-5〉 내용을 통해 훈련도감, 금위영, 어영청에서 실시한 단병무예와 도검무예의 내용을 전체적으로 파악하였다. 단병무예를 기준으로 삼군영에 대한 내용을 검토하면, 훈련도감 마군 원기는 유엽전, 편전, 기추, 편추 4기, 별기는 기창교전, 마상재 2기로 지정되었다.

보군은 원기 조총, 권법 2기이며, 별기는 보이지 않았다. 금위영 마군 원기는 유엽전, 편전, 기추, 편추 4기, 별기는 기창교전 1기로 지정되었다. 보군의 경우는 원기가 조총 1기, 별기가 기창, 낭선, 죽장창, 당파, 보편곤(步鞭棍), 권법, 봉 등의 7기로 지정되었다.

어영청 마군은 원기가 유엽전, 편전, 기추, 편추 4기, 별기가 철전, 기창교전 2기로 지정되었다. 보군은 원기가 유엽전, 조총 2기, 별기가 죽장창, 기창, 등패, 낭선, 목장창, 당파, 권법, 봉, 보편곤 등 9기가 지정되었다. 위의 사실을 통해 알 수 있는 것은 단병무예의 군사훈련은 훈련도감, 금위영, 어영청 중에서 어영청 군사들이 다양한 종류의 단병무예가 시험으로 지정되었다는 점이다. 실제적으로 군사들이 단병무예 훈련을 선택하는 범위도 넓었을 것으로 생각된다.

도검무예를 기준으로 삼군영의 내용을 검토하면, 훈련도감 마군은 원기에는 보이지 않으며, 별기에만 마상쌍검, 마상월도 2기가 보인다. 보군의 원기는 검예 1기, 별기는 왜검교전, 예도, 협도의 3기로 지정되었다.

금위영 마군과 보군의 원기는 보이지 않으며, 마군은 별기에서 마상쌍검, 마상월도 2기, 보군의 별기는 왜검교전, 예도, 언월도, 제독검, 본국검, 협도, 등패 등 7기로 구성되었다. 어영청은 마군의 원기와 별기에는 전혀 보이지 않으며, 보군의 원기에 제독검, 언월도, 쌍검, 본국검, 용검 등 5기, 별기에 예도, 협도, 왜검교전 3기로 지정되어 있었다.

이중에서 훈련도감, 금위영, 어영청 등 삼군문에 도검무예가 공통으로 편성되어 있는 기예로는 왜검교전, 예도, 협도 등 3기이었다. 다만, 시예 규정에서 보군은 왜검교전과 예도 그리고 협도는 중복하여 시험을 실시하지 않음을 제시하고 있다. 이는 중순의 시예규정에서도 동일하게 적용했는데 조선의 군영에서 전문적인 살수를 양성하는 목적을 가진 도검무예의 특징이라고 볼 수 있다.

삼군문에서 실시한 전체 기예를 대상으로 좀 더 부연 설명하면,

다만 특별응시과목(別技)에 있어서 여러 가지 도검무예를 포함한 단병무예의 기예로 편성되었다. 무예의 명칭으로는 월도, 쌍검, 기창교전, 마상재, 철전 등의 5기이었다. 이 무예들을 전체적으로 분류하면, 훈련도감과 금위영에 공통적으로 편성된 기예는 월도, 쌍검, 기창교전의 3기이며, 훈련도감의 마상재와 어영청의 철전은 군영에 개별적으로 선정된 무예들이었다.

『영조정순왕후 가례도감의궤(英祖貞純王后嘉禮都監儀軌)』 서울대학교 규장각 소장, 조선 1759(영조 35), 2책, 필사본, 32.8cm×45.9cm

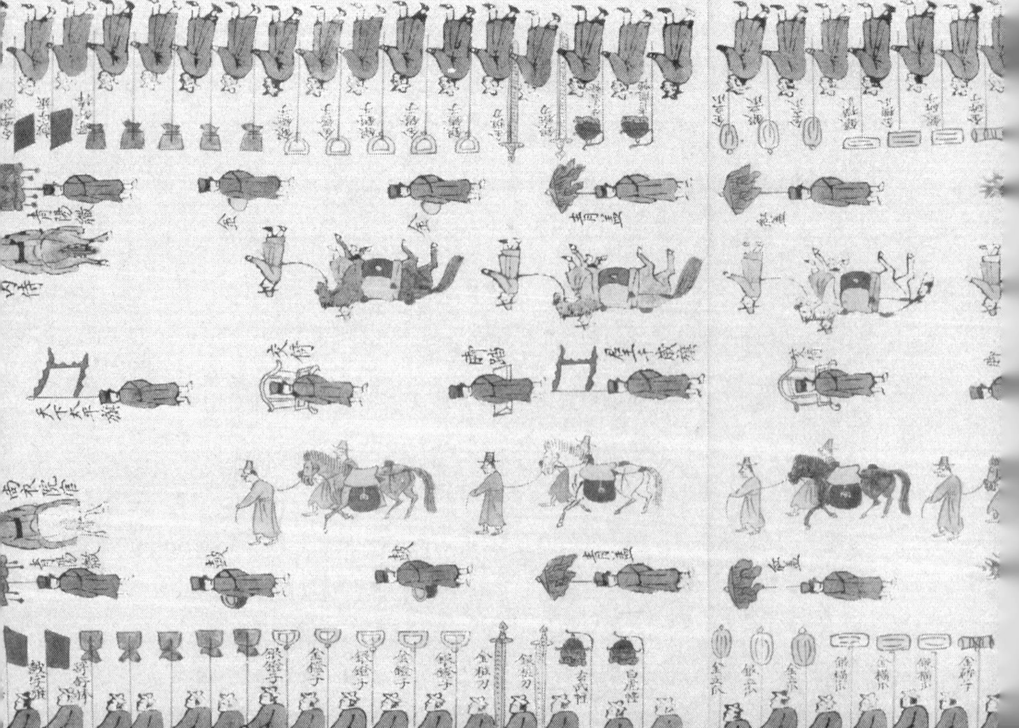

보군의 기본응시과목(元技)은 조총, 검예, 권법, 유엽전, 제독검, 언월도, 쌍검, 본국검, 용검 등의 9기이다. 이 무예들 가운데 조총이 유일하게 훈련도감, 금위영, 어영청에 공통으로 편성되었다. 이는 삼군문에서 동일하게 포수의 기예를 점검하기 위해 실시한 것으로 생각된다. 또 유엽전은 어영청에서 포수, 사수 살수의 무예를 전체적으로 균등하게 실시하기 위해 선정한 것으로 보인다.

이 반차도는 규장각에 소장된 『영조정순왕후 가례도감의궤』의 말미에 그려진 것으로, 왕이 별궁에 친히 납시어 왕비를 모셔오는 의식인 친영(親迎) 장면에 해당한다.

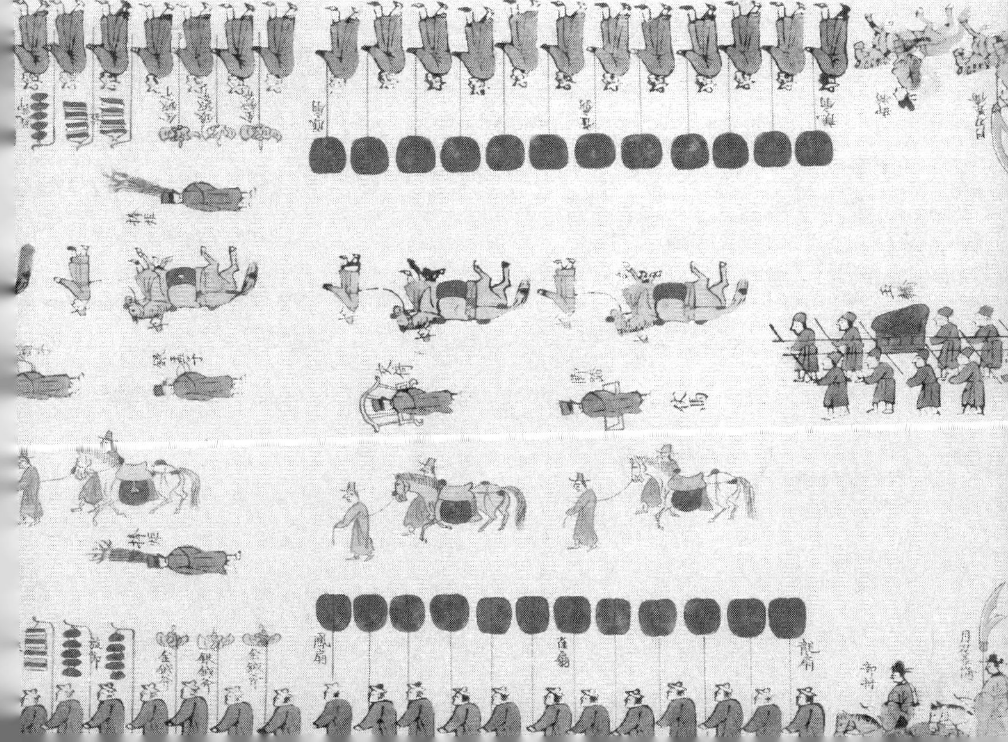

이외에 검예, 권법, 제독검, 언월도, 쌍검, 본국검, 용검의 7기는 모두 도검무예이다. 훈련도감에서 실시한 검예와 권법은 중순 시예의 보군 기본응시과목(元技)에서도 검(등패, 낭선, 장창 포함)과 권법(곤방, 보편 포함)으로 동일하게 편성되어 있었다. 여기서 검예와 권법은 외형상으로 『무예도보통지』의 범례에서 창(槍), 도(刀), 권(拳)으로 분류한 것을 기준으로 구분하였지만, 실제적으로 등패, 낭선, 장창, 곤방, 보편 등은 근접전에서 활용되는 단병무예라는 공통점이 있었다. 따라서 검과 권법으로 분류했지만 실제로는 동일한 무예라고 볼 수 있다.[19]

보군의 특별응시과목(別技)을 나열하면, 왜검교전, 예도, 협도, 언월도, 제독검, 본국검, 기창, 등패, 낭선, 죽장창, 당파, 보편곤, 권법, 곤방, 목장창의 15기였다. 도검무예를 포함하여 이 기예들은 모두 단병무예들이다.

목장창을 제외한 왜검교전, 예도, 협도, 언월도, 제독검, 본국검, 기창, 등패, 낭선, 죽장창, 당파, 보편곤, 권법, 곤방 등의 무예는 정조대에 완성된 『무예도보통지』에 실제 무기의 형태와 사용법 그리고 실전자세와 기법 등이 기재된 무예들이다.[20]

도검무예를 포함한 다양한 단병무예의 이론서가 실질적으로 군영에서 시취과목으로 활용되고 군사들에게 보급되면서 군사들이 평상시의 개인기량을 평가하여 자신의 무예실력을 향상시키는 동시에 우수한 군사들에게는 상전을 베풀었다는 점이 주목할 만하다.

조선후기 다양한 시예 중에서 중순과 관무재의 도검무예 시예 현황을 검토함으로써 조선후기 군영에서 도검무예가 갖는 구체적인 실상을 조금이나마 파악할 수 있었다. 나아가 18세기 단병무예를 포함한 도검무예의 보급경로에 대한 실마리를 찾을 수 있었다.

특히 『만기요람』에 나오는 시예 즉, 군사들의 개인무예 점검을 위한 실력테스트의 내용을 분석함으로써 도검무예가 어떻게 군사들에게 보급되고 무슨 무예에 응시할 수 있었는지, 응시지원 혹은 제한규정은 어떠했는지 그리고 어떠한 종류의 도검무예와 단병무예가 있었는지를 상세하게 파악할 수 있었다.

2절

도검무에 관련 군영등록

1. 『어영청중순등록』의 도검무예

『어영청중순등록』은 2책으로 현재 한국학중앙연구원 장서각에 소장 되어있다. 1747년(영조 23)부터 1867년(고종 4)까지 어영청에서 실시한 중순 실시에 관한 내용을 담은 기록이다. 주요 내용은 중순 시험의 준비 사항 및 결과, 합격자의 명단 및 성적, 상품과 그 수량 등을 년월일별로 수록하였다.

1책에는 1747・1751・1754・1755・1756・1758・1761・1765・1768・1771・1774・1779・1788・1795・1799・1803・1807・1812・1816년의 중순시험 19회, 2책에는 1820・1829년・1835・1839・1843・1847・1852・1858・1867년의 중순시험 9회가 실려 있다.

중순은 조선후기에 군사들에게 활쏘기 및 도검무예를 권장, 습득시키기 위해 실시한 시험으로 그 기원은 명나라의 척계광이 절강성의 군사들을 대상으로 월 6회의 조련과 매달 기술을 시합하던 제도를 따른 것이다. 중순은 용호영은 물론 훈련도감·어영청·금위영·총융청·수어청 등 중앙의 군문에서 실시했으며 지방군은 제외되었다.[21] 시험 대상은 중군 이하 장관·장교·군병 등 지위 고하를 막론하고 군영에 소속된 대부분의 사람들이었으며, 시험 성적에 따라 상을 내렸다.

조선에서 중순의 운영은 군영마다 조금씩 달랐다. 『만기요람』 용호영에는 중순이 상시사(賞試射)라고 되어있고, 용호영을 제외한 다른 군영은 '시예'안에 중순을 포함시켜 운영하였다. 하지만 상시사와 다르게 운영한 군영도 그 성격을 들여다보면 서로 실력을 겨루는 시험이라기보다는 본인이 평상시 기량을 닦은 기예를 테스트하여 그 성적에 따라 차등적으로 상을 지급하고 있어 상시사와 유사하였다. 본인의 기량에 따라 '상하'에서 '상상'까지 상을 지급하는 기준에 도달하면 상을 받았다고 볼 수 있다.[22]

또한 『어영청중순등록』에는 어영청의 마군과 보군들이 중순에서 시행한 다양한 무예의 명칭들이 보인다. 예를 들면, 도검무예로는 평검, 용검, 예도, 왜검, 왜도, 왜검교전, 제독검, 본국검, 신검, 쌍검, 월도, 언월도, 협도, 등패, 마상월도, 마상쌍검 등이며, 단병무예로는 단창, 장창, 죽장창, 기창(旗槍), 당파, 낭선, 권법, 곤방, 보편곤, 기창교전(騎槍交戰) 등의 명칭이 나오고 있다.

이처럼 다양한 무예의 명칭들이 나온다는 것은 어영청의 중순이 상시재로 운영 되는 점에 있었다. 상시재는 군영에서 군사들을 격려하기 위해 평상시 연마한 무예를 시험보아 합격 기준에 부합되는 군사들에게 모두 상을 내리는 제도였다. 그러므로 상시재에서 합격자 인원이 집중된 무예일수록 보다 많은 사람들이 그 무예를 선호했거나 다른 무예에 비해 접근성이 용이했다는 점, 그리고 군영에서 권장한 무예일 수도 있다는 점이다. 각 기예의 특성과 난이도가 고려되어야 하지만 상을 받은 인원을 통해 최소한 어떤 무예가 군사들에게 더 많이 보급되었는지를 파악해 볼 수 있다.

따라서 필자는 『어영청중순등록』에 나오는 군사들의 도검무예와 포상내역을 좀 더 면밀하게 살펴보기 위하여 영조대, 정조대, 순조대의 세 시기 왕대별로 구분하여 그 안에서 이루어진 군사들의 도검무예와 포상내역을 검토하기로 한다.

1) 영조대 나타난 도검무예

『어영청중순등록』에는 상시재(賞試才)와 관련하여 장교와 군병들이 시행한 각 무예별로 어떻게 포상이 이루어졌는지가 자세하게 나와 있다. 따라서 장교와 군병들이 받은 포상내역을 왕대별로 구분하여 검토해 보기로 한다. 먼저 영조시기를 중심으로 그 내용을 정리하였다. 영조시기에는 총10회에 걸쳐서 상시재에 기록이 나오고 있다. 이에 대한 내용을 중심으로 장교와 군병들의 무예를 추적하고자 한다. 이에 대한 내용은 〈표 3-6〉에 자세하다.

표 3-6 | 영조대 상시재 무예 내용

연도 \ 직임	제장교 무예 종류	제장교 소계	군병 무예 종류: 단병무예	군병 무예 종류: 도검무예	군병 무예 종류: 기타	군병 소계
1751 (영조 27)	유엽전, 편전, 기추, 편추	4	단창, 장쟁, 낭선, 편곤, 권법, 곤봉	평검, 제독검, 쌍검, 월도, 협도, 등패, 예도, 왜검교전	유엽전, 편전, 조총	17
			6	8	3	
1754 (영조 30)	유엽전, 편전, 기추, 편추	4	당파, 단창, 장창, 낭선, 편곤, 권법, 곤방	평검, 제독검, 쌍검, 월도, 협도, 등패, 예도, 왜검교전	유엽전, 편전, 조총, 화포	19
			7	8	4	
1755 (영조 31)	유엽전, 편전, 기추, 편추	4	당파, 단창, 장창, 낭선, 편곤, 권법, 곤방	평검, 제독검, 쌍검, 월도, 협도, 등패, 예도, 왜검, 왜검교전	유엽전, 편전, 조총, 대포	20
			7	9	4	
1756년 (영조 32)	유엽전, 편전, 기추, 편추, 마상월도, 마상쌍검	6	당파	용검, 왜검	조총	4
			1	2	1	
1758년 (영조 34)	유엽전, 편전, 기추	3	창, 곤	용검	유엽전, 편전, 조총	6
			2	1	3	
1761년 (영조 37)	유엽전, 편전, 기추	3	창, 곤, 권법	용검	유엽전, 편전, 조총	7
			3	1	3	
1765년 (영조 41)	유엽전, 편전, 기추, 마상쌍검, 마상월도	5	편곤	용검, 왜검교전, 왜검, 왜도		5
			1	4	0	
1768년 (영조 44)			당파, 창, 곤, 권법	용검	조총	6
			4	1	1	
1771년 (영조 47)	유엽전, 편전, 기추, 편곤, 마상별기	5		용검	조총	2
			0	1	1	
1774년 (영조 50)	유엽전, 편전, 철전, 기창교전, 마상월도, 마상쌍검	6	당파, 창, 곤, 권법	용검	유엽전, 편전, 화포, 조총,	9
			4	1	4	
총계		44				95

출처 : 장서각 소장, 『어영청중순등록』 권1〈2-3359〉

위의 〈표 3-6〉은 『어영청중순등록』 권1에 실려 있는 1751년(영조 27)년부터 1774년(영조 50)까지의 영조대 중순상시재(中旬賞試才) 내용을 제장교(諸將校)와 군병이 시행한 무예를 정리한 것이다. 이와 관련된 내용들을 연도별로 도검무예 과목과 포상내역으로 살펴보면 다음과 같다.

① 1751년(영조 27)부터 시행한 제장교 무예는 유엽전, 편전, 기추, 편추 등 4기였다. 군병은 경표하군(京標下軍)을 대상으로 사포급용검각기예(射砲及用劍各技藝)로 실시하였다. 射砲는 사수와 포수가 시행한 무예로서 유엽전, 편전, 조총 등의 3기였다.[23]

용검각기예에서는 도검무예와 단병무예를 주로 실시하였다. 도검무예로는 평검, 제독검, 쌍검, 월도, 협도, 등패, 예도, 왜검교전 등 8기가 실시되었고, 단병무예의 경우는 단창, 장창, 낭선, 편곤, 권법, 곤방 등 6기가 시행되었다. 이외에 이론으로 능마아(能麽兒)[24]를 실시하였다.

『어영청중순등록』

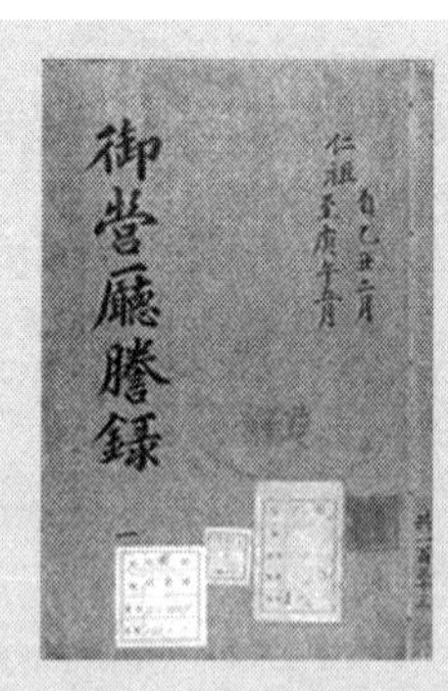

『어영청등록』

『어영청중순등록』 마이크로필름(K2-3359) 필사본, 1747년(영조 23)-1846년(고종 4)
『어영청등록』 마이크로필름(MF35-569-585) 필사본, 1625년(인조 3)-1884(고종 21)
한국학중앙연구원 장서각 소장

이어서 1751년(영조 27)에 시행된 군사들의 도검무예에 대한 세부 인원과 포상내역이다. 보군의 도검무예는 평검, 제독검, 쌍검, 월도, 협도, 등패, 예도, 왜검교전 등 8기가 실시되었다.

평검은 총156명에 목3동10필을 지급받았다. '상중'은 4명으로 각자 목2필씩 목8필을 지급받았고, '상하'는 152명으로 각자 목1필씩 목3동2필을 지급받았다. 제독검은 '상하'로 152명이 목1필씩 총3동 2필을 지급받았다.[25]

쌍검은 총15명으로 목19필을 지급받았다. '상중'은 4명으로 각자 목2필씩 목8필을 지급받았고, '상하'는 11명으로 각자 목1필씩 목11필을 지급받았다. 월도는 총18명으로 목25필을 지급받았다. '상상'이 1명으로 목3필을 지급받았다. '상중'은 5명으로 각자 목2필씩 목10필을 지급받았고, '상하'는 12명으로 각자 목1필씩 목12필을 지급받았다.[26]

협도는 총12명으로 목19필을 지급받았다. '상중'은 7명으로 각자 목2필씩 14필을 지급받았고, '상하'는 5명으로 각자 목1필씩 목5필을 지급받았다. 등패는 '상하'로 3명이 각자 목1필씩 3필을 지급받았다. 예도는 총5명이 목6필을 지급받았다. '상중'은 1명으로 목2필을 지급받았고, '상하'는 4명으로 각자 목1필씩 4필을 지급받았다. 왜검교전은 '상하'로 9명이 각자 목1필씩 9필을 지급받았다.[27] 위에서 언급한 내용을 전체적으로 도검무예에 합격한 인원은 총271명이다. '상상'이 1명으로 목3필을 지급받았고, '상중'은 21명이 각자 1인당 목2필씩, '상하'는 249명이 목1필씩 포상을 받았다.

② 1754년(영조 30) 도검무예 과목과 포상내역이다. 1754년(영조 30)에 시행된 상시재에서는 제장교의 무예는 유엽전, 편전, 기추, 편추 등 4기가 동일하며, 경표하군에 해당하는 군병의 사포급용검각기예(射砲及用劍各技藝)에서만 약간의 차이가 있었다. 사포(射砲)의 경우는 유엽전, 편전, 조총의 동일하며 화포만 1기가 추가되어 4기로 증가되었다. 도검무예는 평검, 제독검, 쌍검, 월도, 협도, 등패, 예도, 왜검교전 등 8기로 동일하였다. 단병무예는 당파, 단창, 장창, 낭선, 편곤, 권법, 곤방 등 7기였다. 당파가 1기가 추가되었다.[28]

1754년(영조 30)에 시행된 군사들의 도검무예에 대한 세부인원과 포상내역이다. 보군의 도검무예는 평검, 제독검, 쌍검, 월도, 협도, 등패, 예도, 왜검교전 등 8기가 실시되었다.

평검은 총144명 모두 '상하'로 각자 목1필씩 목2동44필을 지급받았다. 제독검은 총75명으로 목1동30필을 지급받았다. '상중'은 5명으로 각자 목2필씩 10필을 지급받았고, '상하'는 70명으로 각자 목1필씩 1동20필을 지급받았다. 쌍검은 '상하'로 총14명이 각자 목1필씩 14필을 지급받았다.[29]

월도는 총24명으로 목29필을 지급받았다. '상상'이 1명으로 목3필을 지급받았다. '상중'은 3명으로 각자 목2필씩 6필을 지급받았고, '상하'는 20명으로 각자 목1필씩 20필을 지급받았다. 협도는 총7명으로 목8필을 지급받았다. '상중'은 1명으로 목2필을 지급받았고, '상하'는 6명으로 각자 목1필씩 6필을 지급받았다.[30]

등패는 '상하'로 2명이 각자 목1필씩 2필을 지급받았다. 예도는 '상하'로 총24명이 각자 목1필씩 24필을 지급받았다. 왜검교전도 '상하'로 13명이 각자 목1필씩 13필을 지급받았다. 전체적으로 도검무예의 합격 인원은 총303명이다. '상상'이 1명으로 목3필을 지급받았고, '상중'은 9명이 각자 1인당 목2필씩, '상하'는 293명이 목1필씩 포상을 받았다.[31]

③ 1755년(영조 31) 도검무예 과목과 포상내역이다. 1755년(영조 31)에서는 별파진포수(別破陣砲手)가 조총, 대포, 당파의 3기를 실시하였다. 군병인 경표하군에서는 사포(射砲)에서 유엽전, 편전, 조총, 대포 등 5기, 도검무예에서는 평검, 제독검, 쌍검, 월도, 협도, 등패, 예도, 왜검, 왜검교전 등 9기를 실시하였다. 여기서 왜검이 1기 추가되었다. 단병무예는 당파, 단창, 장창, 낭선, 편곤, 권법, 곤방 등 7기였다.[32]

1755년(영조 31)에 시행된 군사들의 도검무예에 대한 세부인원과 포상내역이다. 보군의 도검무예는 평검, 제독검, 쌍검, 월도, 협도, 등패, 예도, 왜검, 왜검교전 등 9기가 실시되었다. 여기서 왜검이 새롭게 추가되었다.

평검은 총149명으로 목3동1필을 지급받았다. '상중'은 2명으로 각자 목2필씩 4필을 지급받았고, '상하'는 147명으로 각자 목1필씩 147필을 지급받았다. 제독검은 총120명으로 목2동29필을 지급받았다. '상중'은 9명으로 각자 목2필씩 18필을 지급받았고, '상하'는 111명으로 각자 목1필씩 2동11필을 지급받았다. 쌍검은 총13명으로 목

14필을 지급받았다. '상중'은 1명으로 목2필을 지급받았고, '상하'는 12명으로 각자 목1필씩 12필을 지급받았다.33

월도는 총9명으로 목12필을 지급받았다. '상중'은 3명으로 각자 목2필씩 6필을 지급받았고, '상하'는 6명으로 각자 목1필씩 목6필을 지급받았다. 협도는 총10명으로 목14필을 지급받았다. '상상'은 1명으로 목3필을 지급받았다. '상중'은 2명으로 목2필씩 4필을 지급받았고, '상하'는 7명으로 각자 목1필씩 7필을 지급받았다. 등패는 총5명으로 목6필을 지급받았다. '상중'은 1명으로 목2필을 지급받았고, '상하'는 4명으로 각자 목1필씩 4필을 지급받았다. '상하'로 2명이 각자 목1필씩 2필을 지급받았다.34

예도는 총62명으로 목1동15필을 지급받았다. '상중'은 3명으로 목2필씩 6필을 지급받았고, '상하'는 59명으로 각자 목1필씩 57필을 지급받았다. 왜검과 왜검교전은 모두 '상하'로 각자 목1필씩으로 지급받았다. 왜검은 3명에 목3필, 왜검교전은 16명에 목16필을 지급받았다.35

전체적으로 도검무예는 합격한 인원은 총387명이다. '상상'이 1명으로 목3필을 지급받았고, '상중'은 21명으로 각자 1인당 목2필씩, '상하'는 365명이 목1필씩 포상을 받았다. 단병무예는 총206명이다. '상중'은 12명으로 각자 1인당 목2필씩, '상하'는 194명으로 목1필씩 포상을 받은 것으로 나타났다.

④ 1756년(영조 32) 도검무예 과목과 포상내역이다. 1756년(영조 32)에서는 유엽전, 편전, 기추, 편추 등 4기 이외에 제장교에서 추

가되는 무예는 마상월도와 마상쌍검의 2기가 추가되었다. 마상월도의 시행한 직임과 합격인원은 파총(把摠)은 4명, 초관(哨官)은 20명, 교련관(敎鍊官)은 3명, 본청군관(本廳軍官)은 5명, 출신군관(出身軍官)은 4명, 별초(別抄)는 23명, 별무사(別武士)는 8명, 기사(騎士)는 65명이었다. 마상쌍검은 교련관 3명, 별초 3명, 기사 16명, 별무사 5명 등이었다. 마상월도는 132명, 마상쌍검은 27명 등 총159명이 도검무예를 실시하였음을 알 수 있었다.[36]

또한 군병의 무예는 조총, 용검, 왜검, 당파의 3기였다. 개인화기인 조총, 도검무예인 용검, 왜검의 2기, 단병무예의 당파이었다. 이 중에서 주목되는 것은 용검의 경우 군사들의 세부 직임별로 조총과 용검을 실시한 후 인원과 포상내역이 자세하게 나오고 있다는 점이다.

용검을 예로 들면, 뇌자(牢子)는 용검이 37명, 순령수(巡令手)는 용검 32명, 취수(吹手)는 용검 32명, 대기수(大旗手)는 용검 39명, 장막군(帳幕軍)은 용검 22명, 등롱군(燈籠軍)은 용검 12명, 별아병(別牙兵)은 용검 22명, 당보수(塘報手)는 용검 9명, 별장소표하(別將所標下)는 용검 10명 등이다. 천총소표하(千摠所標下)는 용검 26명, 기사장소표하(騎士將所標下)는 용검 3명, 파총소표하(把摠所標下)는 용검 9명, 수문군(守門軍)은 용검 8명, 본아병(本牙兵)은 용검 5명, 치중아병(輜重牙兵)은 용검은 3명, 아기수(兒旗手)는 용검 8명 등이다.[37]

총 16개 직임에 273명이 용검을 실시하였다. 이외에 왜검수는 153명 안에서 '상상' 1명, '상중' 14명, '상하' 65명 등 80명이 포상

표 3-7 | 1758년 평검, 창, 곤법수 인원과 내용

군 병	내 용			소 계	무예 수
경표하군	각기	평점수	상중 16명(각 목2필)	329명 (6동45필)	3
			상하 313명(각 목1필)		
		창 수	상중 3명(각 목2필)	73명 (1동26필)	
			상하 70명(각 목1필)		
		곤법수	상하 20명(각 목1필)	20명(20필)	
	소 계		상중 19명	422명	
			상하 403명		

출처 : 장서각 소장, 『어영청중순등록』 권1, 戊寅〈2-3359〉

을 받았다. 포상의 기준은 '상상'은 목3필, 상중은 목2필, 상하는 목1필씩을 군사들에게 지급하였다.

⑤ 1758년(영조 34) 도검무예 과목과 포상내역이다. 1758년(영조 34) 에서는 제장교 직임들이 실시한 무예는 유엽전, 편전, 기추 등 3기였다. 군병인 경표하군의 시행한 사포용검각기(射砲用劍各技)는 유엽전, 편전, 조총, 용검, 창, 곤 등 6기가 실시되었다.[38] 이 중에서 각기에 해당하는 용검, 창, 곤법에 대한 내용은 〈표 3-7〉에 자세하다.

위의 〈표 3-7〉 내용으로 알 수 있는 것은 평검은 329명, 창은 73명, 곤은 20명으로 총 422명이 3기를 실시한 것으로 나와 있다. 개별적으로 내용들을 살펴보면, 평검은 329명 중에서 '상중'이 16명, '상하'가 313명이었다. 포상으로는 '상중'은 1인당 목2필씩, '상하'는 목1필씩이 배당되어 총6동 45필이 지급되었다는 것을 알 수 있었

표 3-8 | 1761년 평검, 창, 곤, 권법 인원과 내용

<table>
<tr><th>군병</th><th colspan="3">내 용</th><th>소 계</th><th>무예 수</th></tr>
<tr><td rowspan="10">경표하군</td><td rowspan="7">각기</td><td rowspan="3">평검수</td><td>상상 1명(목3필)</td><td rowspan="3">416명
(8동38필)</td><td rowspan="10">4</td></tr>
<tr><td>상중 20명(각 목2필)</td></tr>
<tr><td>상하 395명(각 목1필)</td></tr>
<tr><td rowspan="2">창 수</td><td>상중 1명(목2필)</td><td rowspan="2">59명
(1동10필)</td></tr>
<tr><td>상하 58명(각 목1필)</td></tr>
<tr><td>곤법수</td><td>상하 25명(각 목1필)</td><td>25명(25필)</td></tr>
<tr><td>권법수</td><td>상하 3명(각 목1필)</td><td>3명(3필)</td></tr>
<tr><td colspan="2" rowspan="3">소계</td><td>상상 1명</td><td rowspan="3">503명</td></tr>
<tr><td>상중 21명</td></tr>
<tr><td>상하 481명</td></tr>
</table>

출처 : 장서각 소장, 『어영청중순등록』 권1, 辛巳〈2-3359〉

다. 여기서 주목되는 것은 세부적으로 시행한 무예의 명칭이 거론되지 않는 점과 무예를 평가하는 세 단계 기준 중에서 '상상'이 하나도 보이지 않는다는 점이다. 이는 활쏘기나 조총처럼 표적의 명중 여부가 아닌 자세나 동작 등을 중시하여 정확한 점수를 산정하기 어려운 점이 평가에 반영된 것이라고 생각한다.[39]

⑥ 1761년(영조 37) 도검무예 과목과 포상내역이다. 1761년(영조 37)에서는 1758년(영조 34)에 실시한 내용과 전체적으로 동일하지만 권법의 1기가 추가되었고, 인원과 포상내역이 차이가 있었다. 이 중에서 각기에 해당하는 용검, 창, 곤법, 권법에 대한 내용은 〈표 3-8〉에 자세하다.

위의 〈표 3-8〉 내용으로 알 수 있는 것은 평검은 416명, 창은 59

명, 곤은 25명, 권법은 3명으로 총 503명이 4기를 실시한 것으로 나와 있다. 개별적으로 내용들을 살펴보면, 평검은 416명 중에서 '상상'이 1명, '상중'이 20명, '상하'가 395명이었다. 포상으로는 '상상'은 1인당 목3필씩, '상중'은 1인당 목2필씩, '상하'는 목1필씩이 배당되어 총8동38필이 지급되었다.40

창은 53명 중에서 '상중'이 1명, '상하'가 58명이었다. 이들에게도 목1동10필이 지급되었다. 곤은 25명 모두 '상하'로서 군병 1인당 목1필씩 계산하여 총목25필이 지급되었다. 권법도 3명 모두 곤과 마찬가지로 '상하'에 해당되어 목3필을 지급받았다. 특히 평검에서 '상상'이 나왔다는 점에서 의미가 있다.

1765년(영조 41)에서는 제장교 무예에서 유엽전, 편전, 기추 등 3기 이외에 마상월도와 마상쌍검의 2기가 추가되었다. 마상월도는 목5필, 마상쌍검은 목2필을 지급했다는 내용만 있고 인원은 나오지 않았다.

군병의 무예는 용검 하나만 직임에 따라서 포상을 한 내역만 자세하고 인원은 공통적으로 실력 있지 않다. 다만 각색군별기(各色軍別技)에서만 편곤, 왜검교전, 왜검, 왜도 등 4기를 언급하면서 목45필을 지급했다는 내용만 나오고 있다.

용검에 나오는 세부 직임과 포상내역을 살펴보면, 뇌자(牢子)는 목2동10필, 순령수(巡令手)는 목2동19필, 취수(吹手)는 목1동24필, 대기수(大旗手)는 목1동5필, 장막군(帳幕軍)은 목3필, 등롱군(燈籠軍)은 목32필, 별아병(別牙兵)은 목44필, 당보수(塘報手)는 목37필,

별장소표하(別將所標下)는 목15필 등이다. 천총소표하(千摠所標下)는 목1동11필, 기사장소표하(騎士將所標下)는 목10필, 파총소표하(把摠所標下)는 목12필, 수문군(守門軍)은 목29필, 본아병(本牙兵)은 목5필, 각색별기군(各色別技軍)은 목45필 등이다. 여기서 아쉬운 점은 '상상', '상중', '상하'의 구분만이라도 있으면 인원을 유추해서 산출할 수 있지만, 이에 대한 기록이 적혀 있지 않다는 것이다.[41]

⑦ 1768년(영조 44) 도검무예 과목과 포상내역이다. 1768년(영조 44)에서는 군병에서 시행한 각 기예로는 조총, 용검, 당파, 창, 곤, 권법 등 6기었다. 이 무예들 중에서 조총의 무예를 사용하는 포수만 1,516명이라는 인원이 나오고, 나머지 용검수, 당파수, 창수, 곤법수, 권법수 등의 인원은 기록되어 있지 않다. 다만 포상내역만 있다. 당파는 목1동15필, 용검은 목15동11필, 창은 목3동12필, 곤은 목49필, 권법은 목12필 등이다.[42]

⑧ 1771년(영조 47) 도검무예 과목과 포상내역이다. 1771년(영조 47)에서는 제장교 무예가 유엽전, 편전, 기추, 편곤, 마상별기 등 5기였다. 그러나 마상별기는 마상쌍검, 마상월도, 기창교전, 마상재 중에서 어느 종류의 별기를 실시했는지가 명확하게 나오지 않았다. 군병의 무예에서는 조총과 용검의 2기였다.

용검을 기준으로 세부 직임과 포상내역을 살펴보면, 뇌자는 목1동10필, 순령수는 목1동3필, 취수는 목1동13필, 대기수는 목1동10필, 장막군은 목36필, 등롱군은 목28필, 별아병은 목27필, 당보수는 목20필, 별장소표하는 목13필 등이다. 천총소표하는 목33필, 기사장소표하는 목9필, 파총소표하는 목6필, 수문군은 목9필, 본아병은 목10필, 아기수는 목9필, 치중아병은 목9필 등 이었다.[43]

영조대에 시행한 용검에 관한 기록 중에서 세부 직임에 관한 내용은 세 번 나온다. 이 중에서1756년(영조 32)에서는 용검의 표기를 '용검'으로 1765년(영조 41)에서는 용검의 표기를 '用'으로 했다면, 여기서는 용검을 '劍'으로 표기한 차이점이 있었다. 용검의 내용에서도 1756년(영조 32)의 경우에는 세부적으로 직임과 인원, 포상내역이 상세하게 기록되었지만, 1765년(영조 41)과 1771년(영조 47)에는 세부 직임과 포상내역만 기록하고 있어서 실제로 군병들이 인원이 얼마나 되는지를 파악하기 어려웠다.

⑨ 1774년(영조 50) 도검무예 과목과 포상내역이다. 1774년(영조 50)에서는 제장교(諸將校) 무예가 유엽전, 편전, 철전, 기추, 마상쌍검, 마상월도, 기창교전 등 6기였다. 이 중에서 군병의 무예는 유엽전, 편전, 화포, 조총, 용검, 당파, 창, 곤, 권법 등 9기였다. 그러나 마군처럼 상세하게 나오지 않고, 인원을 제외한 무예의 명칭과 포상내역만 나오고 있는 아쉬움이 있다. 그 내용을 정리하면, 용검은 목10동22필, 당파는 목22필, 창수는 목1동37필, 곤법수는 목1동14필, 권법수는 목8필 등이다.

이상과 같이 영조대에 시행된 총10회의 중순 상시재를 검토한 바, 제장교의 무예는 총44개, 군병의 무예는 95개로 나왔다. 이 중에서 도검무예와 관련된 내용을 중심으로 정리하면 다음과 같다.

도검무예의 명칭과 인원, 포상내역 등 자세한 사항이 나오는 연도는 1751년(영조 27), 1754년(영조 30), 1755년(영조 31) 등 세 번이었다. 이어서 도검무예에서 용검수(用劍手)에 대한 명칭과 세부 포상내역만을 정리한 내용은 1768년(영조 44)과 1774년(영조 50)에 두 번 나온다.

또한, 평검수(平劍手)라는 명칭과 세부 포상내역만을 정리한 내용은 1758년(영조 34)과 1761년(영조 37)에 두 번 나온다. 이 내용들은 포상내역에만 집중되어 있고, 군사들의 실제인원이 얼마나 되는지는 대한 내용이 없다. 아울러 '상상', '상중', '상하'의 표기만이라도 있으면 인원을 산출할 수 있는 근거를 잡을 수 있는 여건이 마련되지만 여기서는 이것조차 찾을 수 없었다. 그러나 군사들의 포상내역을 통하여 실제로 얼마만큼의 물자가 군사들에게 지급되었는지를 알 수 있는 자료를 제공한다는데 의의가 있다고 볼 수 있다.

다음은 1756년(영조 32), 1765년(영조 41), 1771년(영조 47)의 세 번에 걸쳐 시행된 용검에 대한 내용이다. 용검이라는 단일 도검무예를 가지고 뇌자, 순령수, 취수, 대기수, 장막군, 등롱군, 별아병, 당보수, 별장소표하, 천총소표하, 기사장소표하, 파총소표하, 수문군, 본아병, 아기수, 치중아병 등의 직임들이 실시하여 합격한 인원수와 포상내역 등이 나오고 있다.

이 중에서 1756년(영조 32)에서는 용검의 표기를 '용검'으로 1765년(영조 41)에서는 용검의 표기를 '用'으로 했다면, 여기서는 용검을 '劍'으로 표기한 차이점이 있었다. 용검의 내용으로는 1756년(영조 32)의 경우에는 세부적으로 군사들의 직임과 인원, 포상내

표 3-9 | 정조대 상시재 무예 내용

연도 \ 직임	제장교 무예 종류	제장교 소계	군병 무예 종류: 단병무예	군병 무예 종류: 도검무예	군병 무예 종류: 기타	군병 소계
1779년 (정조 3)	철전, 유엽전, 편전, 기추, 마상월도, 마상쌍검	6	당파, 보편곤, 낭선, 죽장창, 기창	월도, 쌍검, 제독검, 용검, 협도, 등패,	유엽전, 편전, 조총, 대포	15
			5	6	4	
1788년 (정조 12)	철전, 유엽전, 편전, 편추, 마상월도, 마상쌍검, 기창	7	당파, 보편곤, 낭선, 죽장창, 기창	월도, 쌍검, 제독검, 용검, 협도, 왜검교전, 왜검, 본국검, 예도,	조총	15
			5	9	1	
1795년 (정조 19)	철전, 기추, 편추, 마상월도, 마상쌍검, 기창	6	당파, 기창, 죽장창, 권법, 보편곤, 권법	제독검, 월도, 용검, 쌍검, 본국검, 예도, 협도, 등패, 왜검, 왜검교전	유엽전, 조총	18
			6	10	2	
1799년 (정조 23)	유엽전, 편전, 기추, 철전, 마상월도, 마상쌍검, 기창교전, 편추	8	기창, 보편곤, 권법, 낭선, 죽장창, 당파	제독검, 왜검, 예도, 협도, 등패, 쌍검, 용검, 월도, 본국검,		15
			6	9	0	
총계		27				63

출처 : 장서각 소장, 『어영청중순등록』 권1〈2-3359〉

역이 상세하게 기록되었지만, 1765년(영조 41)과 1771년(영조 47)에는 세부 직임과 포상내역만 기록하고 있어서 실제로 군병들이 인원이 얼마나 되는지를 파악하기 어려웠다.

2) 정조대 나타난 도검무예

다음은 정조시기를 중심으로 그 내용을 정리하면, 총4회에 걸쳐서 상시재에 기록이 나오고 있다. 이에 대한 내용을 중심으로 장교와 군병들의 무예를 추적하고자 한다. 이에 대한 내용은 〈표 3-9〉에 자세하다.

위의 〈표 3-9〉는 『어영청중순등록』 권1에 실려 있는 1779년(정조 3)년부터 1799년(정조 23)까지의 정조대 중순상시재(中旬賞試才) 내용을 제장교(諸將校)와 군병이 시행한 무예를 정리한 것이다. 이와 관련된 내용들을 연도별로 살펴보면 다음과 같다.

⑩ 1779년(정조 3) 도검무예 과목이다. 1779년(정조 3)에서는 제장교의 무예로 철전, 유엽전, 편전, 기추, 마상월도, 마상쌍검 등 6기가 실시되었다. 군병의 무예로는 유엽전, 편전, 조총, 월도, 쌍검, 제독검, 용검, 당파, 협도, 보편곤, 등패, 낭선, 죽장창, 기창, 대포 등 15기가 실시되었다. 이 중에서 도검무예는 월도, 쌍검, 제독검, 용검, 협도, 등패 등 6기였다. 도검무예가 단병무예에 비해 군사들에게 많이 실시되었다는 것을 알 수 있었다.[44]

⑪ 1788년(정조 12) 도검무예 과목과 포상내역이다. 1788년(정조 12)에서는 제장교가 시행한 무예가 철전, 유엽전, 편전, 편추, 마상월도, 마상쌍검, 기창 등 7기였다. 군병의 무예는 조총, 월도, 쌍검, 제독검, 용검, 협도, 왜검교전, 왜검, 본국검, 예도, 당파, 보편곤,

낭선, 죽장창, 기창 등 15기였다.[45]

이 중에서 도검무예는 월도, 쌍검, 제독검, 용검, 협도, 왜검교전, 왜검, 본국검, 예도 등 9기였다. 월도, 쌍검, 제독검, 용검, 협도 등의 5기는 1779년(정조 2)에서도 동일하게 보였던 도검무예이며, 왜검교전, 왜검, 본국검, 예도의 4기가 새롭게 추가된 도검무예이다. 여기서는 등패가 누락되었음을 알 수 있다.

다음은 1788년(정조 12) 시행된 군사들의 도검무예에 대한 세부 인원과 포상내역이다. 월도는 총17명에 목20필을 지급받았다. '상중'은 3명으로 군사 1인당 목2필씩 총목6필을 지급받았고, '상하'는 14명으로 각자 목1필씩 총목14필을 지급받았다. 쌍검은 총7명이 목14필을 지급받았다. '상중' 1명이 목2필을 받았고, '상하'인 6명이 각자 목1필씩 6필을 지급받았다. 제독검은 총322명이 목6동26필을 지급받았다. '상중'은 4명으로 각자 목2필씩 8필을 지급받았고, '상하'인 318명은 각자 목1필씩 6동18필을 지급받았다.[46]

용검은 '상하'의 24명이 각자 목1필씩 24필을 지급받았다. 협도도 '상하'의 7명이 목1필씩 7필을 지급받았다. 왜검교전도 '상하'로 5명이 목1필씩 5필을 지급받았다. 왜검도 '상하'로 16명이 16필을 지급받았다. 본국검도 '상하'로 1명이 목1필씩 1필을 지급받았다. 예도는 총38명이 목41필을 지급받았다. '상중'이 3명으로 목6필을 지급받았고, '상하'인 35명이 각자 목1필씩 35필을 지급받았다.[47]

전체적인 도검무예의 합격인원은 437명이었으며, '상중'은 11명이었고, '상하'는 426명이었다. 이를 통해 당시에 시행된 도검무예의 자세와 동작을 평가하는 것이 쉽지 않았음을 짐작할 수 있다. 정조대에는 군사들이 단병무예보다는 도검무예를 더 선호했다는 것을 알 수 있었다.

⑫ 1795년(정조 19년) 도검무예 과목과 포상내역이다. 1795년(정조 19년)에서는 제장교가 시행한 무예가 철전, 기추, 편추, 마상월도, 마상쌍검, 기창 등 6기였다. 군병의 무예는 유엽전, 조총, 제독검, 월도, 용검, 쌍검, 본국검, 예도, 협도, 등패, 왜검, 왜검교전, 당파, 기창, 죽장창, 권법, 보편곤, 권법 등 18기였다.[48]

이 중에서 도검무예는 제독검, 월도, 용검, 쌍검, 본국검, 예도, 협도, 등패, 왜검, 왜검교전 등 10기였다. 여기서 추가된 도검무예는 등패였다. 등패는 1779년(정조 2)에 도검무예로 들어갔으나, 1788년(정조 12)에는 누락되었다. 그러다가 1790년(정조 14)에 편찬된 『무예도보통지』에 등패가 24기 무예안에 기재되면서 1795년(정조 19년)에 나타나고 있다.

보군이 실시한 도검무예 10기는 모두 『무예도보통지』에 수록되어 있는 도검무예들이다. 이를 통해 『무예도보통지』의 도검무예가 전체적으로 보급되어 실시되고 있다는 사실을 알 수 있었다.

1795년(정조 19)에 시행된 군사들의 도검무예에 대한 세부인원과 포상내역이다. 보군이 실시한 도검무예를 살펴보면 다음과 같다. 제독검은 총240명으로 목5동3필을 지급받았다. '상중'은 13명으로 각자 목2필씩 26필을 지급받았고, '상하'는 227명으로 각자 목1필씩 4동27필을 지급받았다. 월도는 총17명으로 목22필을 지급받았다.

'상중'은 5명으로 각자 목2필씩 10필을 지급받았고, '상하'는 12명으로 각자 목1필씩 12필을 지급받았다.

용검은 '상하'로 10명이 각자 목1필씩 10필을 지급받았다. 쌍검도 '상하'로 4명이 각자 목1필씩 4필을 지급받았다. 본국검은 총5명이 목6필을 지급받았다. '상중'이 1명으로 목2필을 지급받았고, '상하'로 4명이 각자 목1필씩 4필을 지급받았다.[49]

예도는 총39명에 목46필을 지급받았다. '상중'은 7명으로 각자 목2필씩 14필을 지급받았고, '상하'인 32명은 각자 목1필씩 32필을 지급받았다. 협도는 '상하' 6명으로 각자 목1필씩 6필을 지급받았다. 등패 역시 '상하' 2명으로 각자 목1필씩 2필을 지급받았다. 왜검은 총22명이 목23필을 지급받았다. '상중' 1명으로 목2필을 지급받았고, '상하' 21명으로 각자 목1필씩 21필을 지급받았다. 왜검교전은 총14명에 목16필을 지급받았다. '상중'은 2명으로 각자 목2필씩 4필을 지급받았고, '상하' 12명으로 각자 목1필씩 목12필을 지급받았다.[50] 전체적으로 도검무예에 합격한 인원은 총359명으로 '상중'은 28명이 각자 1인당 목2필씩, '상하'는 331명이 목1필씩 포상을 받았다. 단병무예에는 총95명이 '상하'로 목1필씩 포상을 받은 것으로 나타났다.

⑬ 1799년(정조 23) 도검무예 과목과 포상내역이다. 1799년(정조 23)에서는 제장교가 시행한 무예가 유엽전, 편전, 기추, 철전, 마상월도, 마상쌍검, 기창교전, 편추 등 8기였다. 군병의 무예는 제독검, 왜검, 예도, 협도, 등패, 쌍검, 용검, 월도, 본국검, 기창, 보

편곤, 권법, 낭선, 죽장창, 당파 등 15기였다. 이 중에서 도검무예는 제독검, 왜검, 예도, 협도, 등패, 쌍검, 용검, 월도, 본국검 등 9기였다.[51]

정조 시기에는 총4회에 걸쳐 시재에 관련된 내용이 나오고 있다. 제장교의 무예는 27개, 군병의 무예는 63개가 보이고 있다. 특히 도검무예와 관련해서는 마군은 마상월도와 마상쌍검의 2기가 공통으로 나오고, 보군의 도검무예에서는 제독검, 월도, 용검, 쌍검, 본국검, 예도, 협도, 등패, 왜검, 왜검교전 등 10기가 보이고 있다.

도검무예의 내용을 정리하면 다음과 같다. 1779년(정조 3)에는 도검무예가 월도, 쌍검, 제독검, 용검, 협도, 등패 등 6기였다. 1788년(정조 12)에 가서 월도, 쌍검, 제독검, 용검, 협도 등 5기에 왜검교전, 왜검, 본국검, 예도의 4기가 새롭게 추가되었다. 반면 등패는 누락되었다. 1795년(정조 19)에는 등패를 포함한 월도, 쌍검, 제독검, 용검, 협도, 왜검교전, 왜검, 본국검, 예도 등의 도검무예 10기가 전체적으로 나왔다.

1799년(정조 23)에서는 월도, 쌍검, 제독검, 용검, 협도, 왜검, 본국검, 예도 등의 도검무예 9기가 보이고 있다. 여기서는 왜검교전의 명칭이 보이지 않는다. 이는 1790년(정조 14년)에 편찬된 『무예도보통지』 왜검 안에 왜검교전이 첨부되면서 왜검교전은 왜검만으로 정리되었다. 이를 계기로 왜검교전이 별도로 부각되지 않고 왜검이라는 명칭으로 불리어지고 있기에 실제적으로 왜검교전의 명칭은 보이지 않지만 왜검 안에 왜검교전이 보이는 것으로 파악할 수 있다.

1799년(정조 23)에 시행된 군사들의 도검무예에 대한 세부인원과 포상내역이다. 보군이 실시한 도검무예를 살펴보면 다음과 같다. 제독검은 총277명으로 목5동33필을 지급받았다. '상중'은 6명으로 각자 목2필씩 12필을 지급받았고, '상하'는 271명으로 각자 목1필씩 5동21필을 지급받았다. 왜검은 총50명으로 목1동6필을 지급받았다. '상중'은 6명으로 각자 목2필씩 12필을 지급받았고, '상하'는 6명으로 각자 목1필씩 6필을 지급받았다.[52]

예도는 총62명으로 1동41필을 지급받았다. '상상'은 1명으로 목3필을 지급받았다. '상중'은 27명으로 각자 목2필씩 1동4필을 지급받았고, '상하'는 34명으로 각자 목1필씩 34필을 지급받았다. 협도는 '상하'로 16명이 각자 목1필씩 16필을 지급받았다. 쌍검도 '상하'로 3명이 각자 목1필씩 3필을 지급받았다. 용검 역시 '상하'로 5명이 각자 목1필씩 5필을 지급받았다.[53]

월도는 총28명으로 목35필을 지급받았다. '상중'은 7명으로 각자 목2필씩 14필을 지급받았고, '상하'는 21명으로 각자 목1필씩 21필을 지급받았다. 본국검은 총4명이 목5필을 지급받았다. '상중'이 1명으로 목2필을 지급받았고, '상하'로 3명이 각자 목1필씩 3필을 지급받았다.[54]

전체적으로 도검무예에 합격한 인원은 총447명이다. '상상'이 1명으로 목3필을 지급받았고, '상중'은 47명이 각자 1인당 목2필씩, '상하'는 399명이 목1필씩 포상을 받았다. 단병무예는 총101명이다. '상중'이 3명으로 각자 1인당 목2필씩, '상하'는 98명으로 목1필씩 포상을 받은 것으로 나타났다.

이상과 같이 정조대에 시행된 총4회의 중순상시재(中旬賞試才)를 검토한 바, 제장교의 무예는 총 27개, 군병의 무예는 63개로 나타났다. 이 중에서 도검무예와 관련된 내용을 정리하면 다음과 같다.

1788년(정조 12) 도검무예는 월도, 쌍검, 제독검, 용검, 협도, 왜검교전, 왜검, 본국검, 예도 등 9기였다. 월도, 쌍검, 제독검, 용검, 협도 등의 5기는 1779년(정조 2)에서도 동일하게 보였던 도검무예이며, 왜검교전, 왜검, 본국검, 예도의 4기가 새롭게 추가된 도검무예이다. 여기서는 등패가 누락되었음을 알 수 있다. 또한 포상내역에 있어서는 전체적인 도검무예의 합격인원은 437명이었으며, '상중'은 11명이었고, '상하'는 426명이었다. 이를 통해 당시에 시행된 도검무예의 자세와 동작을 평가하는 것이 쉽지 않았음을 짐작할 수 있다. 정조대에는 군사들이 단병무예보다는 도검무예를 더 선호했다는 것을 알 수 있었다

1795년(정조 19) 도검무예는 제독검, 월도, 용검, 쌍검, 본국검, 예도, 협도, 등패, 왜검, 왜검교전 등 10기였다. 여기서 추가된 도검무예는 등패였다. 등패는 1779년(정조 2)에 도검무예로 들어갔으나, 1788년(정조 12)에는 누락되었다. 그러다가 1790년(정조 14)에 편찬된 『무예도보통지』에 등패가 24기 무예안에 기재되면서 1795년(정조 19년)에 보이고 있다. 이는 보군이 실시한 도검무예 10기는 모두 『무예도보통지』에 수록되어 있는 도검무예들이다. 이를 통해 『무예도보통지』의 도검무예가 전체적으로 보급되어 실시되고 있다

는 사실을 알 수 있었다. 또한 포상내역에 있어서는 도검무예에 전체 합격한 인원은 총359명으로 '상중'은 28명이 각자 1인당 목2필씩, '상하'는 331명이 목1필씩 포상을 받았다. 단병무예는 총95명이 '상하'로 목1필씩 포상을 받은 것으로 나타났다.

1799년(정조 23)에서는 월도, 쌍검, 제독검, 용검, 협도, 왜검, 본국검, 예도 등의 도검무예 9기가 보이고 있다. 여기서는 왜검교전의 명칭이 보이지 않는다. 이는 1790년(정조 14년)에 편찬된 『무예도보통지』 왜검 안에 왜검교전이 첨부되면서 왜검교전은 왜검만으로 정리되었다. 이를 계기로 왜검교전이 별도로 부각되지 않고 왜검이라는 명칭으로 불리어지고 있기에 실제적으로 왜검교전의 명칭은 보이지 않지만 왜검 안에 왜검교전이 보이는 것으로 파악할 수 있다.

도검무예의 전체 합격인원은 총447명이다. '상상'이 1명으로 목3필을 지급받았고, '상중'은 47명이 각자 1인당 목2필씩, '상하'는 399명이 목1필씩 포상을 받았다. 단병무예는 총101명이다. '상중'이 3명으로 각자 1인당 목2필씩, '상하'는 98명으로 목1필씩 포상을 받은 것으로 나타났다.

3) 순조대 나타난 도검무예

다음은 순조시기를 중심으로 그 내용을 정리하였다. 순조시기에는 총4회에 걸쳐서 상시재(賞試才)에 기록이 나오고 있다.[55] 이에 대한 내용을 중심으로 장교와 군병들의 무예를 추적하고자 한다. 이에 대한 내용은 〈표 3-10〉에 자세하다.

표 3-10 | 순조대 상시재 무예 내용

직임 / 연도	제장교		군병			
	무예 종류	소계	무예 종류			소계
1803년 (순조 3)	유엽전, 편전, 기추, 마상월도, 마상쌍검	5	단병무예	도검무예	기타	19
			기창, 보편곤, 당파, 낭선, 권법	제독검, 왜검, 협도, 등패, 본국검, 쌍검, 평검, 예도, 언월도, 왜검교전	유엽전, 편전, 조총, 철전	
			5	10	4	
1807년 (순조 7)	유엽전, 편전, 기추, 마상언월도, 마상쌍검, 편추	6	단병무예	도검무예	기타	18
			기창, 보편곤, 당파, 권법, 낭선	제독검, 예도, 왜검, 왜검교전, 협도, 언월도, 등패, 쌍검, 신검, 본국검, 평검,	유엽전, 조총	
			5	11	2	
1812년 (순조 12)	유엽전, 편전, 기추, 마상언월도, 마상쌍검, 편추	6	단병무예	도검무예	기타	19
			기창, 당파, 보편곤, 권법, 낭선, 곤방	제독검, 예도, 협도, 등패, 신검, 언월도, 월도, 평검, 왜검교전, 쌍검	유엽전, 편전, 조총	
			7	10	3	
1816년 (순조 16)	유엽전, 편전, 기추, 기창교전, 마상언월도, 마상쌍검, 편추	7	단병무예	도검무예	기타	16
			당파, 기창, 보편곤, 낭선, 권법	제독검, 예도, 언월도, 협도, 본국검, 왜검, 왜검교전, 신검, 쌍검,	유엽전, 조총	
			5	9	3	
총계		24				72

출처 : 장서각 소장, 『어영청중순등록』 권1〈2-3359〉

위의 〈표 3-10〉은 『어영청중순등록』 권1에 실려 있는 1803년(순조 3)년부터 1816년(순조 16)까지의 순조대 중순상시재(中旬賞試才) 내용을 제장교와 군병이 시행한 무예를 정리한 것이다. 이와 관련된 내용들을 연도별로 살펴보면 다음과 같다.

⑭ 1803년(순조 3) 도검무예 과목과 포상내역이다. 1803년(순조 3)에서는 제장교의 무예로 유엽전, 편전, 기추, 마상월도, 마상쌍검 등 5기가 실시되었다. 군병의 무예로는 유엽전, 편전, 조총, 철전, 제독검, 왜검, 협도, 등패, 본국검, 쌍검, 평검, 예도, 언월도, 왜검교전, 기창, 보편곤, 당파, 낭선, 권법 등 19기가 실시되었다. 보군의 도검무예는 제독검, 왜검, 협도, 등패, 본국검, 쌍검, 평검, 예도, 언월도, 왜검교전 등 10기였다.[56] 이처럼 단병무예에 비해 도검무예의 기예가 많이 나오는 것은 도검무예가 군사들에게 활발하게 보급되고 있음을 짐작하게 해준다.

1803년(순조 3)에 시행된 군사들의 도검무예에 대한 세부인원과 포상내역이다. 제독검은 총378명으로 목7동34필을 지급받았다. '상중'은 6명으로 각자 목2필씩 12필을 지급받았고, '상하'는 372명으로 각자 목1필씩 7동22필을 지급받았다. 왜검은 '상하'의 총40명으로 각자 목1필씩 40필을 지급받았다. 협도, 등패, 본국검, 쌍검, 평검의 5기는 모두 '상하'로서 각자 목1필씩으로 협도는 40명에 목40필, 등패는 6명에 목6필, 본국검은 2명에 목2필, 쌍검은 4명에 목4필, 평검은 7명에 목7필씩 지급받았다. 예도는 총67명으로 목1동19필을 지급받았다. '상중'은 2명으로 각자 목2필씩 4필을 지급받았

고, '상하'는 65명으로 목1필씩 1동15필을 지급받았다.[57]

언월도는 총11명으로 목13필을 지급받았다. '상중'은 2명으로 각자 목2필씩 4필을 지급받았고, '상하'는 9명으로 목1필씩 9필을 지급받았다. 왜검교전은 총15명에 목16필을 지급받았다. '상중'은 1명으로 목2필을 지급받았고, '상하'는 14명으로 목1필씩 14필을 지급받았다.[58]

전체적으로 도검무예의 합격 인원은 총535명이다. '상상'이 14명으로 목3필을 지급받았고, '상중'은 11명이 각자 1인당 목2필씩, '상하'는 524명이 목1필씩 포상을 받았다. 단병무예는 총97명이다. '상중'이 1명으로 목2필을 지급받았고, '상하'는 96명으로 목1필씩 포상을 받은 것으로 나타났다.

⑮ 1807년(순조 7) 도검무예 과목과 포상내역이다. 1807년(순조 7)에서는 제장교의 무예로 유엽전, 편전, 기추, 마상언월도, 마상쌍검, 편추 등 6기가 실시되었다. 군병의 무예로는 유엽전, 조총, 제독검, 예도, 왜검, 왜검교전, 협도, 언월도, 등패, 쌍검, 신검, 본국검, 평검, 기창, 보편곤, 당파, 권법, 낭선 등 18기가 실시되었다. 보군의 도검무예에는 제독검, 예도, 왜검, 왜검교전, 협도, 언월도, 등패, 쌍검, 신검, 본국검, 평검 등 11기였다.[59] 특히 신검은 새롭게 추가된 도검무예이다.

『무예도보통지』에는 본국검은 속칭 신검이라고 한다는 용어가 나온다. 그러나 지금 여기에 나오는 신검은 『무예도보통지』에 나오는 용어가 아닌 새로운 도검무예로 파악해야 할 것이다.

1807년(순조 3)에 시행된 군사들의 도검무예에 대한 세부인원과 포상내역이다. 제독검은 총351명으로 목7동18필을 지급받았다. '상상'은 1명으로 목3필을 지급받았다. '상중'은 15명으로 각자 목2필씩 30필을 지급받았고, '상하'는 335명으로 각자 목1필씩 6동35필을 지급받았다.60

예도는 총59명으로 1동24필을 지급받았다. '상중'은 15명으로 각자 목2필씩 30필을 지급받았고, '상하'는 44명으로 각자 목1필씩 44필을 지급받았다. 왜검은 '상하'의 총34명으로 각자 목1필씩 34필을 지급받았다. 왜검교전은 총14명으로 24필을 지급받았다. '상상'은 1명으로 목3필을 지급받았다. '상중'은 4명으로 각자 목2필씩 8필을 지급받았고, '상하'는 9명으로 각자 목1필씩 9필을 지급받았다.61

협도는 총12명으로 목14필을 지급받았다. '상중'은 2명으로 각자 목2필씩 4필을 지급받았고, '상하'는 10명으로 각자 목1필씩 10필을 지급받았다. 언월도는 총18명으로 목22필을 지급받았다. 상중'은 4명으로 각자 목2필씩 8필을 지급받았고, '상하'는 14명으로 각자 목1필씩 14필을 지급받았다. 등패, 쌍검, 신검, 평검의 4기는 모두 '상하'로서 각자 목1필씩 지급받았다, 본국검은 총2명으로 '상중'은 1명으로 목2필을 받았고, 다른 한명은 '상하'로 목 1필을 지급 받았다. 등패는 7명에 목7필, 쌍검과 신검은 3명에 목3필, 평검은 4명에 목4필로 지급받았다.62

전체적인 도검무예의 합격인원은 총507명이다. '상상'이 2명으로 목3필씩 6필을 지급받았고, '상중'은 41명이 각자 1인당 목2필씩,

'상하'는 464명이 목1필씩 포상을 받았다. 단병무예는 총142명이다. '상중'이 1명으로 목2필을 지급받았고, '상하'는 141명으로 목1필씩 포상을 받은 것으로 나타났다.

⑯ 1812년(순조 12) 도검무예 과목과 포상내역이다. 1812년(순조 12)에서는 제장교의 무예로 유엽전, 편전, 기추, 마상언월도, 마상쌍검, 편추 등 6기가 실시되었다. 군병의 무예로는 유엽전, 편전, 조총, 제독검, 예도, 협도, 등패, 신검, 언월도, 월도, 평검, 왜검교전, 쌍검, 기창, 당파, 보편곤, 권법, 낭선, 곤방 등 19기가 실시되었다. 보군의 도검무예는 제독검, 예도, 협도, 등패, 신검, 언월도, 월도, 평검, 왜검교전, 쌍검 등 10기였다.[63] 여기서 1807년(순조 7)에 보이는 왜검과 본국검이 보이지 않고, 새로운 도검무예인 언월도가 추가되었다.

1812년(순조 12)에 시행된 군사들의 도검무예에 대한 세부인원과 포상내역이다. 제독검은 총528명으로 목12동4필을 지급받았다. '상중'은 76명으로 각자 목2필씩 3동2필을 지급받았고, '상하'는 452명으로 각자 목1필씩 9동2필을 지급받았다. 예도는 총71명으로 1동31필을 지급받았다. '상중'은 10명으로 각자 목2필씩 20필을 지급받았고, '상하'는 61명으로 각자 목1필씩 61필을 지급받았다.[64]

협도는 총43명으로 1동4필을 지급받았다. '상중'은 11명으로 각자 목2필씩 22필을 지급받았고, '상하'는 32명으로 각자 목1필씩 32필을 지급받았다. 등패는 '상하'로 7명이 각자 목1필씩 7필을 지급 받았다. 신검은 총6명으로 목8필을 지급받았다. 상중'은 2명으로 각자

목2필씩 4필을 지급받았고, '상하'는 4명으로 각자 목1필씩 4필을 지급받았다.65

언월도는 총49명으로 목1동12필을 지급받았다. 상중'은 13명으로 각자 목2필씩 26필을 지급받았고, '상하'는 36명으로 각자 목1필씩 36필을 지급받았다. 월도와 평검은 모두 '상중'의 1명으로 목2필을 지급받았다. 왜검교전과 쌍검은 모두 '상하'의 1명으로 목1필씩을 지급받았다.66

전체적인 도검무예 합격인원은 총708명이다. '상중'은 114명이 각자 1인당 목2필씩, '상하'는 594명이 목1필씩 포상을 받았다. 단병무예는 총342명이다. '상중'이 32명으로 목2필을 지급받았고, '상하'는 310명으로 목1필씩 포상을 받은 것으로 나타났다.

⑰ 1816년(순조 16) 도검무예 과목과 포상내역이다. 1816년(순조 16)에서는 제장교의 무예로 유엽전, 편전, 기추, 기창교전, 마상언월도, 마상쌍검, 편추 등 7기가 실시되었다. 군병의 무예로는 유엽전, 조총, 제독검, 예도, 언월도, 협도, 본국검, 왜검, 왜검교전, 신검, 쌍검, 당파, 기창, 보편곤, 낭선, 권법 등 16기가 실시되었다. 보군의 도검무예는 제독검, 예도, 언월도, 협도, 본국검, 왜검, 왜검교전, 신검, 쌍검 등 9기였다.67 여기서 1812년(순조 12)에 들어있던 등패, 월도, 평검의 3기가 제외되었다.

1816년(순조 16)에 시행된 군사들의 도검무예에 대한 세부인원과 포상내역이다. 제독검은 총482명으로 목9동44필을 지급받았다. '상중'은 12명으로 각자 목2필씩 24필을 지급받았고, '상하'는 470

명으로 각자 목1필씩 9동20필을 지급받았다. 예도는 총30명으로 목31필을 지급받았다. '상중'은 1명으로 목2필을 지급받았고, '상하'는 29명으로 각자 목1필씩 58필을 지급받았다.[68]

언월도는 총33명으로 목36필을 지급받았다. '상중'은 3명으로 각자 목2필씩 6필을 지급받았고, '상하'는 30명으로 각자 목1필씩 30필을 지급받았다. 협도, 본국검, 왜검, 왜검교전, 신검, 쌍검 등 6기는 모두 '상하'로서 각자 목1필씩을 지급받았다. 협도는 18명에 목18필, 본국검은 4명에 목4필, 왜검과 왜검교전, 신검은 2명에 목2필씩을 동일하게 지급받았다. 쌍검은 1명에 목1필을 지급받았다.[69]

전체적인 도검무예 합격인원은 총574명이다. '상중'은 16명이 각자 1인당 목2필씩, '상하'는 558명이 목1필씩 포상을 받았다. 단병무예는 총101명이다. 모두 '상하'로 목1필씩 포상을 받은 것으로 나타났다.

이상과 같이 순조대에 시행된 총4회의 중순상시재(中旬賞試才)를 검토한 바, 제장교의 무예는 총 24개, 군병의 무예는 72개로 나타났다. 이 중에서 도검무예와 관련된 내용을 정리하면 다음과 같다.

1803년(순조 3) 도검무예는 제독검, 왜검, 협도, 등패, 본국검, 쌍검, 평검, 예도, 언월도, 왜검교전 등 10기였다. 이처럼 도검무예의 기예가 많이 나오는 것은 군사들이 다양하게 도검무예를 접했다는 증거이며 군사들에게 활발하게 보급되었다고 볼 수 있다. 도검무예의 전체 합격인원은 총535명이다. '상상'이 14명으로 목3필을 지급받았고, '상중'은 11명이 각자 1인당 목2필씩, '상하'는 524명이 목1필씩 포상을 받았다. 반면 단병무예는 총97명이다. '상중'이 1명으로 목2필을 지급받았고, '상하'는 96명으로 목1필씩 포상을 받은 것으로 나타났다.

1807년(순조 7) 도검무예는 제독검, 예도, 왜검, 왜검교전, 협도, 언월도, 등패, 쌍검, 신검, 본국검, 평검 등 11기였다. 여기서 주목되는 것은 신검이 새롭게 보인다는 것이다. 『무예도보통지』에는 본국검은 속칭 신검이라고 한다는 용어가 나온다. 그러나 지금 여기에 나오는 신검은 『무예도보통지』에 나오는 용어가 아닌 새로운 도검무예로 파악해야 할 것이다. 전체적인 도검무예의 합격인원은 총507명이다. '상상'이 2명으로 목3필씩 6필을 지급받았고, '상중'은 41명이 각자 1인당 목2필씩, '상하'는 464명이 목1필씩 포상을 받았다. 단병무예는 총142명이다. '상중'이 1명으로 목2필을 지급받았고, '상하'는 141명으로 목1필씩 포상을 받은 것으로 나타났다.

1812년(순조 12) 도검무예는 제독검, 예도, 협도, 등패, 신검, 언월도, 월도, 평검, 왜검교전, 쌍검 등 10기였다. 여기서는 1807년(순조 7)에 보이는 왜검과 본국검이 보이지 않고, 새로운 도검무예인 언월도가 추가되었다. 도검무예의 전체 합격인원은 총708명이다. '상중'은 114명이 각자 1인당 목2필씩, '상하'는 594명이 목1필씩 포상을 받았다. 단병무예는 총342명이다. '상중'이 32명으로 목2필을 지급받았고, '상하'는 310명으로 목1필씩 포상을 받은 것으로 나타났다.

1816년(순조 16) 도검무예에는 제독검, 예도, 언월도, 협도, 본국검, 왜검, 왜검교전, 신검, 쌍검 등 9기였다. 여기서 1812년(순조 12)에 들어 있던 등패, 월도, 평검의 3기가 제외되었다. 도검무예의 전체 합격인원은 총574명이다. '상중'은 16명이 각자 1인당 목2필씩, '상하'는 558명이 목1필씩 포상을 받았다. 단병무예는 총101명이다. 모두 '상하'로 목1필씩 포상을 받은 것으로 나타났다.

다음은 『어영청중순등록』을 중심으로 각 무예의 합격자 현황을 영조대부터 순조대까지 각 무예별로 나누어 정리한 것이 내용이다. 시기별로 각종 무예를 지칭하는 용어나 기재방식이 차이가 보이고 군사들의 합격자 수를 표기하지 않은 연도도 있어 어려운 점이 많았다.[70] 여기에 기재된 내용은 군병에 대한 합격자만을 대상으로 정리하였다. 이에 대한 내용은 〈표 3-11〉에 자세하다.

표 3-11 |『어영청중순등록』에 나타난 무예 합격자 현황

무예 / 연도	1751	1754	1755	1756	1758	1761	1788	1795	1799	1803	1807	1812	1816	계
평검	156	144	149							7	4	1		461
용검				259	329	416	24	10	5					1043
제독검	53	75	120				322	240	277	378	351	528	482	2826
본국검							1	5	4	2	2		4	18
신검											3	6	2	11
쌍검	15	14	13				7	4	3	4	3	1	1	65
월도	18	24	9				17	17	28			1		114
언월도										11	18	39	33	101
예도	5	24	62				38	39	62	67	59	71	30	457
왜검			3	80			16	22	50	27	34		2	234
(왜검)교전	9	13	16				5	14		15	14	1	2	89
당파	82	34	66	9	47		41	41	32	37	52	110	61	612
협도	12	7	8				7	6	16	6	12	43	18	135
단창	53	16	72											141
(기창)교전							41	21	31	40	45	180	29	387
장창	4	3	7											14
죽장창							2	1	2					5
낭선	2	3	6				4	11	10	5	19	10	2	72
등패	3	2	5					2	2	5	7	7		33
보편곤	17	21	42				14	20	24	10	20	21	8	197
권법	1	10	10			3		1	2	5	6	20	1	59
곤방	1	3	3									1		8
창수					73	59								132
곤법수					20	25								45
마상기예								19		14				33
마상언월도											22	10	1	33
계	431	393	591	348	469	503	539	473	548	633	671	1050	676	7325

출처 : 정해은, 앞의 논문, 2007, 238쪽, 표 재인용. 필자가 추가한 내용은 1799년의 현황이다.

위의 〈표 3-11〉 내용을 통해 알 수 있는 것은 『어영청중순등록』에 나오는 각종 도검무예를 유심히 살펴보면 도검무예를 호칭하는 단어나 출현 시기가 매우 다양하다는 사실을 알 수 있다.

이를 정리하면 먼저 '마상'은 1756년(영조 32)부터 나타나기 시작하였고, '본국검(本國劍)'은 1788년에(정조 12), '신검(新劍)'은 1807년(순조 7)에 처음 보이고 있다. '언월도(偃月刀)'의 명칭은 순조 이후에 처음 쓰이며 그 이전에는 '월도(月刀)'로 표기되었다. '쌍수도(雙手刀)'의 명칭은 전혀 보이지 않고 '평검(平劍)' 또는 '용검(用劍)'이라는 용어로 호칭되었다.

'왜검교전(倭劍交戰)'은 초창기에는 '왜검교전'으로만 나오다가 1755년(영조 31)부터는 '왜검'과 '교전'이 분리되어 등장하고 있다.[71] '장창(長槍)'의 경우 1779년(정조 3) 이후로 '죽장창(竹長槍)'이 등장하면서 '장창'이라는 용어는 사라지게 되었다. '단창(短槍)'은 1755년(영조 31)까지 나타났지만 그 이후에는 보이지 않는다.

'보편곤(步鞭棍)'은 1779년(정조 3)부터 등장하며 그 이전까지 '편곤(鞭棍)'으로 보이고 있다. 마지막으로 '왜도(倭刀)'는 1765년(영조 41)에 한 번 보인다. 1765년(영조 41) 당시 '왜검(倭劍)'과 함께 나타나고 있는 것으로 보아 '왜도(倭刀)'가 '왜검'을 지칭하는 것이 아님을 알 수 있다.

전체적으로 내용을 종합해보면 어영청에서 도검무예의 보급이 일률적이지 않으며 용어 또한 잘 정립되지 않은 채 계속 어떤 변화를 겪고 있음을 알 수 있다. 1778년(정조2)에 정조는 각 군영의 장신들에게 명하여 군영에서 무예를 시취할 때 각기 달리 쓰는 명칭을 통일하는 방안을 마련하도록 하였다. 당시 여러 장신들이 의논하여 올린 단자의 내용에 따르면, 劍은 용검(用劍)으로, 단창(短槍)은 기창(旗槍)으로, 장창(長槍) 죽장창(竹長槍)으로, 협도곤(挾刀棍)은 협도(挾刀)로, 모검(牟劍)은 교전(交戰)으로 통일되었다.[72]

이 논의에 근거해볼 때 『어영청중순등록』에서 단창과 상창이 1778년(정조 2)이후에 등장하지 않은 이유가 분명해진다. 그것은 용어를 통일하는 조치에 따른 현상이었고, 실제로 장신들이 마련한 통일안이 군영에 적용되었다는 증거라고 볼 수 있다.[73]

이상과 같이 위에서 『어영청중순등록』의 무예 내용을 전체적으로 살펴본 바, 『무예도보통지』에 나오는 무예 24기가 어영청에 전수되거나 보급되었다는 점을 알 수 있었다. 보군이 시행한 도검무예 중에서 용검, 평검, 제독검이 많은 합격자를 배출하면서 다른 단병무예와 현격한 차이를 드러내고 있었다.

이는 어영청 군사들이 단병무예보다도 도검무예를 선호한 것으로 볼 수 있다. 또한 용검과 평검은 1761년(영조 37)까지 비중이 높은 편이었으나 1788년(정조 12) 이후로는 감소되고 제독검의 합격자가 많이 나오고 있다. 18세기 후반이후로 제독검의 비중이 매우 높아졌다고 볼 수 있다. 본국검은 『무예도보통지』에서 속칭 '신검'이라고 언급하면서 두 개의 도검무예를 같은 것으로 파악하였다. 하지만 『어영청중순등록』에는 1807년(순조 7)에에 본국검과 신검이 나란히 등장하고 있어 별개의 도검무예로 시행되었다는 점이다.

또한 중순의 내용으로 도검무예의 최고단계인 '상상'을 부여받은 군사가 나온 도검무예는 월도, 평검, 예도, 제독검, 왜검교전의 5기였다. 월도는 1751년(영조 27)에 전체 도검무예 합격자 303명 중에서 1명이었다. 이 중에서 월도 합격자는 18명이었다. 1754년(영조 30)에는 전체 도검무예 합격자 416명 중에서 1명이었다. 이 중에서 월도 합격자는 24명이었다.

평검은 도검무예 합격자 416명 중에서 1명이 '상상'을 받았다.[74] 예도는 1799년(정조 23)에 전체 도검무예 합격자 447명 중에서 1명이었다. 이 중에서 예도 합격자는 62명이었다. 제독검과 왜검교전은 1807년(순조 7)에 전체 도검무예 합격자 507명 중에서 2명이었다. 이 중에서 제독검 합격자는 351명이었으며, 왜검교전의 합격자는 14명이었다.

도검무예 합격자는 적었지만, 전체의 도검무예 합격자를 놓고 '상상' 합격자를 찾았을 경우 매우 적었다. 이는 그만큼 다른 무예에 비하여 도검무예를 평가하는 기준이 자세나 동작의 세밀한 부분까지 엄격하게 적용되었다고 판단된다. 그렇기에 '상상' 단계의 군사들이 많이 배출되지는 못했지만 한 가지의 도검무예에 전문적으로 능통할 수 있는 살수들을 양성할 수 있는 배경이 되었다고 판단된다.

2. 『장용영고사』의 도검무예

정조대 창설된 장용영은 국왕의 친위 군영으로서 역할을 담당하였다. 특히 수원 화성에 있던 장용영 외영의 군사들은 주요 일과 중의 하나가 무예를 훈련하는 것이었다. 그렇다면 실제로 장용영의 군사들이 어떠한 무예들을 연마하고 훈련하는지를 알아볼 필요가 있다. 따라서 장용영 군사들에 대한 내용이 상세하게 담겨 있는『장용영고사』를 활용하여 궁금증을 해결하고자 하였다.『장용영고사』는 전체 9권으로 편성되어 있지만 4권의 누락으로 총8권으로 되어 있다. 1785년(정조 9)부터 1800년(정조 24)까지의 16년간의 일기체 형식이다. 이 책은 장용영의 전신인 장용위(將勇衛)가 창설되는 1785년 7월부터 운영, 혁파되기 직전인 1800년 4월까지의 여러 가지 사실이 비교적 충실하게 기록되어 있다.

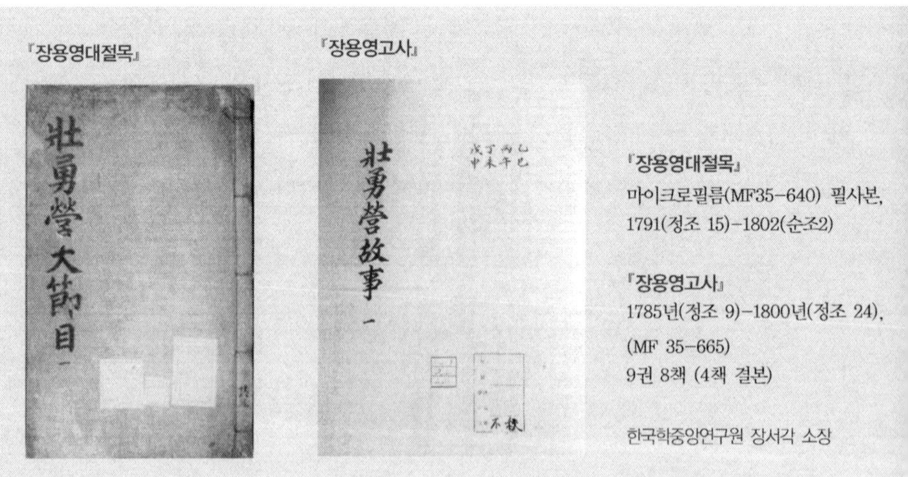

『장용영대절목』
마이크로필름(MF35-640) 필사본, 1791(정조 15)-1802(순조2)

『장용영고사』
1785년(정조 9)-1800년(정조 24), (MF 35-665)
9권 8책 (4책 결본)

한국학중앙연구원 장서각 소장

이 책의 체제와 내용은 날짜별로 전교(傳敎), 계사(啓辭), 비답(批答), 절목(節目), 단자(單子), 초기(草記) 등의 문서가 수록되어 있다. 내용 중 가장 많은 분량은 관원의 임면(任免), 숙위(宿衛), 왕이 거둥할 때의 시재, 호위, 군사훈련 등이다. 이 중에서 도검무예에 관한 내용이 나올 수 있는 시재와 군사훈련에 주목하여 살펴보고자 하였다.

『장용영고사』에서 신검과 본국검에 관한 내용을 살펴보면, 1789년(정조 13) 윤5월 6일에 시행된 장용영 중일시사(中日試射)에서는 신검[75] 과 마상재의 2기가 실시되었다. 신검은 1759년(영조 35)에 『무예신보』에 본국검이라는 명칭으로 실리게 되어 1790년(정조 14)에 편찬된 『무예도보통지』에서는 본국검으로 수용되어 기재된다. 그러면서 속칭 신검이라고 불린다는 내용을 싣고 있다.[76]

또한 1785년(정조 9) 편찬된 『대전통편』에서는 신검이 아닌 본국검의 명칭으로 관무재초시 시험과목으로 나오고 있다.[77] 이외에 중일(中日)시재에 나오는 도검무예의 경우를 살펴보면 『속대전』의 살수에 검예(劍藝)라 하여 월도, 쌍검, 제독검, 평검, 권법 등 5기 중에서 1기를 선택하여 시험을 실시한다는 내용이 처음으로 보인다.[78]

이를 통해 신검이라는 도검무예가 1789년(정조 13) 윤5월 6일자 기사에 보인다는 것은 그전까지 도검무예는 마군에서 별기(別技)로 시행한 마상쌍검과 마상월도의 2기만 나왔지만, 보군의 도검무예가 최초로 보인다는 것은 『무예도보통지』를 편찬하는 시기에 도검무예를 장용영 군사들에게 보급하려는 의도로 파악할 수 있다.[79]

또한 정조는 장용영 군사들의 무예에 대한 훈련에 대해서도 각별한 관심을 가지고 있었다. 1788년(정조 12) 9월 27일자에 "본영의 각 초(哨)와 각 색(色)의 군병 등은 날마다 기예를 익히지만, 누가 낫고 누가 못한 지는 한두 가지 기예로 구별할 수 없으니, 글로 써서 지금 이후에는 칠색군(七色軍)과 마보군(馬步軍)을 따지지 않고 그 이름 아래에 숙련된 기예를 하나하나 현주(懸註)하라"며 장용영에 내린 전교가 실려 있다.[80]

이처럼 정조는 장용영에 소속된 군사 개개인들이 어떤 무예에 뛰어난 지를 직접 파악하고자 하였다. 무예에 대한 정조의 관심과 열정을 단적으로 파악할 수 있는 대목이라고 볼 수 있다.

정조는 무예에 대한 관심과 열정은 장용영 외영에 상주하는 보군인 십팔기군(十八技軍)과 마군인 선기대(善騎隊)를 두어 24기를 수련케 하였으며, 이 모두를 통합 정리한 『무예도보통지』의 편찬으로 이어졌다. 1790년(정조 14년) 4월 4일의 기사와 『무예도보통지』의 완성을 알리는 같은 해 4월 29일의 기사는 이러한 사실을 잘 드러내주고 있다. 먼저 『무예도보통지』와 관련해서는 1790년(정조 14) 4월 4일자에 장용영 18기군은 매초(每哨) 15명씩 돌아가며 훈련할 것을 명하는 내용이 나온다. 이에 대한 자세한 내용은 다음과 같다.

> 장용영에 전교하기를 "각 초에서 가려 뽑은 18技軍은 무예 익히는 것을 권장하고 단속하는 뜻이 있었다. 그들이 '추위와 더위에 온갖 고생을 한 지' 이미 2년이 지났으니 그 노고에는 軫念의 뜻이 있다. 처음 설치했을 때는 武藝에 탁월한 자를 뽑고, 차례로 哨를 내려 지금까지 敎場을 왕래하고 있다고 한다. 그러므로

과거에 뽑았던 武藝에 능한 자는 지금 친히 시험을 보아 차례를 정하고, 下哨는 새로 모든 武藝를 가지고 있는 자로 뽑아 다시 수련의 부지런하고 게으름을 살펴 차례로 성명 일체를 기록하라. 下哨를 이렇게 하는 뜻을 해당 司의 파총이 모두 알게 하라. 매 초 30명을 定數로 가린 것은 매우 많다. 그러므로 지금 15명씩 돌아가며 훈련을 시작하고, 교관 한 사람이 전담하여 거행하기 어려움이 있으니, 좌, 우열의 將勇衛 중에서 각 1명을 더 정해서 앞의 교관과 함께 3명에게 본래의 벼슬을 제수하고 돌아가면서 할 것을 엄히 신칙하라.[81]

위 기사는 정조가 18기군 무예 훈련에 대해 지시하는 내용이다. 매 초마다 30명씩 훈련하는 것을 15명으로 축소하여 돌아가면서 무예 훈련을 실시하라고 지시하는 내용이다. 그리고 교관 1명이 전담하기 보다는 2명을 보완하여 교관 3명이 1조가 되어 군사들의 무예 훈련을 시키라는 것이다.

다음은 1790년(정조 14) 4월 29일자에 장용영에서 『무예도보통지』를 올리는 내용이다. 『무예도보통지』의 편찬에 참여했던 사람과 이후에 관직을 어떻게 제수했는지 그리고 참여한 사람들에게 내린 포상내역이 상세하게 기록되어 있다. 그 기사 중에서 핵심이 되는 『무예도보통지』 편찬 기사를 살펴보면 다음과 같다.

『무예제보』에는 곤방, 등패, 낭선, 장창, 당파, 쌍수도의 6기를 척계광의 『기효신서』에서 뽑아 실었는데, 선조때 훈국에 명하여 韓嶠가 조선에 출정한 장수들에게 두루 물어 撰譜로 출간했다. 영조 己巳(1749)년에 莊獻世子가 여러 정사를 대신하면서 己卯(1759)년에 죽장창, 기창, 예도, 왜검, 왜검교전, 월도, 협도, 쌍검, 제독검, 본국검, 권법, 편곤 등 12기를 더 넣어 도해로 엮어 『무예신보』를 만들었다. 내가 즉위 초에 명하여 騎槍, 馬上月刀, 馬上雙劍, 馬上鞭棍의

4기를 더 넣고 또 擊毬, 馬上才를 덧붙이니 모두 24기이다. 檢書官 李德懋, 朴齊家에게 명하여 장용영에 사무국을 열고 자세히 살펴 편집하게 하여 주석과 해설을 붙이고 모든 잘잘못에 대해서도 다시 논단케 했다. 이어 장용영 초관 白東脩에게 명하여 기예를 살펴 시험하고서 간행하도록 했다. 그 차례는 열성조가 군문을 설치하고 편찬한 병서와 내원에서 시열 한 것을 상고하여 연월을 따라 일을 차례로 배열한 두에 「兵技總敍」라 명하여 책의 첫머리에 싣고, 다음에는 척계광과 모원의의 小傳인 「戚茅事實」과 다음은 韓嶠가 편찬한 「技藝質疑」를 실었다. 다음에는 인용한 서목, 다음은 24技에 대한 해설과 설명 및 그림을 두고, 다음에는 모자와 복장에 대한 그림과 설명을 붙였다. 또 각 영이 기예를 익히는 것이 같지 않기 때문에 考異表를 만들어 그 끝에 붙이고 또 諺解 1권이 있어서 책 5권의 처음에 御製序를 붙여 올렸다.[82]

이 외에도 이덕무(李德懋)는 편집한 공로로 외사품(外四品)에 제수하고, 박제가(朴齊家)는 기록과 편집한 공로가 있고, 장세경(張世經)은 어제(御製)와 원본을 기록한 공로가 있으니 그에 상응하는 외직에 조용(調用)하라는 내용도 있다. 또한 백동수(白東脩)는 교정한 공로가 있으니 근무일수를 채울 동안 자리를 기다려 복직시키고 먼저 사과(司果)에 임명하고, 무예와 각 자세를 해설한 간세인(看勢人) 지구관 여종주(呂宗周), 김명숙(金命淑)과 감인(監印)을 담당한 김종환(金宗煥) 등 장교는 변장(邊將)에 제수하라고 지시하는 내용 등이 주목할 만한 내용이다.

여기서 간세인은 무예의 '세'에 대한 방법을 살펴 바르고 틀린 것을 교정하는 임무를 가진 사람이며, 감인은 인쇄나 간행하는 사무를 감독하는 사람을 지칭하는 것이다.

『장용영고사』가 갖는 자료적 특징은 『조선왕조실록』과 『무예도보통지』에 수록되지 않는 내용이 있다는 점이다. 예를 들면, 『조선왕조실록』에는 『무예도보통지』 편찬내용만 나와 있고, 『무예도보통지』는 범례에서 『무예도보통지』의 편찬과 실제 기법에 대한 자세한 내용을 언급하고 있지만, 실제적으로 『무예도보통지』의 편찬자들이 어떤 관직을 제수 받고, 포상으로 어떤 물품을 받았는지는 상세하게 나와 있지 않다는 것이다.

또한 『장용영고사』에 나오는 위의 두 기사를 통해 『무예도보통지』의 편찬은 사도세자가 편찬한 『무예신보』의 단병무예 18기를 계승하고 마상무예 6기를 보완하여 총24기로 완성되었다는 점과 이 책을 통하여 각 군영에 통일이 되지 않은 단병무예의 용어와 훈련방식들을 하나로 묶어 단병무예의 표준을 제공하기 위한 의도가 담겨져 있다고 볼 수 있다.

다음은 『장용영고사』에 나오는 도검무예를 연도별 시사(試射)로 정리한 내용이다. 도검무예가 처음 보이는 시기는 1788년(정조 8) 마군에서 마상쌍검과 마상월도이다. 보군의 도검무예가 보이는 시기는 1789년(정조 9)에 신검이 나오고 있다. 따라서 도검무예가 나오는 1788년(정조 8)부터 1799년(정조 23)까지 도검무예를 대상으로 정리하였다. 이에 대한 내용은 〈표 3-12〉에 자세하다.

표 3-12 | 1788년 ~ 1799년 시사 도검무예 내용

시사명	연월일	무예명				개수
		병종	단병무예	도검무예	기타	
영우원작헌례 永祐園酌獻禮	1788년(정조 8) 4월 4일	마군		마상쌍검, 마상월도,	기창교전, 마상편곤, 마상재, 기사	6
중일청시사 中日廳試射	1788년(정조 9) 9월 3일	보군			철전, 유엽전, 편전, 소포	9
		마군		마상쌍검, 마상월도	마상재, 기창교전, 기추	
장용영중일시사 壯勇營中日試射	1789년(정조 9) 윤5월 6일	보군		신검		2
		마군			마상재	
서총대시사 瑞蔥臺試射	1792년(정조 16) 2월 21일	보군			유엽전, 편전, 조총, 소포	7
		마군		마상쌍검	기추, 마상재	
장용영시사 壯勇營試射	1792년(정조 16) 10월 24일	보군		용검	유엽전, 조총	3
서총대시사 瑞蔥臺試射	1794년(정조 18) 9월 25일	보군			유엽전, 편전	3
		마군		마상월도		
장용영대비교 壯勇營大比較	1795년(정조 19) 3월 10일	보군	곤추(棍芻)	청룡도	유엽전, 철전	5
		마군			기추	
장용영동등시사 壯勇營冬等試射	1795년(정조 19) 9월 26일	보군		쌍검, 예도, 왜검교전	유엽전, 소포, 편전, 철전, 조총	11
		마군		마상쌍검, 마상월도	마상재	
남소영시방 南小營試放	1795년(정조 19) 12월 20일	보군		제독검, 월도	조총	3
장용영하등시사 壯勇營下等試射	1796년(정조 20) 4월 4일	보군	곤추	협도, 왜검교전	유엽전, 소포, 철전	8
		마군			騎창교전, 마상재	
장용영 중일시사 壯勇營中日試射	1797년(정조 21) 3월 24일	보군	곤추, 기창	청룡도	유엽전, 철전	8
		마군		마상월도, 마상쌍검	騎芻	
장용영추등시사 壯勇營秋等試射	1797년(정조 21) 8월 27일	보군	곤추	쌍검, 왜검교전	유엽전, 조총, 철전, 은관혁(銀貫革)	11
		마군		마상쌍검, 마상월도	마상재, 기창교전	
서총대시상 瑞蔥臺施賞	1798년(정조 22) 8월 22일	보군			유엽전	4
		마군		마상월도, 마상쌍검	마상재	
장용영대비교 壯勇營大比較	1799년(정조 23) 10월 24일	보군	곤추		유엽전, 철전	6
		마군		마상월도, 마상쌍검	기추	
향군하번시사 鄕軍下番試射	1799년(정조 23) 12월 25일	보군		용검	유엽전, 조총	3
		마군				
		소계	6	30	53	
총계						89

출처 : 『장용영고사역주』 권1~권9, 수원시화성사업소, 2005

위의 〈표 3-12〉 내용은 『장용영고사』에 나오는 시사(試射)의 도검무예를 정리한 것이다. 도검무예에 관한 시사는 총15회에 걸쳐 무예가 89개가 나오고 있다.

연도별로는 1788년(정조 12)에 2회, 1789년(정조 13)에 1회, 1792년(정조 16)에 2회, 1794년(정조 18)에 1회, 1795년(정조 19)에 3회, 1796년(정조 20)에 1회, 1797년(정조 21)에 2회, 1798년(정조 22)에 1회, 1799년(정조 23)에 2회에 걸쳐서 나온다.

이를 무예 유형별로 살펴보면, 단병무예는 6개, 도검무예는 30개, 기타는 53개이다, 단병무예의 종류로는 곤추(棍芻) 5회, 기창 1회의 2기가 나왔으며, 도검무예는 마상쌍검 8회, 마상월도 8회, 신검 1회, 용검 2회, 청룡도 2회, 쌍검 1회, 예도 1회, 왜검교전 3회, 제독검 1회, 월도 1회, 협도 1회 등 11기가 보였다. 기타 무예로는 마상무예에 해당하는 기창교전 3회, 마상편곤 1회, 마상재 8회, 기사(騎射) 1회, 기추(騎芻) 4회, 궁시류에 속하는 철전 7회, 유엽전

| 마상편곤, 마상월도, 마상쌍검 |
민승기, 『조선의 무기와 갑옷』, 가람기획, 2004, 128쪽, 149쪽, 193쪽

12회, 편전 4회, 소포(小布) 4회, 은관혁(銀貫革) 1회가 나왔으며, 조총 5회 등 11기가 나타났다.

이에 대한 도검무예에 관한 세부 내용을 연도별로 살펴보면 다음과 같다.

① 1788년(정조 12) 4월 4일에 시행된 영우원작헌례(永祐園酌獻禮)에서는 기창교전, 마상쌍검, 마상월도, 마상편곤, 마상재, 기사 등 마군의 6기가 실시되었다.[83] 이 중에서 마상쌍검, 마상월도의 2기는 도검무예에 해당하는 무예라고 할 수 있다. 장용영의 보군보다 먼저 마군에서 도검무예를 보급하여 군사들에게 훈련한 것임을 알 수 있다.

② 1788년(정조 12) 9월 3일에 시행된 중일청시사(中日廳試射)에서는 철전, 유엽전, 편전, 소포, 마상쌍검, 마상월도, 마상재, 기창교전, 기추 등 9기가 실시되었다. 보군의 무예는 철전, 유엽전, 편전, 소포 등 4기였고, 마군의 무예는 마상쌍검, 마상월도, 마상재, 기창교전, 기추 등 5기였다.[84] 여기서도 마찬가지로 마군에서만 마상쌍검, 마상월도의 도검무예가 보이고 있다.

③ 1789년(정조 13) 윤5월 6일에 시행된 장용영 중일시사(中日試射)에서는 신검[85]과 마상재의 2기가 실시되었다.[86] 신검은 1759년(영조 35)에 『무예신보』에 본국검이라는 명칭으로 실리게 되어 1790년(정조 14)에 편찬된 『무예도보통지』에서는 본국검으로 수용되어 기재된다. 그러면서 속칭 신검이라고 불린다는 내용을 싣고 있다.[87]

또한 1785년(정조 9) 편찬된 『대전통편』에서는 신검이 아닌 본국검의 명칭으로 관무재초시 시험과목으로 나오고 있다.[88] 이외에 중일(中日)시재에 나오는 도검무예의 경우를 살펴보면 『속대전』의 살수에 검예(劍藝)라 하여 월도, 쌍검, 제독검, 평검, 권법 등 5기 중에서 1기를 선택하여 시험을 실시한다는 내용이 처음으로 보인다.[89]

이를 통해 신검이라는 도검무예가 1789년(정조 13) 윤5월 6일자 기사에 보인다는 것은 그전까지 도검무예는 마군에서 별기로 시행한 마상쌍검과 마상월도의 2기만 나왔지만, 보군의 도검무예가 최초로 보인다는 것은 『무예도보통지』를 편찬하는 시기에 도검무예를 장용영 군사들에게 보급하려는 의도로 파악할 수 있다.

④ 1792년(정조 16) 2월 21일에 시행된 서총대시사(瑞葱臺試射)에서는 유엽전, 편전, 조총, 소포, 기추, 마상재, 마상쌍검 등 7기가 시행되었다. 보군이 실시하는 무예는 유엽전, 편전, 조총, 소포 등 4기이며, 마군이 실시하는 무예는 기추, 마상재, 마상쌍검 등 3기로 구분할 수 있다.[90] 이 중에서 도검무예에 해당하는 마상쌍검은 마군별기에 해당하는 무예이다.

⑤ 1792년(정조 16) 10월 24일에 시행된 장용영 시사(試射)에서는 장용영의 우사(右司) 우초(右哨)가 고양(高揚)에서 번을 마치고 향군의 활쏘기와 조총사격 시험과 강진(講陣) 및 무예를 행하고 차등을 두어 시상한 내용이다. 무예로는 보군에게만 해당하는 유엽전, 조총, 용검 등 3기가 실시되었다.[91] 용검은 『무예도보통지』에서

쌍수도라는 용어로 나오는 도검무예이다.[92] 이외에도 평검, 장도 등의 명칭으로 부른다.

영조대에 편찬된 『속대전』의 살수에서는 용검이라는 무예가 아닌 평검이라는 무예로 실려 있다. 또한 장용영에는 단병무예를 훈련하는 18기군 또는 능기군(能技軍)으로 호칭되는 보군이 있으며, 특히 도검무예를 훈련하는 군사는 용검군[93]에 소속되었다.

⑥ 1794년(정조 18) 9월 25일에 시행된 서총대시사(瑞蔥臺試射)에서는 유엽전, 편전, 마상월도 등 3기가 실시되었다. 여기서 눈에 띄는 것은 마군별기에 해당하는 마상월도가 도검무예의 무예로서 실시되었다는 점이다.[94]

⑦ 1795년(정조 19) 3월 10일 시행된 장용영 대비교(大比較)에서는 유엽전, 철전, 곤추, 청룡도, 기추 등 5기가 실시되었다. 여기서 보군의 무예 중에서 새롭게 눈에 띄는 것이 곤추(棍芻)와 청룡도(青龍刀)이다.[95] 곤추는 편추와 마찬가지로 곤으로 짚 인형을 맞추는 기예이다. 청룡도는 칼날의 모양이 청룡을 닮았다고 해서 붙여진 이름이다. 다른 이름으로는 청룡언월도라는 명칭을 사용한다.

청룡도를 평가할 때는 3가지로 분류하여 최고 점수인 '상상'은 운용(運用), '상중'은 능거(能擧), '상하'는 반거(半擧)로 지칭했다고 한다. 청룡도는 월도와 무양은 비슷하나 세법의 숙련도를 평가하는 월도와 달리 힘과 기세를 재기 위한 무예의 하나로 무예 24기에는 포함되지 않는다.[96]

⑧ 1795년(정조 19) 9월 26일에 시행된 장용영 동등시사(冬等試

射)에서는 유엽전, 소포, 편전, 철전, 쌍검, 예도, 왜검교전, 조총, 마상재, 마상쌍검, 마상월도 등 11기가 실시되었다. 보군의 무예는 유엽전, 소포, 편전, 철전, 쌍검, 예도, 왜검교전, 조총 등 8기가 실시되었다. 이 중에서 쌍검, 예도, 왜검교전의 3기는 도검무예에 해당하는 무예이다.[97]

이 도검무예들은 모두 『무예신보』에 새롭게 추가된 무예들이다. 쌍검은 1746년(영조 22)에 편찬된 『속대전』 중일(中日) 시재의 살수 시험과목에 들어가서 『대전통편』에 수록되어 있는 도검무예이며, 예도와 왜검교전은 1785년(정조 9)에 편찬된 『대전통편』에 새롭게 추가된 보군의 도검무예들이다.

또한 이 도검무예들은 사도세자가 1759년(영조 35)에 편찬한 『무예신보』에도 새롭게 추가되는 단병무예 12기 안에 포함되는 무예들이다. 이 쌍검, 예도, 왜검교전은 도검무예를 전문으로 훈련하는 장용영의 18기군 중에서 용검군(用劍軍)을 별도로 양성하기 위한 정조의 의도가 내포된 것이라고 볼 수 있다. 이외에 마군의 무예는 마상재, 마상월도, 마상쌍검 등 3기가 실시되었다. 이를 통해 도검무예는 장용영에 소속된 보군과 마군에게 자연스럽게 전수된 것으로 보인다. 실제로 쌍검, 예도, 왜검교전, 마상월도, 마상쌍검 등의 도검무예는 『무예도보통지』에 자세하게 그 기법과 형식들이 적혀있다.

⑨ 1795년(정조 19) 12월 20일에 시행된 남소영시방(南小營試放)에서는 조총, 제독검, 월도 등 3기가 실시되었다.[98] 모두 보군의 무예들로서 사수의 조총을 제외하고는 살수들이 훈련하는 제독

검과 월도의 도검무예들이었다. 제독검은 명나라의 이여송(李如松)의 검법이라고 『무예도보통지』에서는 밝히고 있다.[99] 월도는 일명 언월도라고도 하는데, 반달처럼 생겼다고 해서 붙여진 이름이다.[100] 이 도검무예들 역시 『무예도보통지』에 실제기법과 내용들이 자세하게 수록되어 있다.

⑩ 1796년(정조 20) 4월 4일에 시행된 장용영 하등시사(夏等試射)에서는 유엽전, 소포, 철전, 곤추, 협도, 왜검교전 기창교전, 마상재 등 8기가 실시되었다. 보군의 무예는 유엽전, 소포, 철전, 곤추, 협도, 왜검교전 등 6기이다. 이 중에서 능기군(能技軍)들이 도검무예로 시험을 실시한 기예는 협도와 왜검교전의 2기였다.[101]

협도는 1610년(광해군 2)에 편찬된 『무예제보번역속집』에 협도곤(挾刀棍)[102] 으로 기재되었다가 1759년(영조 35)에 편찬된 『무예신보』의 단계에서 협도로 바뀌어 실리게 되었다. 이것이 1790년(정조 14)에 편찬된 『무예도보통지』에 자연스럽게 수용되어 그대로 실리게 되었다고 볼 수 있다. 협도와 왜검교전의 실제기법과 내용이 『무예도보통지』의 그대로 수용되어졌으며, 마군의 무예인 기창교전과 마상재도 『무예도보통지』에 마상무예 6기에 포함되어 그 실제기법과 내용이 담겨져 있다고 할 수 있다.

⑪ 1797년(정조 21) 3월 24일에 시행된 장용영 중일시사(中日試射)에서는 유엽전, 철전, 곤추, 청룡도, 기창 기추, 마상월도, 마상쌍검 등 8기가 실시되었다. 보군의 무예는 유엽전, 철전, 곤추, 청룡도, 기창 등 5기기 실시되었으며, 도검무예에 해당하는 기예는 청

룡도 1기뿐이었다. 또한 기창도 『무예도보통지』에 수록되어 있는 무예로 장용영 군사들에게 시사(試射)를 통해 보급되고 있음을 알 수 있었다.[103] 마군의 무예는 기추, 마상월도, 마상쌍검 등 3기였으며, 말을 타는 장교들에게 주로 보급되었던 무예로 보인다.

⑫ 1797년(정조 21) 8월 27일에 시행된 장용영 추등시사(秋等試射)에서는 유엽전, 조총, 철전, 은관혁, 곤추, 쌍검, 왜검교전, 마상재, 마상쌍검, 마상월도, 기창교전 등 11기가 실시되었다. 보군의 무예는 유엽전, 조총, 철전, 은관혁, 곤추, 쌍검, 왜검교전 등 7기가 실시되었으나, 이 중에서 도검무예에 해당하는 기예는 쌍검과 왜검교전의 2기였다.

이 도검무예들은 능기군(能技軍)[104] 들의 보군이 시행하였다. 『무예도보통지』의 도검무예 중에서 쌍검과 왜검교전은 도검무예를 다루는 군사들에게 많이 보급되었으며, 마군의 무예인 마상재, 마상쌍검, 마상월도, 기창교전 등 4기도 말을 타는 선기대(善騎隊)의 장교들에게 많이 보급된 것으로 보인다.

⑬ 1798년(정조 22) 8월 22일에 시행된 서총대입격인등시상(瑞葱臺入格人等施賞)에서는 유엽전, 마상월도, 마상쌍검, 마상재 등 4기가 실시되었다. 보군의 무예는 유엽전 1기뿐이였고, 마상월도, 마상쌍검, 마상재의 3기는 마군의 무예였다.[105] 이 중에서 도검무예는 마군의 장교들이 시험 본 마상월도와 마상쌍검의 2기였다. 이 두 도검무예는 선기대(善騎隊)의 군사들에게 활발하게 보급이 된 것으로 보인다.

⑭ 1799년(정조 23) 10월 24일에 시행된 장용영 대비교(大比較)에서는 유엽전, 철전, 곤추, 기추, 마상월도, 마상쌍검 등 6기가 실시되었다. 보군의 무예는 유엽전, 철전, 곤추의 3기였으며, 마군의 무예는 기추, 마상월도, 마상쌍검 등 3기였다.[106]

⑮ 1799년(정조 23) 12월 25일에 시행된 고양향무사향군시사(高揚鄕武士鄕軍試射)에서는 보군에 무예인 유엽전, 조총, 용검의 3기가 실시되었다.[107] 이 중에서 도검무예에 해당하는 용검은 1792년(정조 16)에도 기사가 나오고 있다. 이는 용검이 쌍검과 왜검교전처럼 도검무예를 전문적으로 훈련하는 용검군에게 많이 보급되어진 것으로 보인다. 결국 1790년(정조 14)에 완성된 『무예도보통지』의 24기 무예가 장용영군사들에게 자연스럽게 보급되어졌다는 점이다.

위에서 제시한 전체적인 도검무예에 대한 내용을 종합적으로 정리하면 다음과 같다. 정조대에 시행된 도검무예는 마군이 먼저 시행했다는 것을 기록을 통해 알 수 있었다. 1790년(정조 14) 『무예도보통지』가 편찬되기 전까지는 마군의 별기인 마상쌍검과 마상월도만이 실시되었다.

이후 『무예도보통지』를 편찬하는 시기인 1789년(정조 13년)에 장용영에서 시행한 중일시사(中日試射)부터 보군에게 신검을 가르치고 보급했다는 시사(試射)의 무예내용을 통해 알 수 있었다. 실제적으로 보군의 도검무예를 전담하는 용검군의 군사들에게 보급되는 시기는 1792년의 용검의 보급 이후 1795년(정조 19)년부터 『무예도보통지』에 보이는 도검무예 보급된 것이 파악되었다.

시사가 시행된 연도별로 도검무예를 살펴보면, 1789년(정조 13)의 신검을 시작으로 1792년(정조 16)에 용검, 1795년(정조 19)에 청룡도, 쌍검, 예도, 왜검교전, 제독검, 월도 등 6기가 보급되었다. 1796년(정조 20)에는 협도, 왜검교전, 청룡도의 3기, 1797년(정조 21)에는 청룡도, 쌍검, 왜검교전의 3기, 1799년(정조 23)에는 용검 등이 보였다.

이처럼 청룡도를 제외한 『무예도보통지』에 나오는 신검(본국검), 쌍검, 예도, 왜검교전, 제독검, 월도, 협도, 용검(쌍수도) 등 8기의 도검무예가 장용영에 보급되고 있었음을 『장용영고사』를 통해 알 수 있었다. 다만 왜검과 등패의 2기에 대한 내용은 찾을 수 없었음이 아쉬움으로 남는다. 또한 마상쌍검, 마상월도의 2기는 1788년(정조 12)부터 꾸준히 지속적으로 마군들에게 보급되었다.

그러나 도검무예 10기 중에서 8기가 장용영의 용검군의 군사들에게 전수되고 보급된 내용이 실제적으로 파악되어 매우 의미가 있었다. 이처럼 도검무예의 기예가 장용영에 보급되고 있다는 사실은 단병무예 안에서 도검무예가 갖는 위상이 매우 높다는 사실을 보여주는 것이라 생각된다.

임진왜란 이후로 조선에 들어온 도검무예가 1598년(선조 31)에 편찬된 『무예제보』에서는 장도, 등패의 2기, 1610년(광해군 2) 편찬된 『무예제보번역속집』에서는 청룡언월도, 협도곤, 왜검의 3기, 1759년(영조 35)에 편찬된 『무예신보』에서는 예도, 왜검교전, 월도, 협도, 쌍검, 제독검, 본국검 등 7기로 증가하였다.

앞에서 언급한 세 개의 단병무예서에 나오는 도검무예를 전체적으로 포함하여 1790년(정조 14)에 편찬된 『무예도보통지』에서는 쌍수도, 예도, 왜검, 왜검교전, 제독검, 본국검, 쌍검, 월도, 협도, 등패 등의 10기로 보군의 도검무예를 정비하고 이 시점을 기준으로 장용영 군사들에게 실제로 10기의 도검무예를 보급하였다는 점에 주목할 필요가 있다.

이는 장용영에서 200년 동안 조선, 명, 왜의 도검무예인 쌍수도, 예도, 왜검, 왜검교전, 제독검, 본국검, 쌍검, 월도, 협도, 등패 등 동양 삼국의 도검무예를 통하여 군사들에게 개별적으로 전수하여 도검무예에 대한 각 기예에 전문적인 살수를 양성하기 위한 조치로서 『무예도보통지』가 활용된 것으로 보인다. 이러한 조치는 장용영의 용검군처럼 도검무예를 습득하는 군사들을 전문적으로 양성할 수 있는 환경을 조성하는 기반이 되었다고 볼 수 있다.

3절

도검무예의 특성과 의의

18세기 이후 도검무예에 나타난 특성은 군영으로의 보급과 실상이라고 할 수 있다. 18세기 『무예도보통지』를 기반으로 도검무예에 대한 실제적인 정비가 이루어졌다. 그러나 도검무예의 실제적인 정비와 함께 군영에 얼마만큼 보급이 되었는지에 대한 전체적인 실상을 밝히는 것이 의의이다.

이를 위해 『대전통편』, 『만기요람』, 『어영청중순등록』, 『장용영고사』 등의 사료를 이용하여 도검무예의 보급과 실상을 설명하고자 한다.

도검무예에 나오는 시취규정은 『대전통편』에서는 관무재와 중일시사이며, 『만기요람』에서는 중순과 관무재이다. 이에 대한 내용을 살펴보면 다음과 같다.

『대전통편』에 나타난 관무재이다. 관무재초시의 경우 『대전통편』에 가서는 마군과 보군의 무예를 서로 구별하여 지정한 특징이 있다. 마군은 마상언월도의 1기를 지정하여 장교를 대상으로 실시한 반면, 보군은 용검, 쌍검, 제독검, 언월도, 왜검, 왜검교전, 본국검, 예도, 등패, 협도 등 10기의 도검무예를 지정하였다. 도검무예는 살수의 체계적인 양성을 위한 군사훈련 목적으로 보인다.

또한 포수의 조총, 사수의 유엽전, 편전에 비하여 살수 중에서 도검무예를 습득해야 하는 용검, 쌍검, 제독검, 언월도, 왜검, 왜검교전, 본국검, 예도, 등패, 협도 등 10기의 내용이 많다는 점이다. 이는 포수와 사수의 양성보다는 아직까지 부족한 살수의 무예들을 적극적으로 훈련시키고자 하는 의도로 볼 수 있다.

이는 조선 정부가 임진왜란 이후 조선에 수용된 조선, 명, 왜의 도검무예들을 군사들이 집단적으로 도검무예 전체를 모두 습득하기에는 많은 시간과 효율성에서 문제가 있다고 판단하여, 다양한 도검무예를 시험과목으로 선정하고, 그 중에서 군사들 본인이 스스로 도검무예를 1기에서 2기 내외로 개인의 역량과 숙달도 그리고 전문성을 고려하여 선택하도록 유도하여 1인 1기의 전문가를 배출하고자 한 목적이 있었을 것으로 생각할 수 있다.

이후 군사 개인의 역량을 강화하여 전문가가 되었을 때 전체적으로 집단 군사훈련에서 각자의 역할이 분업화되고 실제적으로 효율성을 담보할 수 있는 상태를 요구한 것으로 보인다. 이를 위해 포상 제도를 도입하여 군사들의 사기를 진작하고 군사훈련에 대한 동기 부여를 줌으로써 개인의 역량을 극대화하는 방향에서 이루어진 것이라고 볼 수 있다.

『대전통편』에 나타난 중일이다. 살수는 도검무예에 대한 내용을 시행하는 것으로 나타나 있다. 살수는 검예(劍藝) 1기만을 시험 보았으나, 도검무예 종류 중에서 선택을 할 수 있었다. 또한 살수들이 훈련하는 도검무예가 새롭게 나타난다는 점이다. 이는 도검무예가 체계적으로 시험과목에 채택되어 시험기준이 마련되어 정착되어 간다는 의미를 부여할 수 있다.

검예 안에는 월도, 쌍검, 제독검, 평검의 도검무예 4기와 맨손무예인 권법의 1기를 포함한 5기가 들어가 있다. 이 중에서 하나를 선택하는 조건은 있지만 그동안 궁시에 밀려 천시 받던 도검무예가 법전에 제도화 되어 나타난다는 점은 매우 흥미로운 사실이다. 결국 임진왜란을 겪으면서 근접전에서 가장 효율성이 높은 도검무예의 실상을 파악한 조선은 결국 도검무예의 검술을 수용하여 법전에 시험과목으로 선정하면서 도검무예를 정착시켜 나갔다고 볼 수 있다.

『만기요람』에 나타난 중순이다. 훈련도감의 중순을 기준으로 도검무예에 대한 내용을 살펴보면, 보군은 검(등패, 낭선, 장창 포함), 왜검교전, 예도, 협도 등의 4기가 지정되어 시행되었다. 여기서 주목할 점은 보군의 원기(元技)에 속한 검의 기예 안에 등패, 낭선, 장창 등이 함께 포함되어 있다는 것이다. 낭선과 장창을 제외한 등패는 요도(腰刀)를 함께 사용하는 기예로 도검무예라고 볼 수 있다. 이 기예들은 훈련도감의 포수, 사수, 살수 중에서 살수들을 기본적으로 훈련시키기 위하여 배려한 기예라고 할 수 있다.

도검무예의 훈련도감 응시자의 지원제한규정을 살펴보면, 월도는 각초(各哨)에 10명, 별무사는 2명, 국출신은 각국(各局)에 1명씩만 제한을 두었고, 쌍검은 각초에 5명, 별무사는 2명, 국출신은 각국에 1명씩 제한을 두었다. 도검무예 실기시험 규정에 있어서 월도와 쌍검은 서로 중복해서 응시를 못하였고, 또한, 왜검교전수도 예도와 협도를, 예도와 협도수가 왜검교전 기예를 중복해서 응시할 수 없었다. 이는 군사들이 여러 종류의 도검무예를 전체적으로 훈련하기보다는 한 가지의 도검무예 지식과 실기를 체계적으로 훈련하여 그 분야의 전문가가 될 수 있도록 배려를 한 제도규정이라고 볼 수 있다.

이처럼 도검무예들이 군사훈련의 필수와 선택과목으로 지정되어 시험을 보았다는 것은 실제로 군사들에게 체계적으로 도검무예가 지정되어 전수되었다는 것을 의미한다.

『만기요람』에 나타난 관무재이다. 도검무예를 기준으로 삼군영의 내용을 검토하면, 훈련도감 보군의 원기는 검예 1기, 별기는 왜검교전, 예도, 협도의 3기로 지정되었다. 금위영 보군 별기는 왜검교전, 예도, 언월도, 제독검, 본국검, 협도, 등패 등 7기로 구성되었다. 어영청 보군 원기는 제독검, 언월도, 쌍검, 본국검, 용검 등 5기, 별기는 예도, 협도, 왜검교전 3기로 지정되어 있었다.

이중에서 훈련도감, 금위영, 어영청 등 삼군문에 도검무예가 공통으로 편성되어 있는 기예로는 왜검교전, 예도, 협도 등 3기이었다. 다만, 시예 규정에서 보군은 왜검교전과 예도 그리고 협도는 중복하여 시험을 실시하지 않음을 제시하고 있다. 이는 중순의 시예규정에서도 동일하게 적용했는데 조선의 군영에서 전문전인 살수를 양성하는 목적을 가진 도검무예의 특징이라고 볼 수 있다. 이를 통해 18세기 『무예도보통지』에 실려 있는 도검무예가 실제적으로 훈련도감, 금위영, 어영청 등의 군사들에게 법제적으로 시취규정에 지정되어 군영에서 실시되고 있음을 알 수 있었다.

다음은 군영등록에 나오는 도검무예와 포상 인원과 내역 등을 검토함으로써 실제적인 보급 실태를 정리한 내용이다.

『어영청중순등록』에 나타난 영조대 도검무예 과목과 포상 내용이다. 영조대에는 총10회의 중순상시재가 시행되었다. 무예 유형으로는 제장교(諸將校) 무예 총44개, 군병 무예 95개로 나왔다. 도검무예의 명칭과 인원, 포상내역 등 자세한 사항이 나오는 연도는 1751년(영조 27), 1754년(영조 30), 1755년(영조 31) 등 세 번이었다. 이어서 도검무예에서 용검수(用劍手)에 대한 명칭과 세부 포상내역만을 정리한 내용은 1768년(영조 44)과 1774년(영조 50)에 두 번 나온다.

또한, 평검수(平劍手)라는 명칭과 세부 포상내역만을 정리한 내용은 1758년(영조 34)과 1761년(영조 37)에 두 번 나온다. 이 내용들은 포상내역에만 집중되어 있고, 군사들의 실제인원이 얼마나 되는지는 대한 내용이 없다. 아울러 '상상', '상중', '상하'의 표기만이라도 있으면 인원을 산출할 수 있는 근거를 잡을 수 있는 여건이 마련되지만 여기서는 이것조차 찾을 수 없었다. 그러나 군사들의 포상내역을 통하여 실제로 얼마만큼의 물자가 군사들에게 지급되었는지를 알 수 있는 자료를 제공한다는데 의의가 있다고 볼 수 있다.

다음은 1756년(영조 32), 1765년(영조 41), 1771년(영조 47)의 세 번에 걸쳐 시행된 용검에 대한 내용이다. 용검이라는 단일 도검무예를 가지고 뇌자(牢子), 순령수(巡令手), 취수(吹手), 대기수(大旗手), 장막군(帳幕軍), 등롱군(燈籠軍), 별아병(別牙兵), 당보수(塘報手), 별장소표하(別將所標下), 천총소표하(千摠所標下), 기사장소표하(騎士將所標下), 파총소표하(把摠所標下), 수문군(守門軍), 본아병(本牙兵), 아기수(兒旗手), 치중아병(輜重牙兵) 등의 직임들이 실시하여 합격한 인원수와 포상내역 등이 나오고 있다.

이 중에서 1756년(영조 32)에서는 용검의 표기를 '용검'으로 1765년(영조 41)에서는 용검의 표기를 '用'으로 했다면, 여기서는 용검을 '劍'으로 표기한 차이점이 있었다. 용검의 내용으로는 1756년(영조 32)의 경우에는 세부적으로 군사들의 직임과 인원, 포상내역이 상세하게 기록되었지만, 1765년(영조 41)과 1771년(영조 47)에는 세부 직임과 포상내역만 기록하고 있어서 실제로 군병들이 인원이 얼마나 되는지를 파악하기 어려웠다.

『어영청중순등록』에 나타난 정조대 도검무예 과목과 포상 내용이다. 정조대에는 총4회의 중순상시재가 시행되었다. 무예 유형으로는 제장교 무예 총27개, 군병 무예 63개로 나타났다.

1788년(정조 12) 도검무예는 월도, 쌍검, 제독검, 용검, 협도, 왜검교전, 왜검, 본국검, 예도 등 9기였다. 월도, 쌍검, 제독검, 용검, 협도 등의 5기는 1779년(정조 2)에서도 동일하게 보였던 도검무예이며, 왜검교전, 왜검, 본국검, 예도의 4기가 새롭게 추가된 도검무예이다. 여기서는 등패가 누락되었음을 알 수 있다. 또한 포상내역에 있어서는 전체적인 도검무예의 합격인원은 437명이었으며, '상중'은 11명이었고, '상하'는 426명이었다. 이를 통해 당시에 시행된 도검무예의 자세와 동작을 평가하는 것이 쉽지 않았음을 짐작할 수 있다. 정조대에는 군사들이 단병무예보다는 도검무예를 더 선호했다는 것을 알 수 있었다

1795년(정조 19) 도검무예는 제독검, 월도, 용검, 쌍검, 본국검, 예도, 협도, 등패, 왜검, 왜검교전 등 10기였다. 여기서 추가된 도검무예는 등패였다. 등패는 1779년(정조 2)에 도검무예로 들어갔으나, 1788년(정조 12)에는 누락되었다. 그러다가 1790년(정조 14)에 편찬된 『무예도보통지』에 등패가 24기 무예안에 기재되면서 1795년(정조 19년)에 보이고 있다. 이는 보군이 실시한 도검무예 10기는 모두 『무예도보통지』에 수록되어 있는 도검무예들이다. 이를 통해 『무예도보통지』의 도검무예가 전체적으로 보급되어 실시되고 있다는 사실을 알 수 있었다. 또한 포상내역에 있어서는 도검무예에 전체 합격한 인원은 총359명으로 '상중'은 28명이 각자 1인당 목2필씩, '상하'는 331명이 목1필씩 포상을 받았다. 단병무예는 총95명이 '상하'로 목1필씩 포상을 받은 것으로 나타났다.

1799년(정조 23)에서는 월도, 쌍검, 제독검, 용검, 협도, 왜검, 본국검, 예도 등의 도검무예 9기가 보이고 있다. 여기서는 왜검교전의 명칭이 보이지 않는다. 이는 1790년(정조 14년)에 편찬된 『무예도보통지』 왜검 안에 왜검교전이 첨부되면서 왜검교전은 왜검만으로 정리되었다. 이를 계기로 왜검교전이 별도로 부각되지 않고 왜검이라는 명칭으로 불리어지고 있기에 실제적으로 왜검교전의 명칭은 보이지 않지만 왜검 안에 왜검교전이 보이는 것으로 파악할 수 있다.

도검무예의 전체 합격인원은 총447명이다. '상상'이 1명으로 목3필을 지급받았고, '상중'은 47명이 각자 1인당 목2필씩, '상하'는 399명이 목1필씩 포상을 받았다. 단병무예는 총101명이다. '상중'이 3명으로 각자 1인당 목2필씩, '상하'는 98명으로 목1필씩 포상을 받은 것으로 나타났다.

『어영청중순등록』에 나타난 순조대 도검무예 과목과 포상 내용이다. 순조대에는 총4회의 중순상시재가 시행되었다. 무예 유형으로는 제장교 무예 총24개, 군병 무예 72개로 나타났다.

1803년(순조 3) 도검무예는 제독검, 왜검, 협도, 등패, 본국검, 쌍검, 평검, 예도, 언월도, 왜검교전 등 10기였다. 이처럼 도검무예의 기예가 많이 나오는 것은 군사들이 다양하게 도검무예를 접했다는 증거이며 군사들에게 활발하게 보급되었다고 볼 수 있다. 도검무예의 전체 합격인원은 총535명이다. '상상'이 14명으로 목3필을 지급받았고, '상중'은 11명이 각자 1인당 목2필씩, '상하'는 524명이 목1필씩 포상을 받았다. 반면 단병무예는 총97명이다. '상중'이 1명으로 목2필을 지급받았고, '상하'는 96명으로 목1필씩 포상을 받은 것으로 나타났다.

1807년(순조 7) 도검무예에는 제독검, 예도, 왜검, 왜검교전, 협도, 언월도, 등패, 쌍검, 신검, 본국검, 평검 등 11기였다. 여기서 주목되는 것은 신검이 새롭게 보인다는 것이다. 『무예도보통지』에는 본국검은 속칭 신검이라고 한다는 용어가 나온다. 그러나 지금 여기에 나오는 신검은 『무예도보통지』에 나오는 용어가 아닌 새로운 도검무예로 파악해야 할 것이다. 전체적인 도검무예의 합격인원은 총 507명이다. '상상'이 2명으로 목3필씩 6필을 지급받았고, '상중'은 41명이 각자 1인당 목2필씩, '상하'는 464명이 목1필씩 포상을 받았다. 단병무예는 총142명이다. '상중'이 1명으로 목2필을 지급받았고, '상하'는 141명으로 목1필씩 포상을 받은 것으로 나타났다.

1812년(순조 12) 도검무예에는 제독검, 예도, 협도, 등패, 신검, 언월도, 월도, 평검, 왜검교전, 쌍검 등 10기였다. 여기서는 1807년(순조 7)에 보이는 왜검과 본국검이 보이지 않고, 새로운 도검무예인 언월도가 추가되었다. 도검무예의 전체 합격인원은 총708명이다. '상중'은 114명이 각자 1인당 목2필씩, '상하'는 594명이 목1필씩 포상을 받았다. 단병무예는 총342명이다. '상중'이 32명으로 목2필을 지급받았고, '상하'는 310명으로 목1필씩 포상을 받은 것으로 나타났다.

1816년(순조 16) 도검무예에는 제독검, 예도, 언월도, 협도, 본국검, 왜검, 왜검교전, 신검, 쌍검 등 9기였다. 여기서 1812년(순조

12)에 들어 있던 등패, 월도, 평검의 3기가 제외되었다. 도검무예의 전체 합격인원은 총574명이다. '상중'은 16명이 각자 1인당 목2필씩, '상하'는 558명이 목1필씩 포상을 받았다. 단병무예는 총101명이다. 모두 '상하'로 목1필씩 포상을 받은 것으로 나타났다.

이상과 같이 『어영청중순등록』의 무예 내용을 전체적으로 살펴본바, 『무예도보통지』에 나오는 무예 24기가 어영청에 전수되거나 보급되었다는 점을 알 수 있었다. 步軍이 시행한 도검무예 중에서 용검, 평검, 제독검이 많은 합격자를 배출하면서 다른 단병무예와 현격한 차이를 드러내고 있었다.

이는 어영청 군사들이 단병무예보다도 도검무예를 선호한 것으로 볼 수 있다. 또한 용검과 평검은 1761년(영조 37)까지 비중이 높은 편이었으나 1788년(정조 12) 이후로는 감소되고 제독검의 합격자가 많이 나오고 있다. 18세기 후반이후로 제독검의 비중이 매우 높아졌다고 볼 수 있다. 본국검은 『무예도보통지』에서 속칭 '신검'이라고 언급하면서 두 개의 도검무예를 같은 것으로 파악하였다. 하지만 『어영청중순등록』에는 1807년(순조 7)에에 본국검과 신검이 나란히 등장하고 있어 별개의 도검무예로 시행되었다는 점이다.

또한 중순의 내용으로 도검무예의 최고단계인 '상상'을 부여받은 군사가 나온 도검무예는 월도, 평검, 예도, 제독검, 왜검교전의 5기였다. 월도는 1751년(영조 27)에 전체 도검무예 합격자 303명 중에서 1명이었다. 이 중에서 월도합격자는 18명이었다. 1754년(영조 30)에는 전체 도검무예 합격자 416명 중에서 1명이었다. 이 중에서 월도합격자는 24명이었다.

평검은 도검무예 합격자 416명 중에서 1명이 '상상'을 받았다. 예도는 1799년(정조 23)에 전체 도검무예 합격자 447명 중에서 1명이었다. 이 중에서 예도 합격자는 62명이었다. 제독검과 왜검교전은 1807년(순조 7)에 전체 도검무예 합격자 507명 중에서 2명이었다. 이 중에서 제독검 합격자는 351명이었으며, 왜검교전의 합격자는 14명이었다.

도검무예 합격자는 적었지만, 전체의 도검무예 합격자를 놓고 '상상' 합격자를 찾았을 경우 매우 적었다. 이는 그만큼 다른 무예에 비하여 도검무예를 평가하는 기준이 자세나 동작의 세밀한 부분까지 엄격하게 적용되었다고 판단된다. 그렇기에 '상상' 단계의 군사들이 많이 배출되지는 못했지만 한 가지의 도검무예에 전문적으로 능통할 수 있는 살수들을 양성할 수 있는 배경이 되었다고 판단된다.

『장용영고사』에 나타난 도검무예 내용이다. 시사는 총15회에 시행되었다. 무예는 89개가 나오고 있다. 무예 유형별로 살펴보면, 단병무예는 6개, 도검무예는 30개, 기타는 53개이다, 이 중에서 도검무예는 마상쌍검 8회, 마상월도 8회, 신검 1회, 용검 2회, 청룡도 2회, 쌍검 1회, 예도 1회, 왜검교전 3회, 제독검 1회, 월도 1회, 협도 1회 등 11기가 나왔다.

연도별로 살펴보면, 1790년(정조 14) 『무예도보통지』가 편찬되기 전까지는 마군의 별기인 마상쌍검과 마상월도만이 실시되었다. 이후 『무예도보통지』를 편찬하는 시기인 1789년(정조 13년)에 장용영에서 시행한 중일시사(中日試射)부터 보군에게 신검을 가르치고 보급했다는 시사의 무예내용을 통해 알 수 있었다. 실제적으로 보군의 도검무예를 전담하는 용검군의 군사들에게 보급되는 시기는 1792년의 용검의 보급 이후 1795년(정조 19)년부터 『무예도보통지』에 보이는 도검무예 보급된 것이 파악되었다.

1789년(정조 13)의 신검을 시작으로 1792년(정조 16)에 용검, 1795년(정조 19)에 청룡도, 쌍검, 예도, 왜검교전, 제독검, 월도 등 6기가 보급되었다. 1796년(정조 20)에는 협도, 왜검교전, 청룡도의 3기, 1797년(정조 21)에는 청룡도, 쌍검, 왜검교전의 3기, 1799년(정조 23)에는 용검 등이 보였다.

이처럼 청룡도를 제외한 『무예도보통지』에 나오는 신검(본국검), 쌍검, 예도, 왜검교전, 제독검, 월도, 협도, 용검(쌍수도) 등 8기의 도검무예가 장용영에 보급되고 있었음을 『장용영고사』를 통해 알 수 있었다. 다만 왜검과 등패의 2기에 대한 내용은 찾을 수 없었음이 아쉬움으로 남는다. 또한 마상쌍검, 마상월도의 2기는 1788년(정조 12)부터 꾸준히 지속적으로 마군들에게 보급되었다

그러나 도검무예 10기 중에서 8기가 장용영의 용검군의 군사들에게 전수되고 보급된 내용이 실제적으로 파악되어 매우 의미가 있었다. 이처럼 도검무예의 기예가 장용영에 보급되고 있다는 사실은 단병무예 안에서 도검무예가 갖는 위상이 매우 높다는 사실을 보여주는 것이라 생각된다.

임진왜란 이후로 조선에 들어온 도검무예가 1598년(선조 31)에

편찬된 『무예제보』에서는 장도, 등패의 2기, 1610년(광해군 2) 편찬된 『무예제보번역속집』에서는 청룡언월도, 협도곤, 왜검의 3기, 1759년(영조 35)에 편찬된 『무예신보』에서는 예도, 왜검교전, 월도, 협도, 쌍검, 제독검, 본국검 등 7기로 증가하였다.

앞에서 언급한 세 개의 단병무예서에 나오는 도검무예를 전체적으로 포함하여 1790년(정조 14)에 편찬된 『무예도보통지』에서는 쌍수도, 예도, 왜검, 왜검교전, 제독검, 본국검, 쌍검, 월도, 협도, 등패 등의 10기로 보군의 도검무예를 정비하고 이 시점을 기준으로 장용영 군사들에게 실제로 10기의 도검무예를 보급하였다는 점에 주목할 필요가 있다.

이는 장용영에서 200년 동안 조선, 명, 왜의 도검무예인 쌍수도, 예도, 왜검, 왜검교전, 제독검, 본국검, 쌍검, 월도, 협도, 등패 등 동양 삼국의 도검무예를 통하여 군사들에게 개별적으로 전수하여 도검무예에 대한 각 기예에 전문적인 살수를 양성하기 위한 조치로서 『무예도보통지』가 활용된 것으로 보인다. 이러한 조치는 장용영의 용검군처럼 도검무예를 습득하는 군사들을 전문적으로 양성할 수 있는 환경을 조성하는 기반이 되었다고 볼 수 있다.

18세기 이후 도검무예가 갖는 의의는 정조대 편찬된 『무예도보통지』의 단병무예 24기가 어영청, 장용영의 군사들에게 전체적으로 보급되었다는 점이다. 특히 어영청 군사들에게 도검무예가 보급되고 전수된 것은 1인 1기의 도검무예 군사들을 배출하려는 군영의 의도와 군사들이 포상을 통한 경제적인 이익을 함께 받을 수 있다는 점이 도검무예를 선호하게 되었다고 볼 수 있다.

『대전통편』, 『만기요람』의 시취규정을 통해 도검무예가 제도적으로 중앙의 군사들에게 보급될 수 있는 발판이 되어 주었으며, 『어영청중순등록』, 『장용영고사』 등의 군영등록을 통해 어영청과 장용영의 군사들에게 실제적으로 용검, 평검, 제독검, 예도, 협도, 등패, 신검, 본국검, 왜검, 왜검교전, 쌍검 등의 다양한 도검무예가 전수되고 보급된다는 점을 파악할 수 있었다. 또한 처음에는 용검과 평검에서 군사들이 많은 합격자만 배출되었지만, 이후 제독검이 그 자리를 대신하고 있음을 알 수 있었다.

| 연광정연회도(김홍도) |

국립중앙박물관 소장

| 쌍검대무(신윤복) | 간송미술관 소장

| 월도
창룡귀동세

| 협도
용광사우두세

조선후기의 무예는 군사제도와 밀접한 관련을 맺고 발달하였다. 특히 무기체계와 전술이 중요한 역할을 하게 되었다. 임진왜란을 기점으로 다양한 도검무예의 도입은 쇠퇴의 길을 걷던 조선후기의 검술을 다시 부활시키는 역할을 하였다. 특히 도검무예는 근접전에 사용하는 독자적인 무예인 동시에 다른 전술체계에 혼합할 수 있는 장점을 지니고 있었다.

조선후기의 도검무예는 단병무예서의 편찬과 함께 증가하였다. 선조대 『무예제보』의 장도와 등패를 시작으로 광해군대 『무예제보번역속집』의 청룡언월도, 협도곤, 왜검, 정조대 『무예도보통지』에 수록된 쌍수도, 예도, 왜검, 왜검교전, 제독검, 본국검, 쌍검, 월도, 협도, 등패 등의 도검무예가 실리기까지 200년의 시공간의 터널을 지나면서 증보 완성되었다. 이를 통해 기존의 조선은 궁술만 있고 도검무예는 미비하다는 인식을 새롭게 바꿀 수 있는 직접적인 계기가 되었다.

조선후기의 무예 연구는 거시적인 안목에서 무예의 흐름을 통관하는 것에 집중하였다. 따라서 조선후기에 도검무예가 개별적으로 얼마나 보급되어 활용되었는지, 또는 정조가 『무예도보통지』에서 마련한 도검무예가 당대에 어느 정도 수용되었고 그 파급효과는 어떠했는지에 대해서는 아직까지 구체적인 연구가 진행되지 못하였다는 문제를 제기할 수 있다.

이 연구에서는 도검무예에 초점을 맞추어 17세기 이후 도검무예의 수용과 추이를 살펴보고, 18세기에 편찬된 『무예도보통지』의 도검무예 정비가 실제적으로 어떻게 이루어지고, 도검기법의 실제가 무엇인지를 검토하였다. 나아가 18세기 이후 도검무예가 중앙 군영에서 어떻게 보급되는지에 대한 실상을 점검하였다. 이에 대한 내용을 각 장별로 정리하면 다음과 같다.

1장은 임진왜란 이후 도검무예의 수용과 추이를 살펴보았다. 조선전기의 전술은 '좌작진퇴'와 같은 집단적인 군사대형을 중시하면서 개인의 기예는 소홀한 '선진후기(先陣後技)'의 전술이었다. 반면 조선후기의 전술은 임진왜란을 기점으로 대규모 전술대형보다는 분군법의 하나인 속오법을 바탕으로 한 소규모 전술부대의 양성과 함께 근접전을 펼칠 수 있는 단병전술에 주목하면서 '선기후진(先技後陣)'의 전술로 변화되었다.

임진왜란 중에는 16세기 명나라 척계광의 저술한 『기효신서』를 토대로 조선에서는 선조의 지시로 1598년(선조 31) 한교가 『무예제보』를 저술하여 장도와 등패의 도검무예가 실렸다. 특히 장도(쌍수도)로 불리는 왜의 대표적인 도검무예를 수록하여 왜에 대한 방어를 강화하고자 하였다. 임진왜란 이후에는 1610년(광해군 2)에 저술된 『무예제보번역속집』에는 청룡언월도, 협도곤, 왜검 등 도검무예 3기가 추가되었다. 이 도검무예들은 보군과 함께 마군을 효과적으로 방어할 수 있는 장점이 있었다.

『무예제보번역속집』에 추가된 왜검은 임진왜란 이후 조선에 투항한 항왜병으로부터 전수되던 왜검기법을 익히고 있었기에 가능했고, 조선에 명나라와 일본의 도검무예들이 군영에 자연스럽게 수용되면서 선조대부터 왜검기법이 전래되는 계기를 마련해 주었다. 이처럼 왜검을 접할 수 있는 다양한 주변 환경은 김체건(金體乾)이 동래 왜관에 들어가 기본적인 왜검에 대한 기법을 숙지하여 배우고, 검보를 통해 다양한 왜검 유파의 검술을 체득하는데 도움이 되었던 것이다.

실제적으로 광해군대 편찬된 『무예제보번역속집』에 수록된 왜검은 실전을 위한 교전으로서 살상을 위한 실용적인 훈련에는 적합할지는 모르지만, 전쟁이 종료된 이후 왜가 언제 다시 조선으로 무력으로 넘어올지 모르는 상황에서 조선의 군영에서는 전쟁 시기에 실용적인 임기응변식의 왜검의 기법으로는 조선의 군사들을 체계적으로 가르칠 수가 없었다.

그러므로 조선의 군영에서는 군사들에게 왜검에 대한 전체적인 기법과 체계적인 전수가 필수적인 상황이었다고 볼 수 있다. 그리하여 조선의 군사들 중에서 왜검 습득에 대한 적임자를 물색하던 중, 김체건이 그 책임을 맡겨 된 것이다. 이후 김체건은 국내의 동래왜관과 국외의 통신사행을 통해 배워온 왜검에 대한 기법을 체계적으로 정리하여 군사들에게 전수한 것이다.

조선은 임진왜란 이후 도검무예를 투항한 항왜병들에게 왜검을 배우고, 아동대를 편성하여 살수 중에서 왜검을 습득하게 하였다. 이후 17세기 『무예제보번역속집』의 왜검을 토대로 실용적인 왜검을 배우다가 다시 김체건이라는 인물을 통하여 동래왜관과 일본의 통신사행을 통해 배워 온 왜검에 대한 기법을 체계적으로 군영의 군사들에게 전수하면서 점차 자리 잡고 정착되어 갔다.

2장은 18세기 도검무예의 정비와 실제를 검토하였다. 정조대 편찬된 『무예도보통지』에 수록된 도검무예는 권2에 실려 있는 쌍수도, 예도, 왜검, 왜검교전의 4기과 권3에 실려 있는 제독검, 본국검, 쌍검, 월도, 협도, 등패의 6기 등 보군이 사용하는 도검무예 10기에 정리되었다.

임진왜란을 기점으로 조선에 보급된 보군의 도검무예는 중국의 『기효신서』와 『무비지』의 영향을 받았다. 그 영향으로 조선식의 단병무예서인 『무예제보』에 선조대에 처음 쌍수도가 장도라는 이름으로 등패와 함께 실렸다.

이 도검무예를 발판으로 광해군대에 편찬된 『무예제보번역속집』에서는 청룡언월도와 협도, 왜검 등에 관한 내용이 증보되었다. 이후 영조대에 와서는 『무예신보』에서 쌍수도, 예도, 왜검, 왜검교전,

제독검, 본국검, 쌍검, 월도, 협도, 등패 등의 10기로 증보되었다. 『무예신보』까지는 보군의 도검무예에만 집중했다면 정조대에 편찬된 『무예도보통지』부터는 마군의 마상쌍검과 마상월도를 추가하여 보군과 마군이 함께 도검무예를 훈련할 수 있도록 정리되었다.

『무예도보통지』에서는 도검무예의 유형과 종류를 구분하기 위하여 도검기법에 해당하는 찌르는 자법(刺法), 베기의 감법(砍法), 치기의 격법(擊法)으로 분류하지 않고, 창, 도, 권의 3기를 기준으로 각각 해당하는 무예를 종류별로 정리하였다.

정조대 도검무예는 조선, 명, 왜 등 동북아시아 삼국의 도검형태를 금식(今式), 화식(華式), 왜식(倭式)의 3가지로 구분하여 도검의 형태를 도식(圖式)을 통해서 비교하고 설명하였다는 점을 들 수 있다. 모검(牟劍)으로 불리던 왜검교전을 전체적으로 통일시키면서 도검무예 명칭을 정비하였다. 도검무예의 명칭은 쌍수도, 예도, 왜검, 왜검교전, 제독검, 본국검, 쌍검, 등패 등으로 구분했지만, 실제적으로 도검기법을 재현할 때에는 모두 동일하게 요도를 공통적으로 가지고 시행한 점이 특징적이다.

도검무예는 보(譜), 총보(總譜), 총도(總圖)의 3단계로 절차를 나누는 형식으로 군사들을 실용적인 목적에서 단계적으로 훈련시켰다고 볼 수 있다. 먼저 보는 개별 도검무예에 대표되는 세들을 엄선하여 내용을 설명하고 그 아래에 군사들을 2인 1조로 하여 2세씩 그림을 그려서 시각적으로 파악하게 하였다.

다음으로 총보에서는 전체적인 '세'에 대한 명칭과 가는 방향에 대한 선을 그려놓음으로써 전후좌우의 선을 따라 세의 명칭을 전체적으로 암기하면서 방향을 숙지할 수 있도록 하였다. 마지막으로 총도에서는 보의 대표적인 개별 세와 총보의 전체적인 세의 명칭과 방향을 암기함으로써 전체적인 윤곽이 머릿속에 있는 상태에서 도검무예에 대한 전체적인 내용을 그림을 통한 시각적이고 역동적인 세를 처음부터 끝까지 연결하여 설명함으로써 군사들이 실제적으로 총도만 보아도 어떻게 해야 하는지를 한 눈에 알 수 있게 배려한 것이다. 이러한 도검무예 형식의 특징은 모두 '세'를 사용한다는 점에 있다.

도검무예에 나오는 '세'를 대상으로 공격, 방어, 공방의 세 가지 기법으로 구분하여 도검무예 10기의 특성을 살펴보면, 예도, 왜검의 토유류, 운광류, 유피류, 본국검, 월도, 협도, 등패가 공격 위주의 기법이었고, 쌍수도와 쌍검은 방어 위주의 기법이었다. 공격과 방어의 동시에 조화롭게 이루어지는 공방기법은 왜검의 천유류, 왜검교전, 제독검 등이 해당되었다. 특히 왜검교전의 경우에는 실전에서 바로 사용할 수 있도록 두 사람이 마주보고 교전을 실시하는 도검기법이었다.

18세기 도검무예가 갖는 의의는 『무예도보통지』를 통해 정비된 도검무예의 쌍수도, 예도, 왜검, 왜검교전, 제독검, 본국검, 쌍검, 월도, 협도, 등패 등 10기의 전체적인 기법에 대한 실제를 파악할 수 있었다는 점이다.

3장은 18세기 이후 도검무예 보급과 실태를 살펴보았다. 먼저 『대전통편』에 나오는 시취규정에서 도검무예를 살펴보고자 한다.

관무재에서는 용검, 쌍검, 제독검, 언월도, 왜검, 왜검교전, 본국검, 예도, 등패, 협도 등 10기를 보군의 도검무예로 지정하였다. 이는 체계적인 살수의 양성을 위한 군사목적이라고 할 수 있다.

중일(中日)에서는 살수가 검예(劍藝) 1기만을 시험 보았다. 그러나 도검무예 중에서 선택을 할 수 있었다. 또한 살수들이 훈련하는 도검무예가 새롭게 나타난다는 점이다. 이는 도검무예가 체계적으로 시험과목에 채택되어 시험기준이 마련되어 정착되어 간다는 의미를 부여할 수 있다.

검예 안에는 월도, 쌍검, 제독검, 평검의 도검무예 4기와 맨손무예인 권법의 1기를 포함한 5기가 들어가 있다. 이 중에서 하나를 선택하는 조건은 있지만 그동안 궁시에 밀려 천시 받던 도검무예가 법전에 제도화 되어 나타난다는 점은 매우 흥미로운 사실이다. 결국 임진왜란을 겪으면서 근접전에서 가장 효율성이 높은 도검무예의 실상을 파악한 조선은 결국 도검무예의 검술을 수용하여 법전에 시험과목으로 선정하면서 도검무예를 정착시켜 나갔다고 볼 수 있다.

다음은 『만기요람』에 나타난 시예(試藝) 규정이다. 중순의 도검무예 시취규정에서는 왜검교전수가 예도와 협도 시험을 응시 할 수 없고, 예도와 협도수가 왜검교전을 중복해서 응시할 수 없다는 특징이 있었다. 이는 군사들이 여러 종류의 도검무예를 전체적으로 훈련하기 보다는 1인 1기의 전문화 된 도검무예 지식과 실기를 체계적으로 훈련하여 그 분야의 전문가가 될 수 있도록 배려한 제도라고 여겨진다. 관무재의 도검무예 시취규정도 중순과 동일하였다.

다음은 군영등록인 『어영청중순등록』과 『장용영고사』에 나타난 도검무예 내용이다. 어영청의 경우 용검, 평검, 제독검, 예도, 협도 등패, 쌍검, 월도, 언월도, 본국검, 신검, 왜검, 왜검교전 등 다양한 도검무예가 중순 내용에 보이고 있었다. 도검무예에 대한 내용을 정리하면, '본국검'은 1788년에(정조 12), '신검'은 1807년(순조 7)에 처음으로 등장한다. '언월도'의 명칭은 순조 이후에 처음 쓰이며 그 이전에는 '월도'로 표기되었다.

또 '쌍수도'의 명칭은 전혀 보이지 않고 '평검' 또는 '용검'이라는 용어로 호칭되었다. '왜검교전'은 초창기에는 '왜검교전'으로만 나오다가 1755년(영조 31)부터는 '왜검'과 '교전'이 분리되어 등장하였다. 또한 용검과 평검은 1761년(영조 37)까지 군사들에게 비중이 높게 나타났지만, 1788년(정조 12) 이후로는 축소되고 제독검이 대신 합격자를 많이 배출하면서 18세기 후반이후로 제독검의 비중이 점차 높아졌다. 제독검은 용검과 평검에 비해 칼날의 길이가 짧은 요도(腰刀)이므로 제독검의 확산은 검술의 용도가 점차 달라지는 현실을 반영한 것이다.

장용영에서는 도검무예를 훈련할 때 동작과 자세의 바르고 그른 것을 세밀하게 살펴 올바르게 무예 훈련을 담당하는 간세장교가 있었다. 도검무예를 평가하는 기준은 '상상'부터 '상하'까지 세 단계로 '상상'은 군사 1인당 목3필, '상중'은 목2필, '상하'는 목1필씩을 지급받았다.

어영청과 장용영의 군사들이 단병무예보다 도검무예를 더 선호한다는 것을 중순시재를 통해 알 수 있었다. 이는 도검무예가 군영에 정착하면서 군사들이 1인 1기의 도검무예를 습득함으로써 전문적인 살수를 양성할 수 있는 시취규정과 실제 기법을 터득할 수 있는 『무예도보통지』라는 무예교범서가 있었기에 가능했을 것이다.

중순의 도검무예 실시과목과 합격인원에 대한 내용이다. 중순에서 실시한 도검무예의 최고단계인 '상상'을 부여받은 군사가 나온 도검무예는 월도, 평검, 예도, 제독검, 왜검교전의 5기였다. 월도는 1751년(영조 27)에 전체 도검무예 합격자 303명 중에서 1명이었다. 이 중에서 월도 합격자는 18명이었다. 1754년(영조 30)에는 전체 도검무예 합격자 416명 중에서 1명이었다.

이 중에서 월도 합격자는 24명이었다. 평검은 도검무예 합격자 416명 중에서 1명이 '상상'을 받았다. 예도는 1799년(정조 23)에 전체 도검무예 합격자 447명 중에서 1명이었다. 이 중에서 예도 합격자는 62명이었다. 제독검과 왜검교전은 1807년(순조 7)에 전체 도검무예 합격자 507명 중에서 2명이었다. 이 중에서 제독검 합격자는 351명이었으며, 왜검교전의 합격자는 14명이었다.

전체의 도검무예 합격자를 놓고 '상상' 합격자를 찾았을 경우 매우 적었다. 이는 그만큼 다른 무예에 비하여 도검무예를 평가하는 기준이 자세나 동작의 세밀한 부분까지 엄격하게 적용되었다고 판단된다. 그렇기에 '상상' 단계의 군사들이 많이 배출되지는 못했지만 한 가지의 도검무예에 전문적으로 능통할 수 있는 살수들을 양성할 수 있는 배경이 되었던 것이다.

18세기 이후 도검무예가 갖는 의의는 정조대 편찬된 『무예도보통지』의 단병무예 24기가 어영청, 장용영의 군사들에게 전체적으로 보급되었다는 점이다. 특히 어영청 군사들에게 도검무예가 보급되고 전수된 것은 1인 1기의 도검무예 군사들을 배출하려는 군영의 의도와 군사들이 포상을 통한 경제적인 이익을 함께 받을 수 있다는 점이 도검무예를 선호하게 되었다고 볼 수 있다.

『대전통편』, 『만기요람』의 시취규정을 통해 도검무예가 제도적으로 중앙의 군사들에게 보급될 수 있는 발판이 되어 주었으며, 『어영청중순등록』, 『장용영고사』 등의 군영등록을 통해 어영청과 장용영의 군사들에게 실제적으로 용검, 평검, 제독검, 예도, 협도, 등패, 신검, 본국검, 왜검, 왜검교전, 쌍검 등의 다양한 도검무예가 전수되고 보급된다는 점을 파악할 수 있었다. 또한 처음에는 용검과 평검에서 군사들이 많은 합격자만 배출되었지만, 이후 제독검이 그 자리를 대신하고 있음을 알 수 있었다.

이 과정에서 조선후기 도검무예가 갖는 의의는 군사무예에서 개인무예로 전환된다는 점에서 찾을 수 있다. 도검무예가 갖는 위상은 『무예도보통지』에 실려 있는 단병무예 18기 중에서 10기를 차지하는 높은 점유율이 외형적으로 드러났다. 이와 함께 도검무예를 활성화하기 위하여 법제도적인 장치와 함께 군영에 군사들에게 다양한 도검무예를 습득할 수 있는 기회를 제공함으로써 1인 1기의 도검무예에 대한 전문적인 살수 양성을 위한 환경을 조성하였다고 볼 수 있다.

조선후기 도검무예에 대한 연구는 아직도 미진한 부분이 많이 있다. 이 연구자는 『무예제보』와 『무예제보번역속집』에 나오는 도검무예의 실제 기법을 함께 분석하지 못하였다. 『무예도보통지』에만 한정하여 도검무예의 실제 기법에 대한 실증적인 세밀한 연결동작에 대한 분석보다는 형태적이고 단편적인 자세 분석에 대한 논지의 전개로 정리하는 아쉬움이 있었다. 또한 도검무예의 보급과 실상에 있어서 어영청과 장용영 군사들의 내용만을 다룬 한계가 있었다.

앞으로 차후 연구에서는 쌍수도, 예도, 왜검, 왜검교전, 제독검, 본국검, 쌍검, 월도, 협도, 등패 등의 도검무예 10기를 개별적으로 분리하여 도검무예들이 각자 내포하고 있는 고유 기법의 특성을 파악하고, 각각의 도검무예들이 서로 어떠한 유기적인 연관성을 가지고 있는지를 검토하고자 한다.

또한 조선후기 중앙 군영 중 아직까지 검토하지 못한 훈련도감과 금위영, 용호영의 군사들이 실시한 도검무예 보급실태를 추적하는 연구를 보충해나가고자 한다. 이를 통해 조선후기 중앙 군영에서 도검무예가 갖는 위상과 역할이 무엇이었는지를 총체적으로 규명하는 연구를 통하여 본 논문에서 밝히지 못한 연구의 미진한 부분을 채워나가고자 한다.

다만 이 연구는 조선후기 단병무예서인 『무예도보통지』를 기반으로 보군이 시행한 도검무예에 대한 전반적인 실제 내용을 담고 있다. 이를 통해 오늘날 조선후기 도검무예를 재현하고 있는 전통무예 단체들에게 도검무예에 대한 기초적인 토대 마련을 위한 단서를 제공하는데 의의를 두고자 한다.

| 참고문헌 |

사료 및 자료

『經國大典』

『高麗史』

『軍門謄錄』

『紀效新書』

『淩虛關漫稿』

『大典通編』

『武備志』

『武藝圖譜通志』

『武藝諸譜飜譯續集』

『武藝諸譜』

『北學儀』

『備邊司謄錄』

『續大典』

『御營廳中旬謄錄』

『煉藜室記述』

『英祖莊祖文集』

『壯勇營故事』

『朝鮮王朝實錄』

『懲毖錄』
『青莊館全書』
『漢書藝文志』
『弘齋全書』

啓明大學校出版部, 『武藝諸譜飜譯續集』, 1999.
국립민속박물관, 『무예문헌자료집성』, 2004.
國防軍史研究所, 『紀效新書』 上, 1998.
______________, 『紀效新書』 下, 1998.
______________, 『兵學指南演義(Ⅱ)』, 1996.
國防部戰史編纂委員會, 『武經七書』, 1987.
____________________, 『兵將說·陣法』, 1983.
軍事研究室, 『古兵書 解題』, 陸軍本部, 1979.
민족문화추진회, 『고전국역총서67 국역만기요람-재용편』, 1971.
______________, 『고전국역총서68 국역만기요람-군정편』, 1971.
______________, 『국역청장관전서』 3, 1987.
______________, 『국역홍재전서』 2, 1998.
______________, 『국역홍재전서』 7, 1998.
______________, 『象村集』, 1990.
法制處, 『續大典』, 1965.
서애선생기념사업회, 『국역 辰巳錄』, 2001.
__________________, 『西厓全書』 1, 1991.
서울대학교규장각, 『大典通編下』, 1998.
수원시, 『장용영故事譯註』, 2005.

______, 『장용영故事原典』, 2005.
아세아문화사, 『武科總要』 영인본, 1974.
李德懋, 『국역청장관전서』 XII, 민족문화추진회, 1978.
李鍾日譯, 『大典會通硏究』, 「兵典篇」, 한국법제연구원, 1996.
正祖命撰, 『武藝圖譜通志影印本』, 學文閣影印本, 경문사, 1981.
한국무예연구소, 『한국무예사료총서-조선왕조실록편』 III, 국립민속박물관, 2005.
韓沽劤외, 『譯註經國大典-註釋篇』, 韓國精神文化硏究院, 1986.

단행본

姜性文, 『韓民族의 軍事的 傳統』, 鳳鳴, 2000.
강신엽, 『조선의 무기Ⅱ-융원필비』, 鳳鳴, 2004.
고려대학교, 경인미술관, 『칼, 실용과 상징』 도록, 2008.
國防軍史硏究所, 『韓國武器發達史』, 1994.
국방부군사편찬연구소, 『군사문헌집23-紀效新書(上)』, 2011.
국방부군사편찬연구소, 『군사문헌집24-紀效新書(下)』, 2013.
권영국, 『14세기 고려의 정치와 사회』, 민음사, 1994.
권오석역, 『圖說中國武術史』, 書林文化社, 1979.
金大慶, 『韓國의 棍과 劍』, 河圖洛書, 1996.
金友哲, 『朝鮮後期 地方軍制史』, 景仁文化社, 2000.
金渭顯, 『국역무예도보통지』, 民族文化社, 1984.
金鍾洙, 『朝鮮後期 中央軍制硏究-訓鍊都監의 設立과 社會變動』, 혜

안, 2003.
김광석 실기·심우성 해제, 『무예도보통지 실기해제』 동문선, 1987.
김영호, 『조선의 협객 백동수』, 푸른 역사, 2002.
김호동·유원수·정재훈역, 『유라시아 유목제국사』, 사계절출판사, 2007.
나영일, 『무과총요』연구』, 서울대학교출판부, 2005.
______, 『정조시대의 무예』, 서울대학교출판부, 2003.
나영일·노영구·양정호·최복규, 『조선중기무예서연구』, 서울대학교출판부, 2006.
남경태역, 『살육과 문명』, 도서출판 푸른숲, 2002.
레이 황, 『1587-아무 일도 없었던 해』, 박상이 역, 가지 않은 길, 1998.
민승기, 『조선의 무기와 갑옷』, 가람기획, 2004.
박금수, 『조선의 武와 전쟁』, 지식채널, 2011.
박청정, 『무예도보통지주해』, 동문선, 2006.
朴興秀, 「世宗朝의 科學思想」, 『世宗朝文化研究』, 박영사, 1982.
서정범, 『우리말의 뿌리』, 유씨엘아이엔씨, 2005.
徐台源, 『朝鮮後期 地方軍制研究』, 혜안, 1999.
송기중역, 『유목민족제국사』, 민음사, 1984.
송일훈·김산·최형국, 『정조대왕 무예신체관 연구』, 레인보우북스, 2013.
수원화성박물관, 『樊巖 蔡濟恭』 도록, 2013.
신병주, 『66세의 영조 15세 신부를 맞이하다』, 효형출판, 2001.
양종언, 『삶의 武藝』, 학민사, 1992.
육군박물관, 『조선의 도검 忠을 벼루다』 도록, 2014.
陸士韓國軍事研究室, 『韓國軍制史-前期篇』, 陸軍本部, 1968.

________________, 『韓國軍制史-後期篇』, 陸軍本部, 1977.

이근호・조준호・장필기・심승구, 『조선후기의 수도방위체제』, 서울시립대서울학연구소, 1998.

李泰鎭, 『朝鮮後期의 政治와 軍營制 變遷』, 韓國研究院, 1985.

任東權・鄭亨鎬, 『韓國의馬上武藝』, 한국마사회마사박물관, 1997.

임동규주해, 『실연・완역 무예도보통지』, 학민사, 1996.

林成默, 『本國劍法의 秘密-1500년의 이야기』, 한국검도협회 미간행본, 2011.

______, 『本國劍藝』 1・2, 도서출판 행복에너지, 2013.

장서각연구소 편, 『藏書閣-장서각에서 옛 기록을 만나다』, 한국학중앙연구원출판부, 2011.

장학근, 『조선시대군사전략』, 국방부군사편찬연구소, 2006.

정은비역, 『칸나이 BC216:카르타고의 명장 한니발, 로마군을 격파하다』, 도서출판 플래닛미디어, 1997.

정해은, 『고려시대군사전략』, 국방부군사편찬연구소, 2006.

______, 『한국전통병서의 이해(Ⅱ)』, 국방부 군사편찬연구소, 2008.

______, 『한국전통병서의 이해』, 국방부군사편찬연구소, 2004.

조선사회연구회편, 『조선사회 이렇게 본다』, 집문당, 2010.

車文燮, 『朝鮮時代 軍事關係 研究』, 檀國大出版部, 1995.

______, 『朝鮮時代軍制研究』, 檀大出版部, 1973.

최소자, 『명말・청초 사회의 조명』, 한울아카데미, 1990.

최형국, 『조선무사』, 인물과사상사, 2009.

崔孝軾, 『慶州府의 壬辰抗爭史』, 경주시문화원, 1993.

______, 『朝鮮後期軍制史研究』, 신서원, 1995.

한국문화상징사전편찬위원회, 『한국문화상징사전』, 동아출판사, 1992.
한국학중앙연구원 장서각편, 『수양세가 : 해주오씨추탄후손가』 도록, 2008.
한국학중앙연구원 장서각편, 『조선의 공신』 도록, 2012.
한명기, 『임진왜란과 한중관계』, 역사비평사, 1999.
한병철・한병기, 『칼의 역사와 무예 獨行道』, 학민사, 1997.
韓永愚, 『鄭道傳思想의 硏究』, 서울대학교출판부, 1983.

Chi-ching Hsiao, The Military Establishment of the Yuan Dynasty, Massachusetts: Harvard University Press, 2003.
Timothy May, The Mongol Art of War: Chinggis Khan and the Mongol Military System, Westholme Publishing, 2007.

高矯華王, 『武道の科學』, 講談社, 1994.
大島宏太郎・安藤宏三, 『劍道獨習敎本』, 東京書店, 1996.
大石純子, 「韓國の武術」, 『武道文化の深求』, 不昧堂, 2003.
洞富雄, 『鐵砲一傳來とその影響』, 思文閣出版, 1991.
馬明達, 『紀效新書』, 人民體育出版社, 1988.
富永堅吾, 『劍道五百年史』, 百泉書房, 1972.
石岡久夫, 『日本兵法史』, 雄山閣, 1972.
筱田耕一, 『武器防具 中國篇』, 新紀元社, 1992.
松田隆智, 『中國武術』, 新人物往來社, 1989.
吳文忠, 『中華體育文化史圖選集』, 漢文書店:臺灣, 1969.
王兆春, 『中國科學技術史-軍事技術卷』, 科學出版社, 1998.

宇田川武久, 『東アジア兵병기交流史의 硏究』, 吉川弘文館, 1993.
魏汝霖외, 『中國軍事思想史』, 黎明文化事業股份有限公司, 1979.
戸田藤成, 『武器と防具:日本編』, 新紀元社, 1994.
旧参謀本部 篇, 『朝鮮の役』: 日本の戰史 ⑤, 德間書店, 1965.
『國學基本叢書』153, 臺灣商務印書館, 1968.
『中文大辭典』, 中國文化大學出版部, 1973.
『漢語大詞典縮印本(상중下)』, 上海辭書, 2000.

논 문

姜性文, 「朝鮮時代 도검의 軍事的 運用」, 『古文化』 60, 2002.
______, 「조선시대 女眞征伐에 관한 연구」, 『軍史』 18, 1989.
______, 「朝鮮時代 片箭에 관한 연구」, 『學藝志』 4, 1995.
______, 「조선시대의 環刀의 機能과 製造」, 『韓民族의 軍事的 傳統』, 봉명, 2000.
강순애, 「『조선왕조실록』을 통해 본 環刀의 의미와 기능」, 『學藝志』 9, 2002.
강신엽, 「朝鮮時代 雲劒·別雲劍·寶劍 硏究」, 『學藝志』 11, 2004.
곽낙현, 「武經七書를 통해서 본 조선전기 武科試取에 관한 연구」, 『東洋古典硏究』 34, 2009.
______, 「李德懋의 生涯와 武藝觀-『무예도보통지』를 중심으로」, 『東洋古典硏究』 26, 2007.
______, 「조선시대 도검에 관한 연구」, 용인대학교 석사논문, 1998.

______, 「조선전기 習陣과 군사훈련」, 『東洋古典研究』 35, 2009.

______, 「조선후기 『만기요람』을 통해 본 단병무예 연구」, 『東洋古典研究』 43, 2011.

______, 「『무예도보통지』에 수록된 도검자세에 관한 고찰」, 『한국체육사학회지』 19, 2007.

______, 「『무예도보통지』 왜검 기법 연구」, 『온지논총』 34, 2013.

권소영, 「군사(武具類・城郭・烽燧) 관련 논저 목록」, 『學藝志』 6, 1999.

金大中, 「高麗 恭愍王代 京軍의 再建 試圖」, 『軍史』 21, 1990.

金伯哲, 「朝鮮後期 정조대 『大典通編』 「兵典」 편찬의 성격」, 『軍史』, 76, 2010.

金 山, 「『무예도보통지』 長兵武藝 復原의 實際와 批判」, 전북대학교 박사논문, 2008.

金聖洙・金榮逸, 「韓國軍事類 典籍의 發展系譜에 관한 書誌的 研究」, 『書誌學研究』 9, 1993.

金鍾洙, 「朝鮮後期 訓鍊都監의 設立과 運營」, 서울대학교 박사논문, 1996.

김 산・공미애, 「壬辰倭亂 前後의 明의 武藝書들과 朝鮮의 武藝書들과의 記述方法에 대한 비교연구」, 『한국체육사학회지』, 한국체육사학회, 12, 2003.

김 산・김주화, 「『무예도보통지』의 勢에 대한 연구」, 『체육사학회지』 13, 한국체육사학회, 2004.

김성혜・김영섭, 「도검의 기능성 연구-육군박물관 소장품을 중심으로」, 『學藝志』 6, 1999.

김성혜·박선식, 「조선시대 도검의 실측과 분석」, 『學藝志』 5, 1997.
김영호, 「본국검의 정립시기와 그 사상적 배경」, 『무예24기 학술회의 발표자료집』, 2005.
______, 「『무예제보번역속집』의 왜검과 『무예도보통지』의 왜검, 교전의 비교」, 『무예24반무예발표집』, 2002.
김종윤, 「무예도보통지의 쌍수도에 관한 연구」, 한양대학교 석사논문, 2010.
김준혁, 「정조의 『무예도보통지』 편찬의도와 장용영 강화」, 『무예24기 학술회의 발표집』, 2005.
김태경, 「상고 중국어음을 통한 한국어 어휘의 어원 연구」, 『중국어문학논집』 64, 2010.
羅永一, 「紀效新書·武藝諸譜·무예도보통지 比較研究」, 『한국체육학회지』, 36(4), 1997.
______, 「무예도보통지에 나오는 武藝의 導入 過程」, 『한국체육사학회지』 7, 2001.
______, 「朝鮮朝의 武士體育에 關한 研究」, 서울대학교 박사논문, 1992.
______, 「『무예도보통지』의 武藝」, 『震檀學報』 91, 2001.
盧永九, 「선조代 『紀效新書』의 보급과 陣法 논의」, 『軍史』 34, 1997.
______, 「무예도보통지와 마상무예」, 『정조대의 예술과 과학』, 문헌과 해석사, 2000.
______, 「朝鮮 增刊本 紀效新書의 체제와 내용」, 『軍史』 36, 1998.
______, 「조선시대 兵書의 분류와 간행 추이」, 『역사와 현실』, 30, 1998.

______, 「조선후기 短兵 戰術의 추이와 『무예도보통지』의 성격」, 『震檀學報』 91, 2001.
______, 「朝鮮後期 兵書와 戰法의 연구」, 서울대학교 박사논문, 2002.
______, 「韓嶠의 『練兵指南』과 戰車 활용 戰法」, 『문헌과 해석』 14, 2001.
閔賢九, 「韓國軍制史 硏究의 回顧와 展望」, 『史叢』 26, 역사학연구회, 1982.
박귀순, 「중국(명)·한국(조선)·일본의 『紀效新書』에 관한 연구」, 『한국체육사학회지』 17, 2006.
______, 「한·중·일의 무예교류사 연구」, 『한국무예의 역사·문화적조명』, 국립민속박물관, 2004.
______, 「『무예도보통지』의 쌍수도의 형성과정에 관한 연구-무예동작비교를 중심으로」, 『대한무도학회지』, 12(3), 2010.
박금수, 「『무예도보통지』의 勢에 관한 연구」, 서울대학교 석사논문, 2005.
朴起東, 「武藝諸譜의 發見과 그 史料的 價値」, 『체육과학연구소논문집』 18, 강원대학교, 1994.
______, 「朝鮮後期 武藝史 硏究-『무예도보통지』의 形成過程을 中心으로」, 성균관대학교 박사논문, 1994.
朴玉杰, 「高麗의 軍事力 확충에 관한 硏究」, 『軍史』 21, 1990.
박재광, 「壬辰倭亂期 韓·日 양국의 武器體系에 대한 一考察」, 『한일관계사연구』 30, 1996.
______, 「조선시대 도검 연구의 현황과 과제」, 『學藝志』 11, 2004.
裵祐晟, 「정조의 軍事政策과 『무예도보통지』 편찬의 배경」, 『震檀學報』

91, 2001.

서치상·조형래, 「『紀效新書』도입직후의 새로운 城制모색」, 『大韓建築學會論文集』, 24(1), 2008.

宋昌基, 『고대병서잡록-고대동양병서의 서지학적고찰」, 『軍史』 14, 1987.

신영권, 「『무예도보통지』에 관한 연구 : 단병기의 기술과정을 중심으로」, 경상대학교 석사논문, 2012.

沈勝求, 「武科殿試儀」, 『朝鮮前期 武科殿試儀 考證硏究』, 충남발전연구원, 1998.

______, 「壬辰倭亂 中 武藝書의 편찬과 의미-『武藝諸譜』를 중심으로」, 『천마논문집』 26, 2003.

______, 「壬辰倭亂期 朝鮮軍의 軍事指揮權」, 『임진왜란과 권율장군』, 전쟁기념관, 1999.

______, 「壬辰倭亂 중 武科及第者의 身分과 特性-1594년(선조 27) 別試武科榜目을 중심으로」, 『韓國史硏究』 92, 1996.

______, 「壬辰倭亂중 武科의 運營實態와 機能」, 『朝鮮時代史學報』 1, 1997.

______, 「朝鮮時代의 武藝史 硏究 -毛球를 중심으로」, 『軍史』 38, 1999.

______, 「조선의 무과를 통해 본 서울 풍속도」, 『鄕土서울』 67, 2006.

______, 「朝鮮前期 武科硏究」, 국민대학교 박사논문, 1994.

______, 「조선전기의 관무재 연구」, 『鄕土서울』 65, 2005.

______, 「조선후기 무과의 운영실태와 기능-萬科를 중심으로」, 『朝鮮時代史學報』 23, 2002.

_____, 「韓國 武藝의 歷史와 特性-徒手武藝를 中心으로」, 『軍史』 43, 2000.

_____, 「한국무예사에서 본 『무예제보』의 특성과 의의」, 『한국무예의 역사・문화적 조명』, 국립민속박물관, 2004.

_____, 「조선시대 무과에 나타난 궁술과 그 특성」, 『學藝志』 7, 2000.

吳宗祿, 「朝鮮後期 首都防衛體制에 대한 일고찰-五軍營의 三手兵制와 守城戰」, 『史叢』 33, 1988.

이석재, 「睚眥紋 研究 - 朝鮮劍의 고동, 그 名稱의 誤謬-」, 『學藝志』 11, 2004.

_____, 「朝鮮時代 도검의 類型分析-칼몸의 슴베와 자루의結合構造-」, 『學藝志』 11, 2004.

李章熙, 「壬亂時 投降倭兵에 대하여」, 『韓國史研究』 6, 1971.

이종림, 「朝鮮勢法考」, 『한국체육학회지』, 38(1), 1999.

_____, 「韓國古代劍道史에 관한 研究」, 성균관대학교 석사논문, 1983.

이진호, 「17~18세기 兵書 언해 연구」, 계명대학교 박사논문, 2009.

李泰鎭, 「朝鮮前期軍役의 布納化過程」, 서울대학교 석사논문, 1969.

이현수, 「조선초기 講武 施行事例와 軍事的 기능」, 『軍史』 45, 2002.

李賢熙, 「무예도보통지와 그 諺解本」, 『震檀學報』 91. 2001.

李弘斗, 「朝鮮初期 野人征伐과 騎馬戰」, 『軍史』 41, 2000.

鄭炳模, 「무예도보통지의 판화」, 『震檀學報』 91. 2001.

鄭夏明, 「한국의 화기발달 과정」, 『軍史』 13, 1986.

鄭海恩, 「18세기 무예 보급에 대한 새로운 검토 -『御營廳中旬謄錄』을 중심으로-」, 『이순신연구논총』 9, 2007.

_____, 「임진왜란기 조선이 접한 短병기와 『武藝諸譜』의 간행」, 『軍史』,

54, 2004.

______, 「藏書閣소장 軍營謄錄類 자료에 관한 기초적 검토」, 『藏書閣』 4, 2000.

______, 「조선시대 武科榜目의 현황과 사료적 특성」, 『軍史』 47, 2002.

______, 「朝鮮後期 武科及第者 硏究」, 韓國精神文化硏究院 박사논문, 2002.

______, 「朝鮮後期 武科硏究」, 韓國精神文化硏究院 석사학위논문, 1993.

趙湲來, 「明軍의 出兵과 壬亂戰局의 推移」, 『韓國史論』, 국사편찬위원회, 1992.

조혁상, 「『무예도보통지』 검법의 금수명칭용어에 대한 고찰」, 『문헌과 해석』 38, 2007.

千寬宇, 「朝鮮初期 「五衛」의 形成」, 『歷史學報』 17, 1962.

최복규, 「『무예도보통지』 편찬의 歷史的 배경과 武藝論」, 서울대학교 박사논문, 2003.

______, 「『무예도보통지』 권법에 관한 연구 -『기효신서』와의 관련성을 중심으로」, 『한국체육학회지』 41(2), 2002.

崔炯國, 「朝鮮後期 騎兵의 馬上武藝 硏究」, 중앙대학교 박사논문, 2011.

______, 「朝鮮後期 왜검교전 변화 연구–擊劍方式을 中心으로」, 『역사민속학』 25, 2007.

崔孝軾, 「藏書閣소장 자료의 軍制史적 의미」, 『藏書閣』 4, 2000.

河且大, 「朝鮮初期 軍事政策과 兵法書의 發展」, 『軍史』 19, 1989.

______, 「朝鮮初期 陣法書의 성격」, 서울대학교 석사학위논문, 1985.

許善道, 「神器秘訣(上・下)-한국 火藥병기의 裝放法을 중심으로」, 『韓國學論集』 5・6, 1983.
______, 「朝鮮前期의 火藥병기 對倭禁秘策」, 『學藝志』 2, 1991.
______, 「陣法考-서명 「兵將圖說」의 잘못을 바로잡음」, 『歷史學報』 47, 1970.
______, 「陣法考」, 『軍史』 3, 國防部戰史編纂委員會, 1981.
허인욱, 「본국검의 起源에 관한 硏究」, 『체육사학회지』 11, 2003.
______, 「예도의 유래에 관한 연구」, 『건지인문학』 4, 2011.
______, 「朝鮮後期의 쌍검」, 『체육사학회지』 12, 한국체육사학회, 2003.
허인욱・김산, 「金體乾과 무예도보통지에 실린 왜검」, 『체육사학회지』 11, 한국체육사학회, 2003.

大石純子, 「『武藝圖譜通志』의 연구-그 大要와 시대 배경에 대하여」, 『武道學硏究』, 22권 2호, 日本武道學會, 1989.
______, 「『武藝圖譜通志』에 보이는 도검技에 관한 연구-주로 임진・정유왜란기의 분석으로부터」, 『武道學硏究』, 23권 2호, 日本武道學會, 1990.
______, 「『武藝圖譜通志』에 보이는 刀劍技의 성립에 관한 일 고찰-주로 일본・중국의 관계로부터」, 『武道學硏究』, 23권1호, 日本武道學會, 1990.
______, 「『武藝圖譜通志』에 보이는 쌍수도에 관한 일 고찰-임진・정유왜란기의 분석으로부터」, 『武道學硏究』, 24권1호, 日本武道學會, 1991.
______, 「『武藝圖譜通志』의 보이는 왜검에 관한 일고찰」, 『武道學研

究』, 24권2호, 日本武道學會, 1991.
_______, 「일본으로부터 조선반도로의 刀劍技의 전파에 관한 양상」, 『武道文化の研究』, 第一書房, 1995.
_______, 「日本係史における日本の도검技武と知の新しい地平−体系的武道學研究をめざして」, 南宮呤皓出版社, 1998.
_______, 「『武藝圖譜通志』にみられる刀劍技に關する研究−主として日本との關係において−」, 筑波大學修士論文, 1999.
朴貴順, 「16世紀以降における中・日・韓國武藝交流に關する研究−『紀效新書』, 『兵法秘傳書」, 『武術早學』, 『武藝圖譜通志』を中心に−」, 金泥大學博士論文, 2006.

| 미주 |

제0장 들어가며

1 | 심승구, 『한국무예사료총서-조선왕조실록편III』, 국립민속박물관, 2005, 1쪽.

2 | 병기는 무기와 전술에 따라 기술체계가 여러 가지로 구분된다. 병기의 유무를 관점으로 무예의 기술체계를 구분하면 무예는 병기를 이용한 '병기무예'와 병기를 이용하지 않는 '도수무예' 또는 맨손무예로 대별할 수 있다. '병기무예'는 병기의 길이로 구분하는 것과 병기의 사용반경에 따라 구분하는 방식이 있다. 여기서는 후자를 기준으로 장병무예와 단병무예로 선택하였다. 장병무예는 장병기인 궁, 노, 포 등과 같이 원거리의 적을 상대하는 무예체계이다. 단병무예는 단병기인 창, 검, 도, 당파, 낭선 등을 이용하여 근접전에 사용하는 무예체계이다. 심승구, 위의 책, 2005, 2쪽.

3 | 심승구, 위의 책, 2005, 2~3쪽.

4 | 中文大辭典』, 中國文化大學出版部, 1973. 『武備志』에서는 劍・刀・槍・鏜鈀・牌・狼筅 등을 단병기로 꼽았고 棍은 단병 가운데 가장 기본이 되는 무기로 보았다. 그리고 장병기로는 弓・弩가 있다. 卷84, 陣練制 教藝編; 『紀效新書』에서는 叉鈀・棍・鎗・偃月刀・鉤鎌・藤牌 등을 단병기로, 弓・箭・火器는 장병기로 파악하였다. 卷10, 長兵短用說 ; 卷12, 短兵長用說 : 『國學基本叢書 153』, 臺灣商務印書館, 1968년, 127쪽, 151쪽; 정해은, 「임진왜란기 조선이 접한 단병기와 『武藝諸譜』의 간행」, 『軍事』 51, 2004, 151~152쪽 재

인용.

5 | 정해은, 위의 논문, 2004, 152쪽.

6 | 『무예도보통지』에 나오는 도검무예를 보군과 기병으로 구분하여 살펴보면 다음과 같다. 보군의 도검무예는 쌍수도, 예도, 왜검, 왜검교전, 제독검, 본국검, 쌍검, 월도, 협도, 등패 등 10기이다. 기병의 도검무예는 마상쌍검, 마상월도 등 2기이다. 보군과 기병이 활용하는 도검무예는 총 12기로 파악할 수 있다.

7 | 李泰鎭, 『朝鮮後期의 政治와 軍營制 變遷』, 韓國硏究院, 1985; 吳宗祿, 「朝鮮後期 首都防衛體制에 대한 일고찰-五軍營의 三手兵制와 守城戰」, 『史叢』 33, 25-44쪽; 金鍾洙, 「朝鮮後期 訓鍊都監의 設立과 運營」, 서울대학교 박사논문, 1996; 『朝鮮後期 中央軍制研究-訓鍊都監의 設立과 社會變動』, 혜안, 2003; 이근호 외 3인, 『조선후기의 수도방위체제』, 서울시립대학교서울학연구소, 1998.

8 | 徐台源, 『朝鮮後期 地方軍制研究』, 혜안, 1999; 金友哲, 『朝鮮後期 地方軍制史』, 景仁文化社, 2000.

9 | 盧永九, 「朝鮮後期 兵書와 戰法의 연구」, 서울대학교 박사논문, 2002; 鄭海恩, 「임진왜란기 조선이 접한 短병기와 『武藝諸譜』의 간행」, 『軍史』 54, 2004, 151-184쪽; 沈勝求, 「壬辰倭亂期 중 武藝書의 편찬과 의미-武藝諸譜를 중심으로」, 『천마논문집』 26, 2003, 289-332쪽; 朴起東, 「朝鮮後期 武藝史研究 -『무예도보통지』形成過程을 中心으로」, 성균관대학교 박사논문; 나영일 외 3인, 『조선중기무예서연구-『武藝諸譜』, 『武藝諸譜飜譯續集』 譯註』, 서울대학교출판부, 2006.

10 | 盧永九, 「선조代 紀效新書의 보급과 陣法 논의」, 『軍史』 34, 1997, 125-154쪽; 「朝鮮 增刊本 紀效新書의 체제와 내용」, 『軍史』 36, 1998, 101-135쪽; 「조선시대 兵書의 분류와 간행 추이」, 『역사와현실』 30, 281-304쪽; 정해은, 『한국전통병서의 이해』, 국방부군사

편찬연구소, 2004; 宋昌基, 『고대병서잡록-고대동양병서의 서지학적고찰』, 『軍史』 14, 1987, 126-155쪽; 김산 · 공미애, 「壬辰倭亂 前後의 明의 武藝書들과 朝鮮의 武藝書들과의 記述方法에 대한 비교연구」, 『한국체육사학회지』, 8(2), 2003, 68-79쪽; 나영일, 「紀效新書, 武藝諸譜, 무예도보통지 比較硏究」, 『한국체육학회지』, 36(4), 한국체육학회, 1997, 9-24쪽; 박귀순, 「한 · 중 · 일의 무예 교류사 연구」, 『한국무예의 역사 · 문화적조명』, 국립민속박물관, 2004; 「중국(명) · 한국(조선) · 일본의 紀效新書에 관한 연구」, 『한국체육사학회지』 17, 2006, 57-70쪽; 최복규, 「『무예도보통지』권법에 관한 연구-『기효신서』와의 관련성을 중심으로」, 『한국체육학회지』 41(2), 2002, 29-40쪽; 서치상 · 조형래, 「『紀效新書』도입직후의 새로운 城制모색」, 『大韓建築學會論文集』, 24(1), 2008.

11 | 陸士韓國軍事硏究室, 『韓國軍制史-近世朝鮮後期篇』, 陸軍本部, 1977; 崔孝軾, 『朝鮮後期 軍制史 硏究』, 신서원, 1995; 盧永九, 「朝鮮後期 兵書와 戰法의 연구」, 서울대학교 박사논문, 2002; 정해은, 『한국전통병서의 이해』, 국방부 군사편찬연구소, 2004; 『한국전통병서의 이해(II)』, 국방부 군사편찬연구소, 2008.

12 | 崔孝軾, 「藏書閣소장 자료의 軍制史적 의미」, 『藏書閣』 4, 2000, 85~125쪽.

13 | 鄭海恩, 「藏書閣소장 軍營謄錄類 자료에 관한 기초적 검토」, 『藏書閣』 4, 2000, 127~155쪽; 「18세기 무예보급에 대한 새로운 검토 -『어영청중순謄錄』을 중심으로」, 『이순신연구논총』 9, 2007, 217~255쪽.

14 | 朴起東, 「武藝諸譜의 發見과 그 史料的 價値」, 『체육과학연구소논문집』 18, 강원대학교체육과학연구소, 1994, 101~110쪽; 「朝鮮後期 武藝史 硏究-『무예도보통지』의 形成過程을 中心으로」, 성균관대학교 박사논문, 1994; 나영일, 「紀效新書 · 武藝諸譜 · 무예도보

통지 比較研究」, 『한국체육학회지』, 36(4), 1997, 9~24쪽; 沈勝求, 「壬辰倭亂 中 武藝書의 편찬과 의미-『武藝諸譜』를 중심으로」, 『천마논문집』 26, 2003, 283~332쪽; 鄭海恩, 「임진왜란기 조선이 접한 短병기와 『武藝諸譜』의 간행」, 『軍史』 54, 2004, 151~184쪽.

15 | 金聖洙·金榮逸, 「韓國軍事類 典籍의 發展系譜에 관한 書誌的 硏究」, 『書誌學硏究』 9, 1993, 77~149쪽; 이진호, 「17~18세기 兵書 언해 연구」, 계명대학교 박사논문, 2009; 나영일·노영구·양정호·최복규, 『조선중기 무예서 연구』, 서울대학교출판부, 2006; 국립민속박물관, 『무예문헌자료집성』, 2004.

16 | 『무예도보통지』와 관련된 대표적 학제간 연구로는 2001년 震檀學會에서 열린 『무예도보통지의 종합적 검토』의 심포지엄이다. 발표자는 한국사학·체육학·미술사학·국어학의 4분야에서 5명이 선정되었다. 5명의 주제발표내용은 裵祐晟, 「정조의 軍事政策과 무예도보통지의 편찬의 배경」, 盧永九, 「조선후기 단병전술의 추이와 무예도보통지의 성격」, 羅永一, 「무예도보통지의 武藝」, 鄭炳模, 「무예도보통지의 판화」, 李賢熙, 「무예도보통지와 그 諺解本」이다.

17 | 나영일, 『정조시대의 무예』, 서울대학교출판부, 2003.

18 | 최복규, 「『무예도보통지』 편찬의 歷史的 배경과 武藝論」, 서울대학교 박사논문, 2003.

19 | 곽낙현, 「李德懋의 생애와 무예관-『무예도보통지』를 중심으로」, 『東洋古典硏究』 26, 2007, 413~440쪽.

20 | 신영권, 「『무예도보통지』에 관한 연구 : 단병기의 기술과정을 중심으로」, 경상대학교 석사학위논문, 2012.

21 | 박귀순, 「한·중·일의 무예교류사 연구」, 『한국무예의 역사·문화적조명』, 국립민속박물관, 2004; 「『무예도보통지』의 쌍수도의 형성과정에 관한 연구-무예동작 비교를 중심으로」, 『대한무도학회지』, 12(3), 대한무도학회, 2010, 17-34쪽; 김종윤, 「무예도보통지의

쌍수도에 관한 연구」, 한양대학교 석사논문, 2010.

22 | 허인욱, 「본국검의 起源에 관한 研究」, 『체육사학회지』, 11, 2003, 59-70쪽; 김영호, 「본국검의 정립시기와 그 사상적 배경」, 『무예24기 학술회의 발표자료집』, 2005, 61-84쪽; 이종림, 「韓國古代劍道史에 관한 研究」, 성균관대학교 석사논문, 1983.

23 | 허인욱·김산, 「金體乾과 무예도보통지에 실린 왜검」, 『체육사학회지』 11, 한국체육사학회, 2003, 36-43쪽; 김영호, 「『무예제보번역속집』의 왜검과 『무예도보통지』의 왜검, 교전의 비교」, 『무예24반 학술발표집』, 2002, 44-50쪽; 최형국, 「朝鮮後期 왜검교전 변화 연구-擊劍方式을 中心으로」, 『역사민속학』 25, 역사민속학회, 2007, 93-117쪽; 곽낙현, 「『무예도보통지』 왜검 기법 연구」, 『온지논총』 34, 2013, 327-367쪽.

24 | 허인욱, 「예도의 유래에 관한 연구」, 『건지인문학』 4, 2011, 317-336쪽; 이종림, 「朝鮮勢法考」, 『한국체육학회지』, 38(1), 1999, 9-21쪽.

25 | 허인욱, 「朝鮮後期의 쌍검」, 『체육사학회지』 12, 한국체육사학회, 2003, 80-89쪽.

26 | 박금수, 「『무예도보통지』의 勢에 관한 연구」, 서울대학교 석사논문, 2005; 김산·김주화, 「『무예도보통지』의 勢에 대한 연구」, 『체육사학회지』 13, 2004, 1~12쪽; 金山, 「『무예도보통지』 長兵武藝 復原의 實際와 批判」, 전북대학교 박사논문, 2008.

27 | 곽낙현, 「『무예도보통지』에 수록된 도검자세에 관한 고찰-쌍수도, 예도, 제독검, 본국검을 중심으로」, 『한국체육사학회지』 19, 2007, 85~98쪽.

28 | 김위현, 『국역무예도보통지』, 민족문화사, 1984.

29 | 김광석실기·심우성 해제, 『무예도보통지 실기해제』, 동문선, 1987.

30 | 임동규주해, 『실연·완역 무예도보통지』, 학민사, 1996.

31 | 국립민속박물관, 『무예문헌자료집성』, 2004.

32 | 나영일·노영구·양정호·최복규, 『조선중기무예서연구』, 서울대학교출판부, 2006.

33 | 박청정, 『무예도보통지주해』, 동문선, 2006.

34 | 박금수, 『조선의 武와 전쟁』, 지식채널, 2011.

35 | 송일훈·김산·최형국, 『정조대왕 무예 신체관 연구』, 레인보우북스, 2013.

36 | 임성묵, 『본국검예』, 1(조선세법)·2(본국검법), 도서출판 행복에너지, 2013. 저자는 『무예도보통지』에 나오는 도검무예 중에서 한국의 도검무예에 해당하는 조선세법(예도)과 본국검에 대한 내용을 자세하게 다루고 있다.

37 | 大石純子, 「『무예도보통지』의 연구―그 大要와 시대 배경에 대하여」, 『武道學研究』, 22권 2호, 日本武道學會, 1989; 「『무예도보통지』에 보이는 도검技에 관한 연구―주로 임진·정유왜란기의 분석으로부터」, 『武道學研究』, 23권 2호, 日本武道學會, 1990, ; 「『무예도보통지』에 보이는 도검技의 성립에 관한 일 고찰-주로 일본·중국의 관계로부터」, 『武道學研究』, 23권1호, 日本武道學會, 1990; 「『무예도보통지』에 보이는 쌍수도에 관한 일 고찰-임진·정유왜란기의 분석으로부터」, 『武道學研究』, 24권1호, 日本武道學會, 1991; 「『무예도보통지』의 보이는 왜검에 관한 일고찰」, 『武道學研究』, 24권2호, 日本武道學會, 1991; 「일본으로부터 조선반도로의 도검技의 전파에 관한 양상」, 『武道文化の研究』, 第一書房, 1995;. 大石純子, 「日本係史における日本の도검技武と知の新しい地平-体系的武道學研究をめざして」, 南宮昤皓出版社, 1998; 「『무예도보통지』にみられる도검技に關する研究-主として日本との關係において-」, 筑波大學修士論文, 1999; 「韓國の武術」, 『武道文化の深求』, 不昧堂,

2003.

38 | 崔炯國, 「朝鮮後期 騎兵의 馬上武藝 研究」, 중앙대학교 박사논문, 2011.

제1장 임진왜란 이후 도검무예의 수용과 추이

1 | 『高麗史』 卷81, 兵志 1, 오군조, 현종 9년 9월조; 『高麗史』 卷81, 兵志 1, 오군, 현종 20년 윤2월조; 卷81, 兵志 1, 오군조.

2 | 沈勝求, 「韓國 武藝의 歷史와 特性- 徒手武藝를 중심으로」, 『軍史』 43, 2001, 249쪽.

3 | 곽낙현, 「조선전기 習陣과 군사훈련」, 『東洋古典研究』 35, 2009, 363쪽.

4 | 沈勝求, 앞의 논문, 2001, 257~258쪽.

5 | 沈勝求, 「壬辰倭亂 中 武藝書 편찬과 의미-『武藝諸譜』를 중심으로」, 『천마논문집』 26, 2003, 292~295쪽.

6 | 盧永九, 「宣祖代 『紀效新書』의 보급과 陣法 논의」, 『軍史』 34, 1997. 127~134쪽.

7 | 한국문화상징사전편찬위원회, 『한국문화상징사전』, 동아출판사, 1992, 580~584쪽.

8 | 김태경, 「상고 중국어음을 통한 한국어 어휘의 어원 연구」, 『중국어문학논집』 64, 중국어문학연구회, 2010, 79쪽.

9 | 서정범, 『우리말의 뿌리』, 유씨엘아이엔씨, 2005, 264쪽.

10 | 『武藝圖譜通志』 卷3, 銳刀, 兩刃曰劍, 單刃曰刀.

11 | 곽낙현, 「조선시대 도검에 관한 연구」, 용인대학교 석사논문, 1998, 6쪽.

12 | 김성혜 · 김영섭, 「도검의 기능성 연구—육군박물관 소장품을 중심

으로-」, 『學藝志』 6, 육사 육군박물관, 1999, 49쪽.

13 | 김성혜·김영섭, 앞의 논문, 1999, 52쪽.

14 | 『世祖實錄』 卷21, 世祖 6년 8월 1일(甲辰).

15 | 姜性文, 「朝鮮時代 도검의 軍事的 運用」, 『古文化』 60, 2002, 67쪽.

16 | 『文宗實錄』 卷6, 文宗 1년 2월 25일(甲午).

17 | 環刀의 길이 단위는 營造尺으로 31.24cm이고, 자루의 길이는 指尺으로 10指는 19.423cm이다. 朴興秀, 「度量衡」, 『韓國史』 10, 542~543쪽. 2拳은 10指이다. 姜性文, 위의 논문, 2002, 67~68쪽 재인용.

18 | 『中宗實錄』 卷60, 中宗 23년 2월 18일(庚申).

19 | 『燕山君日記』 卷7, 燕山君 1년 7월 3일(甲申).

20 | 『世宗實錄』 卷76, 世宗 19년 1월 5일(乙未).

21 | 『成宗實錄』 卷90, 成宗 9년 3월 11일(癸酉).

22 | 姜性文, 「조선시대의 環刀의 機能과 製造」, 『韓民族의 軍事的 傳統』, 봉명, 2000, 267~268쪽.

23 | 『武藝圖譜通志』 卷2, 銳刀, 短刀雖彎而頗 類我國環刀; 『武藝圖譜通志』 卷3, 藤牌, 柄要短 形要彎.

24 | 김영섭의 「조선시대 도검의 휘임각에 대한 再考」(2002)라는 실험 연구보고서에서 칼의 휨 각이 8도~25도이며, 사람의 움직임은 칼의 휨 각이 요구하는 10도~15도를 제공하고, 위력적인 칼의 動線을 40도로 보았다.

25 | 『武藝圖譜通志』 卷2, 倭劍, 刀極剛利 中國不及也 凡刀式犀利 倭人爲最.

26 | 沈勝求, 「朝鮮時代 武藝史 硏究 - 毛毬를 중심으로」, 『軍史』 38, 1999, 126쪽.

27 | 沈勝求, 「壬辰倭亂 中 武藝書 편찬과 의미-『武藝諸譜』를 중심으로」, 『천마논문집』 26, 2003, 292쪽.

28 | 『武藝圖譜通志』 御製武藝圖譜通志序, 禁苑練兵盛自 光廟朝然止弓矢一技而已 如槍劍待技旣未之聞焉.

29 | 沈勝求, 「朝鮮前期 武科硏究」. 국민대학교 박사논문, 1994. 89~93쪽.

30 | 沈勝求, 앞의 논문, 2003, 293쪽.

31 | 盧永九, 「宣祖代 『紀效新書』의 보급과 陣法 논의」 『軍史』 34, 1997, 129~130쪽.

32 | 『紀效新書』 卷4, 長兵短用; 『紀效新書』 卷 12, 短兵長用.

33 | 沈勝求, 앞의 논문, 2003, 301~304쪽.

34 | 『宣祖實錄』 卷 51, 宣祖 27년 6월 26일(癸酉).

35 | 『宣祖實錄』 卷 64, 宣祖 28년 6월 15일(壬戌).

36 | 『宣祖實錄』 卷 65, 宣祖 28년 7월 17일(戊子).

37 | 『宣祖實錄』 卷 82, 宣祖 29년 11월 9일(辛丑).

38 | 『宣祖實錄』 卷 51, 宣祖 27년 6월 26일(癸酉).

39 | 『宣祖實錄』 卷 54, 宣祖 27년 8월 15일(庚申).

40 | 『宣祖實錄』 卷 54, 宣祖 27년 8월 15일(庚申).

41 | 『宣祖實錄』 卷 59, 宣祖 28년 1월 24일(丁酉).

42 | 『宣祖實錄』 卷 62, 宣祖 28년 4월 19일(辛酉).

43 | 『宣祖實錄』 卷 64, 宣祖 28년 6월 14일(乙卯).

44 | 『宣祖實錄』 卷 64, 宣祖 28년 6월 19일(庚申).

45 | 『武藝諸譜』의 선행연구는 다음과 같다. 朴起東, 「『武藝諸譜』의 發見과 史料的 價値」, 『체육과학연구소논문집』 18, 강원대 체육과학연구소, 1994; 沈勝求, 「朝鮮時代의 武藝史 硏究」, 『軍史』 38, 국방부군사편찬연구소, 1997; 나영일, 「『紀效新書』, 『武藝諸譜』, 『무예도보통지』 比較硏究」, 『한국체육학회지』 36(4), 1997; 沈勝求, 「韓國 武藝의 歷史와 特性」, 『軍史』 43, 국방부군사편찬연구소, 2001; 盧永九, 「朝鮮後期 兵書와 戰法의 연구」, 서울대학교 박사학위논문, 2002; 沈勝求, 「壬辰倭亂 中 武藝書의 편찬과 의미 – 『武

藝諸譜』를 中心으로」, 『천마논문집』 26, 한국체육대학교, 2003; 鄭海恩, 「임진왜란기 조선이 접한 短병기와 『武藝諸譜』의 간행」, 『軍史』 54, 국방부군사편찬연구소, 2004; 국립민속박물관, 『무예문헌자료집성』, 2004, 심승구, 「한국무예사에서 본 『무예제보』의 특성과 의의」, 『한국무예의 역사·문화적 조명』, 국립민속박물관, 2004; 나영일외, 『조선중기무예서연구』, 서울대학교출판부, 2005.

46 | 『武藝諸譜』 武藝交戰法. 여기서는 宣祖 27년 봄에 지시한 것으로 확인된다. 당시 宣祖 27년 2월 훈련도감을 설치하고 절강병의 기예를 가르치기 시작하였다고 기술하고 있는 것으로 보아, 『武藝諸譜』의 편찬도 2월경으로 이해된다. 이와 관련하여 1594년(宣祖 27) 2월에는 병조판서 이덕형이 『紀效新書』의 규칙에 맞게 하는 자는 별도로 논상 하고, 아울러 과거에도 시험보아 고치기 어려운 고질적인 습관을 개혁하도록 하였다. 『宣祖實錄』 卷48, 선조 27년 2월 11일(庚申).

47 | 李頤命, 『疎齋集』 卷10, 武藝諸譜跋.

48 | 鄭琢, 『藥圃集』 卷3, 紀效新書節要序.

49 | 『武藝諸譜』武藝交戰法.

50 | 沈勝求, 앞의 논문, 2004, 120~121쪽.

51 | 李頤命, 앞의 문집, 武藝諸譜跋 재인용.

52 | 심승구, 「한국무예사에서 본 『무예제보』의 특성과 의의」, 『한국무예의 역사·문화적 조명』, 국립민속박물관, 2004, 87~134쪽.

53 | 『兵學指南演義』, 「營陣正彀」,卷2 器械 共管者夾衛 之意分救者獨應之意 槍鈀二種 殺器也 牌筅二種 禦器也 又槍與筅 短中長也 牌與鈀 短中短也 比陣一長一短 一殺一禦 雜然成利观者詳之.

54 | 『武藝圖譜通志』 「卷首」 技藝質疑, 故五兵之利 長以衛短 短以救長 不可陷之 盾與無不陷之矛 均不可缺 推此而制陣之方 火器藉兵器 而無恐兵器藉 火器而取勝 形格勢禁使 之無所顧有所恃 如淮陰背水陣

法 此一二名 將所陰用 而不言於人 而人當自悟也.

55 | 김영호, 「『무예제보번역속집』의 왜검과 『무예도보통지』의 왜검, 교전의 비교, 『『武藝圖譜通志』를 통해 본 한일간의 무예교류』 학술발표집, 2002, 24반 무예협회, 44쪽.

56 | 김영호, 위의 논문, 2002, 48~50쪽.

57 | 『肅宗實錄』 卷13, 肅宗 8년 10월 8일(辛巳).

58 | 『承政院日記』 271冊, 肅宗 5년 7월 27일(己未). (柳)赫然曰 劍術 天下皆有之 日本爲最 我國獨無傳習之人 心常蓋然也. 臣欲送一人於東萊 使之傳習 府使李瑞雨處 以劍術可學與否, 觀勢相通之意 言送矣 今見其所答 則以爲似有可傳之路云 臣管下 有一可學之人 下送此人學劍 如何? 上曰 送之 好矣.

59 | 『武藝圖譜通志』 卷2 倭劍, 軍校金體乾趫(音喬善走也) 捷工武藝 肅宗朝 嘗隨使臣入日本 得劍譜學其術而來 上召試之體建 拂劍回旋揭(擧也) 踵豎拇而步.

60 | 『夜虛關漫稿』 卷7, 藝譜六技演成十八般說. 軍門人 金體乾 學來於日本.

61 | 위 사료, 藝譜六技演成十八般說. 倭劍凡八流 自土由流至柳彼流.

62 | 『肅宗實錄』 卷31, 肅宗 23년 1월 10일(壬戌).

63 | 『武藝圖譜通志』 卷首, 兵技總敍, 十六季二月御 春塘臺試閱 各廳武士 後亦如之 十一月御內苑 試訓局왜검手技藝.

64 | 『武藝圖譜通志』 卷2, 倭劍. 여기서 동작의 번역의 문제가 있다. 김위현은 "체건은 칼을 떨치며 발굽을 들고 돌며 엄지손가락으로 서서 걸었다"고 하였고, 임동규는 "체건은 칼을 떨치며 매달려 도는 것 같고 발뒤꿈치를 들고 엄지발가락으로 걸었다."고 하였다. 임동규, 『실연・완역 무예도보통지』, 학민사, 1996, 182쪽.

65 | 倭劍譜는 倭劍交戰譜의 형태로 만들어졌다. 이 倭劍譜에는 進前殺敵勢, 下接勢, 仙人棒盤勢, 持劍對敵勢, 齊眉勢, 龍拏虎擺勢, 左防敵勢, 右防敵勢, 滴水勢, 向上防敵勢, 初退防敵勢, 撫劍伺敵勢 등의

12가지 勢가 나오고 있는데, 『武藝圖譜通志』의 倭劍譜나 倭劍交戰譜와는 큰 차이를 보이고 있다. 나영일, 「『무예도보통지』의 武藝」, 『震檀學報』 91, 震檀學會, 2001, 397~398쪽.

제2장 18세기 도검무예의 정비와 실제

1 | 茅元儀, 『武備志』 卷84, 「陣練制 教藝篇」; 長澤規矩也解題, 『和刻本明清資料集』 4집, 古典研究會, 821쪽.

2 | 羅永一, 「『武藝圖譜通志』의 武藝」, 『震檀學報』 91, 震檀學會, 2001, 390~391쪽.

3 | 吳文忠, 『中華體育文化史圖選集』, 漢文書店:臺灣, 1969, 145쪽.

4 | 松田隆智, 『中國武術』, 新人物往來社, 1989, 11쪽.

5 | 高獢華王, 『武道の科學』, 講談社, 1994, 21쪽. 그는 도수무술에는 타격무술로 空手道, 소림사권법 등 각종권법을, 잡기무술에는 柔道와 相撲을, 관절기술로는 合氣道와 古流柔術을, 무기술에는 長物로서 棒術, 창術, 薙道術, 中短技로서 弓道, 劍道, 居合拔刀術, 杖術, 銃劍道, 短劍小刀道를, 暗技術에는 手裏劍, 포승술, 각종 암기무기, 劍術 등으로 구분하였다.

6 | 양종언, 『삶의 武藝』, 학민사, 1992, 79~80쪽.

7 | 『武藝圖譜通志』, 兵器總敍.

8 | 『武藝圖譜通志』 卷2, 倭劍은 圖가 101개, 倭劍交戰은 50개로 다른 도검무예보다 훨씬 많다.

9 | 任東權・鄭亨鎬, 앞의 책, 1997, 103쪽. 현재 사용하고 있는 기창의 크기를 감안해서 창자루는 1m 60cm, 창두는 20cm 정도, 전체 길이는 180cm 정도가 적당하다고 하였다. 또 무게도 1kg 이내면 적당하다고 하였다.

10 | 篠田耕一, 『武器防具 中國篇』, 新紀元社, 1992, 86쪽.

11 | 羅永一, 앞의 논문, 2001, 392~393쪽.

12 | 『世宗實錄』 卷43, 世宗 11년 1월 24일(辛未) 武科殿試儀; 『經國大典』, 「兵典」 試取條.

13 | 戚繼光, 『紀效新書』 卷1, 束伍篇; 國防軍史硏究所, 『紀效新書』上, 卷1 束伍篇, 編伍法, 1998, 29~31쪽.

14 | 『兵學指南演義』 地 卷2, 營陣正彀; 國防軍史硏究所, 『兵學指南演義』 II, 卷2 營陣正彀, 編兵, 1996, 32~33쪽.

15 | 金友哲, 『朝鮮後期地方軍制史』, 景仁文化社, 2001, 21~86쪽.

16 | 朴興秀에 의하면, 世宗代의 무게 1근은 641.949g이었다고 한다. 「世宗朝의 科學思想」, 『世宗朝文化硏究』, 韓國精神文化硏究院, 박영사, 1982, 339쪽. 1근을 641.949g으로 계산하면, 121근은 77.67kg이고, 137근은 87.94kg이 된다. 근력 측정방법에 대한 고증이 없어 구체적인 힘의 크기를 알 수 없다고 하였는데, 아마도 모래들기(擧沙)라고 하는 膂力이였을 것으로 추정된다.

17 | 羅永一, 앞의 논문, 2001, 394~395쪽.

18 | 『宣祖實錄』 卷119, 宣祖 32년 4월 4일(壬午); 卷124 宣祖 33년 4월 14일(丁亥); 卷182 宣祖 37년 12월 16일(辛酉); 『仁祖實錄』 卷21, 仁祖 7년 8월 8일(庚申); 『顯宗實錄』 卷16, 顯宗 10년 3월 6일(己亥); 『正祖實錄』 卷28, 正祖 13년 10월 17일(己未); 卷30, 正祖 14년 4월 29일(己卯).

19 | 羅永一, 앞의 논문, 2001, 399쪽.

20 | 馬明達 點校, 『紀效新書』, 人民體育出版, 1988과 『武備志』는 32勢이나, 규장각 소장의 『紀效新書』(照曠閣本 또는 學津本)는 24勢이다. 馬明達의 『紀效新書』, 1988, 326~329쪽에 의하면, 西諦本, 三才圖繪本, 武備志本, 學津本이 순서가 모두 차이가 있으며, 學津本만 8勢가 결락되어 있다고 하였다.

21 | 羅永一, 앞의 논문, 2001, 399~400쪽.

22 | 金大慶, 『韓國의 棍과 劍』, 河圖洛書, 1996, 7쪽.

23 | 『仁祖實錄』 卷5, 仁祖 2년 3월 9일(癸亥).

24 | 『仁祖實錄』 卷17, 仁祖 5년 9월 27일(庚寅).

25 | 『大典會通』 「兵典」 試取條. 말을 출발시킨 뒤에 右手로 편을 잡아 뒤를 향하여 들고 또 兩手로 앞을 향하여 들고 이어서 左右를 향하여 각각 2회씩 휘두른다. 一擊할 때마다 이렇세 左右로 1회씩 휘두른다. 옆으로 달아나는 자와 漏水 시한 내에 미치지 못하는 자는 騎芻의 경우와 같이 한다. 6개의 標芻는 각각 28보이어야하며 그 左右 相距는 馬道로부터 3보이어야 한다.

26 | 羅永一, 앞의 논문, 2001, 401쪽.

27 | 任東權·鄭亨鎬, 앞의 책, 1997, 44쪽, 60쪽.

28 | 李德懋, 『靑莊館全書』 12, 「雅亭遺稿」 4. 지친 말 위에서 꿈나라로 들어가니 나의 옛 모정으로 돌아왔네 잠깐 동안에 여러 친구들 만났는데 깨고 보니 푸른 봉우리만 첩첩하네.

29 | 李德懋, 위의 책 16, 「雅亭遺稿」 8; 민족문화추진회, 『국역청장관전서』 3, 1987, 187쪽.

30 | 곽낙현, 「李德懋의 生涯와 武藝觀-『武藝圖譜通志』를 중심으로」, 『東洋古典研究』 26, 2007, 434~437쪽.

31 | 국사편찬위원회, 『貞蕤集 附北學儀』, 1961, 405쪽; 『北學儀』 「內篇」 馬條.

32 | 羅永一, 앞의 논문, 2001, 402쪽.

33 | 『世宗實錄』 卷133, 五禮, 家禮儀式, 武科殿試儀條.

34 | 任東權·鄭亨鎬, 앞의 책, 1997, 269쪽.

35 | 沈勝求, 「武科殿試儀」, 『朝鮮前期 武科殿試儀 考證研究』, 충남발전연구원, 1998, 122쪽.

36 | 『世宗實錄』 卷49, 世宗 12년 9월 21일(己未).

37 | 『中宗實錄』 卷53, 中宗 20년 3월 22일(辛巳); 『光海君日記』 卷34, 光海君 2년 10월 8일(己卯).

38 | 『中宗實錄』 卷14, 中宗 6년 12월 6일(壬午); 『宣祖實錄』 권67, 宣祖 28년 9월 10일(己卯).

39 | 任東權·鄭亨鎬, 앞의 책, 1997, 316~320쪽.

40 | 곽낙현, 앞의 논문, 1998, 7쪽.

41 | 『承政院日記』 1427冊, 正祖 2년 9월 7일(癸巳)에는 정조가 각 군영에서 여러 가지 단병무예의 명칭을 통일시키면서 도검무예의 기예인 挾刀棍을 挾刀로 명칭을 수정하였다. 협도곤은 『무예제보번역속집』에 실려 있는 도검무예이다.

42 | 최복규, 「紀效新書 권법에 관한 연구」, 『한국체육학회지』 41(4), 2002, 33~34쪽.

43 | 『武藝諸譜』는 棍, 等牌, 狼筅, 長槍, 鎲鈀, 長刀, 技藝質疑, 武藝交戰法으로 목차가 구성되어 있다. 도검은 長刀뿐이다. 『武藝圖譜通志』, 卷2, 雙手刀에는 본명은 長刀인데 오늘날에는 쌍수도라 부르며, 用劍, 平劍으로 속칭된다고 하였다.

44 | 도검무예에 대한 勢는 譜를 중심으로 제2절 도검무예의 실제에서 설명하고자 한다.

45 | 『武藝諸譜飜譯續集』, 啓明大學校出版部, 1999, 37쪽.

46 | 松田隆智, 권오석역, 『圖說中國武術史』, 書林文化社, 1979, 308쪽.

47 | 김산·김주화, 앞의 논문, 2004, 9쪽.

48 | 허인욱·김산, 「金體乾과 武藝圖譜通志에 실린 倭劍」, 『체육사학회지』 11, 2003, 42쪽.

49 | 『武藝圖譜通志』 卷3, 提督劍에는 명나라 劉綎은 "제가 바로 장계를 올려서 금군 韓士立으로 하여금 70여명을 모아서 駱尙志에게 가르쳐 주기를 청하였다. 낙공은 자기 帳下의 張六三등 10인을 뽑아내어 教師로 삼아 창과 劍과 狼筅 등을 연습시켰다. 그 기법은 駱尙志

가 李如松 제독 휘하이므로 제독검의 이름이 이에서 나오지 않았겠는가" 라고 말하였다.

50 | 『武藝圖譜通志』 卷3, 本國劍에는 『新增東國輿地勝覽』의 고사를 인용하여 "黃倡郞은 신라 사람이다. 그의 나이 7勢에 백제에 들어가서 시중에서 칼춤을 추었는데 이를 구경하는 사람이 담을 이룬 것 같았다. 백제왕이 이 이야기를 듣고 불러서 마루에 올라와서 칼춤을 추도록 명하였다. 창랑이 이 기회를 타서 왕을 찔렀으므로 백제국인들이 창랑을 죽였다. 신라인들이 창랑을 애통하게 여겨서 그 얼굴 모양을 본 따서 가면을 만들어 쓰고 칼춤을 추었으며 지금도 전한다." 고 본국검의 기원을 밝히고 있다.

51 | 허인욱, 「朝鮮後期의 雙劍」, 『체육사학회지』 12, 2003, 80~81쪽.

52 | 總圖에는 25개 순서로 되어 있다. 1. 開門 - 2.交劍 - 3.相藏 - 4. 退進 - 5. 換立 - 6. 戴擊 - 7. 換立 - 8. 相藏 - 9. 進退 - 10. 換立 - 11. 戴擊 - 12. 換立 - 13. 再叩進 - 14. 退進 - 15. 揮刀 - 16. 進再叩 - 17. 進退 - 18. 揮刀 - 19. 退刺擊進 - 20. 退進 - 21. 揮刀 - 22. 進退刺擊 - 23. 進退 - 24. 揮刀 - 25. 相撲.

53 | 『武藝諸譜飜譯續集』에서는 倭劍交戰과 倭劍에 대해 중국식 勢로 설명하고 있다. 이것은 임진왜란 이후 왜검을 도입하면서 왜검의 형식을 먼저 알고 있는 中國劍의 형식을 빌어서 설명하였기 때문이며, 金體乾 이후 확실한 왜검 교습이 되면서 기존 中國劍 형식을 빌어서 설명하던 서술 방식에서 벗어난 것으로 보인다.

54 | 김산・김주화, 앞의 논문, 2004, 7쪽.

55 | 허인욱, 「본국검의 起源에 관한 硏究」, 『체육사학회지』 11, 2003, 59~70쪽.

56 | 『宣祖實錄』 卷55, 宣祖 27년 9월 3일(戊寅).

57 | 『武藝圖譜通志』 卷2, 雙手刀, 本名長刀俗稱用劍平劍.

58 | 위 사료, 雙手刀, 今如獨用則無衛 惟鳥銃手可兼 賊遠發銃賊近用刀.

59 | 위 사료, 雙手刀, 雙手使用之文故也 今亦不用此制 惟以腰刀代習.

60 | 『武藝圖譜通志』 卷2, 銳刀, 本名短刀.

61 | 위 사료, 銳刀, 近有好事者得之 朝鮮其勢法俱備 固知中國失而求之四裔不獨西方之等韻 (중략).

62 | 위 사료, 銳刀, 環刀則中國之腰刀也.

63 | 위 사료, 銳刀, 舊譜所載 雙手刀 銳刀 倭劍 雙劍 提督劍 本國劍 馬上雙劍名色 雖不同所用 皆腰刀兩刃曰劍 單刃曰刀 後世刀與劍相混然.

64 | 『武藝圖譜通志』 卷3, 倭劍, 軍校金體乾趫捷工武藝 肅宗朝嘗隨使臣入日本 得劍譜學其術而來 上召試之體乾拂劍回旋揭踵竪拇而步倭譜凡四種曰 土由流曰運光流曰千柳流曰柳彼流 流者猶義經之波稱神道流 信綱之波稱新陰流也 體乾傳其術至 今行惟運光流中間失其傳 體乾又演其法閒出 新意爲교전之勢 稱交戰譜 而舊譜別爲一譜 故今附于倭劍譜 以其本出倭譜也.

65 | 『武藝圖譜通志』 卷2, 倭劍譜, 土由流, 1圖 右. 『무예도보통지』에 실려 있는 왜검보를 토대로 그림과 좌우의 구분은 필자가 동작을 설명하기 위하여 임의적으로 번호를 삽입하였다. 이외에 왜검의 운광류, 천유류, 유피류도 동일하게 정리하였다.

66 | 『武藝圖譜通志』 卷3, 倭劍, (增)交戰附.

67 | 위 사료, 倭劍, 且交戰譜所畫刀皆兩刃 今改正爲單刃腰刀 (중략) 今倭劍譜習之刀亦腰刀也.

68 | 『武藝諸譜飜譯續集』에서는 왜검교전과 왜검에 대해 중국식 勢를 통해서 설명하고 있다. 이것은 임진왜란 이후 왜검을 도입하면서 왜검의 형식을 먼저 알고 있는 中國劍의 형식을 빌어서 설명하였기 때문이며, 金體乾 이후 확실한 왜검 교습이 되면서 기존 中國劍 형식을 빌어서 설명하던 서술 방식에서 벗어난 것으로 보인다.

69 | 『武藝圖譜通志』 卷3, 提督劍, 與銳刀同卽腰刀也.

70 | 위 사료, 提督劍, 提督劍十四勢相傳爲李如松法.

71 | 위 사료, 提督劍, 馳啓使禁軍韓士立 招募七十餘人 往駱公請教 駱揮帳下張六三等十人 爲教師鍊習槍劍狼筅等 技云則駱是李提督標下 提督劍之名 出於此歟.

72 | 『武藝圖譜通志』 卷3, 本國劍, 俗稱新劍 與銳刀同卽腰刀也.

73 | 위 사료, 本國劍, 輿地勝覽曰 黃昌郎新羅人也 諺傳 季七歲入百濟市中舞劍 觀者如堵 百濟王聞之 召觀命升堂舞劍 昌郎因刺國王人殺之 羅人哀之 像其容爲假面 作舞劍之壯 至今傳之.

74 | 『武藝圖譜通志』 卷3, 雙劍, 刃長二尺五寸 柄長五寸五分 重八兩 (案)今不別造擇 腰刀之最短者用之 故不列圖焉.

75 | 『宣祖實錄』 卷55, 宣祖 27년 9월 3일(戊寅).

76 | 『武藝圖譜通志』 卷3, 月刀, 茅元儀曰 偃月刀以之操習示雄 實不可施於陳.

77 | 『武藝圖譜通志』 卷3, 挾刀, 今制 柄長七尺 刃長三尺 重四斤 柄朱漆刃背注毦.

78 | 『武藝圖譜通志』 卷3, 藤牌, 每兵執一牌一腰刀閣 刀手腕一手執 鏢槍擲去彼 必應急取刀.

79 | 위 사료, 藤牌, 茅元儀曰 近世朝鮮人 而牌而閒 鳥銃可法也.

80 | 위 사료, 藤牌, 戚繼光曰 腰刀長三尺二寸 重一斤十兩 柄長三寸.

제3장 18세기 이후 도검무예 보급과 실태

1 | 심승구, 「조선의 무과를 통해 본 서울 풍속도」, 『鄕土서울』 67, 2006, 41쪽.

2 | 法制處, 『續大典』, 1965, 203~208쪽.

3 | 觀武才 初試를 기준으로 『大典通編』에는 鐵箭, 柳葉箭, 片箭, 騎芻로, 나영일은 『정조시대의 무예』, 서울대학교출판부, 2003, 87쪽에

서 貫革, 柳葉箭, 鳥銃, 鞭芻로 표기하고 있다. 하지만 貫革은 鐵箭의 오기로 생각된다. 『萬機要覽』에 수록된 觀武才初試 元技를 訓營, 禁衛營, 御營廳의 내용을 검토한 바에 의하면 柳葉箭, 片箭, 騎芻, 鞭芻의 4技가 기본적으로 실시되었다. 곽낙현, 「조선후기 『萬機要覽』을 통해 본 短兵武藝 연구」, 『東洋古典研究』 43, 2011, 224쪽.

4 | 觀武才覆試에서 지방군을 대상으로 실시한 대표적인 기예는 鳥銃과 鞭芻이다. 따라서 砲手의 대표적인 기예는 鳥銃이고, 살수의 대표적인 기예는 鞭芻라고 생각한다. 李鍾日譯, 『大典會通研究』, 한국법제연구원, 1996, 122쪽.

5 | 심승구, 「조선전기의 觀武才 연구」, 『鄕土서울』 65, 2005, 130~134쪽.

6 | 李鍾日譯, 위의 책, 1996, 120~122쪽; 나영일, 『정조시대의 무예』, 서울대학교출판부, 2003, 87쪽. 나영일은 「觀武才初試」 시험과목이 『武藝圖譜通志』와 동일하다고 지적하면서, 『武藝圖譜通志』가 편찬된 1790년(正祖 14)보다 5년 먼저 만들어진 『大典通編』에서 『武藝圖譜通志』의 내용이 실제로 법제화되었음을 밝혔다. 이를 통해 1785년(正祖 9)부터 『武藝圖譜通志』의 武藝는 실시되었다고 볼 수 있다.

7 | 中日은 한 달의 날짜를 三分한 것 중 가운데 날짜를 말한다. 寅·巳·申·亥日을 初日, 卯·午·酉·子日을 中日, 辰·未·戌·丑日은 終日이라 한다. 정재각외 3인, 『大典會通』, 고려대학교출판부, 1960, 439쪽.

8 | 法制處, 앞의 책, 1960, 213~214쪽.

9 | 여기서 '月刀十八技'는 馬軍이 사용하는 馬上武藝 6기를 제외한 棍棒, 藤牌, 狼筅, 長槍, 鎲鈀, 雙手刀, 竹長槍, 旗槍, 銳刀, 倭劍, 倭劍交戰, 月刀, 挾刀, 雙劍, 提督劍, 本國劍, 拳法, 鞭棍 등 步軍이 연마하는 단병무예를 지칭한다. 곽낙현, 「李德懋의 生涯와 武藝觀–

『武藝圖譜通志』를 중심으로」, 『東洋古典硏究』, 26, 2007, 432쪽.

10 | '三練法'은 砲手의 鳥銃, 殺手의 槍劍, 射手의 弓矢를 중심으로 하는 무기체계와 군사편제 그리고 군사훈련체제이다. 척계광의 『紀效新書』에 나오는 '砲殺法'에 조선 전래의 射手를 포함시켜 독립된 부대로 편성한 것이 바로 '三手法' 또는 '三手技法'이다. 金友哲, 『朝鮮後期地方軍制史』, 경인문화사, 2000, 30~31쪽; 『承政院日記』 1953冊, 純祖 8년 8월 1일(甲午)에도 '月刀十八技'와 '三練法'에 대한 내용이 나온다. 여기서 三練法은 연수(練手), 연담(練膽), 연족(練足)의 세 가지를 뜻한다. 연수는 몸으로 弓劍을 잘 사용하여 적을 방어하는 것이다. 연담은 지략을 잘 운용하여 적에게 굽히지 않는 것이다. 연족은 발을 잘 사용하여 대열에서 이탈하지 않는 것이다. 이것은 모두 용기를 주어 발을 가볍게 하는 것이라고 설명하고 있다.

11 | 민족문화추진회, 『고전국역총서68 국역만기요람-軍政篇2』, 訓鍊都監 · 試藝, 1982, 217~220쪽.

12 | 민족문화추진회, 『고전국역총서68 국역만기요람-軍政篇3』, 禁衛營 · 試藝, 1982, 268~269쪽.

13 | 민족문화추진회, 위의 책, 御營廳 · 試藝, 1982, 302~303쪽.

14 | 정해은, 「18세기 무예 보급에 대한 새로운 검토 -『御營廳中旬謄錄』을 중심으로-」, 『이순신연구논총』 9, 2007, 229~230쪽.

15 | 민족문화추진회, 『고전국역총서68 국역만기요람-軍政篇 2』, 訓鍊都監 · 試藝 · 中旬, 1982, 217~220쪽; 민족문화추진회, 『고전국역총서68 국역만기요람-軍政篇 3』, 禁衛營 · 試藝 · 中旬, 1982, 268쪽; 민족문화추진회, 『고전국역총서68 국역만기요람-軍政篇 3』, 御營廳 · 試藝 · 中旬, 1982, 302쪽. 필자는 三軍門의 중순 내용을 검토한 결과 訓鍊都監에 비해 禁衛營과 어영청의 중순 내용은 너무 간략하게 나와 있다. 이에 필자는 訓鍊都監 試藝의 中旬 初試 사례

가 자세하여 이를 근거로 禁衛營과 御營廳의 中旬이 동일하다는 가정에서 분석하였다.

16 | 민족문화추진회, 앞의 책, 訓鍊都監 · 試藝 · 觀武才, 1982, 220쪽.

17 | 민족문화추진회, 앞의 책, 禁衛營 · 試藝 · 觀武才, 1982, 269쪽.

18 | 민족문화추진회, 앞의 책, 御營廳 · 試藝 · 觀武才, 1982, 303쪽.

19 | 劍과 拳法을 찌르고 베는 형식의 刺法과 砍法, 내리치는 형식의 擊法으로 분류한 것이라면 좀 더 고찰해 볼 필요가 있다.

20 | 正祖命撰, 『武藝圖譜通志 -學文閣刊』, 경문사, 1981.

21 | 민족문화추진회, 『국역만기요람-軍政篇 2』, 龍虎營 試藝, 1982, 188~189쪽; 『국역만기요람-軍政篇 2』, 訓鍊都監 · 試藝, 1982, 217~220쪽; 『국역만기요람-軍政篇 3』, 禁衛營 · 試藝, 1982, 268~269쪽; 『국역만기요람-軍政篇 3』, 御營廳 · 試藝, 1982, 302~303쪽.

22 | 정해은, 앞의 논문, 2007, 228~230쪽.

23 | 장서각 소장, 『御營廳中旬謄錄』(2-3359) 卷1, 辛未, 別抄騎士賞格秩, 別武士賞格秩, 別破陣射砲手賞格秩, 京標下軍射砲及各技賞格秩, 中軍以下諸將校賞格秩.

24 | 御營廳에서는 賞試才시 무예실기와 함께 이론을 실시하였다. 能麽兒를 통한 이론시험의 인원과 포상내역을 설명하고 있다. 能麽兒講通四名各木二疋 陣通一名木一疋. 위의 표에서는 能麽兒는 제외하였다.

25 | 장서각 소장, 앞의 책, 卷1, 辛未, 京標下軍射砲及各技賞格秩, 平劍, 提督劍.

26 | 장서각 소장, 앞의 책, 卷1, 辛未, 京標下軍射砲及各技賞格秩, 雙劍, 月刀.

27 | 장서각 소장, 앞의 책, 卷1, 辛未, 京標下軍射砲及各技賞格秩, 挾刀, 藤牌, 銳刀, 倭劍交戰.

28 | 장서각 소장, 앞의 책, 卷1, 甲戌, 別抄騎士賞格秩, 別武士賞格秩, 京標下軍射砲及各技賞格秩, 中軍以下諸將校賞格秩.

29 | 장서각 소장, 앞의 책, 卷1, 甲戌, 京標下軍射砲及各技賞格秩, 平劍, 提督劍, 雙劍.

30 | 장서각 소장, 앞의 책, 卷1, 甲戌, 京標下軍射砲及各技賞格秩, 月刀, 挾刀.

31 | 장서각 소장, 앞의 책, 卷1, 甲戌, 京標下軍射砲及各技賞格秩, 藤牌, 銳刀, 倭劍交戰.

32 | 장서각 소장, 앞의 책, 卷1, 乙亥, 別抄騎士賞格秩, 別武士賞格秩, 別破陣砲手賞格秩, 京標下軍射砲及各技賞格秩, 中軍以下諸將校賞格秩.

33 | 장서각 소장, 앞의 책, 卷1, 乙亥, 京標下軍射砲及各技賞格秩, 平劍, 提督劍, 雙劍.

34 | 장서각 소장, 앞의 책, 卷1, 乙亥, 京標下軍射砲及各技賞格秩, 月刀, 挾刀, 藤牌.

35 | 장서각 소장, 앞의 책, 卷1, 乙亥, 京標下軍射砲及各技賞格秩, 銳刀, 倭劍, 倭劍交戰.

36 | 장서각 소장, 앞의 책, 卷1, 丙子, 別抄等賞, 騎士等賞, 兩所別武士元賞, 中軍以下諸將校賞格秩.

37 | 장서각 소장, 앞의 책, 卷1, 丙子, 用劍.

38 | 장서각 소장, 앞의 책, 卷1, 戊寅, 京標下射砲及各技. 用劍, 鎗, 棍의 경우는 어떤 종류를 실시했는지는 자세하게 나와 있지 않고, 다만 平劍手, 鎗手, 棍法手의 인원과 포상내역 등만을 기재하고 있었다.

39 | 도검무예를 포함한 단병무예는 각 기예의 자세와 동작을 평가하고 훈련시키는 '看勢將校'가 있었다. 수원시, 『壯勇營故事譯註』, 수원시화성사업소, 2005, 167쪽.

40 | 장서각 소장, 앞의 책, 卷1, 辛巳, 京標下射砲及各技.

41 | 장서각 소장, 앞의 책, 卷1, 乙酉, 中軍以下諸將校軍兵等賞格秩.

42 | 장서각 소장, 앞의 책, 卷1, 戊子, 軍兵等各技藝試才.

43 | 장서각 소장, 앞의 책, 卷1, 辛卯, 春等賞시재時射砲用劍各技藝賞格.

44 | 장서각 소장, 앞의 책, 卷1, 己亥, 諸將校馬上技藝, 軍兵射砲及各技賞.

45 | 장서각 소장, 앞의 책, 卷1, 戊申, 諸將校馬上別技, 軍兵射砲及各技賞.

46 | 장서각 소장, 앞의 책, 卷1, 戊申, 月刀賞, 雙劍賞, 提督劍賞.

47 | 장서각 소장, 앞의 책, 卷1, 戊申, 用劍賞, 挾刀賞, 倭劍交戰賞, 倭劍賞, 本國劍賞, 銳刀賞.

48 | 장서각 소장, 앞의 책, 卷1, 乙卯.

49 | 장서각 소장, 앞의 책, 卷1, 乙卯, 用劍賞, 雙劍賞, 本國劍賞.

50 | 장서각 소장, 앞의 책, 卷1, 乙卯, 銳刀賞, 挾刀賞, 藤牌賞, 倭劍賞, 倭劍交戰賞.

51 | 장서각 소장, 앞의 책, 卷1, 己未.

52 | 장서각 소장, 앞의 책, 卷1, 己未, 提督劍賞, 倭劍賞.

53 | 장서각 소장, 앞의 책, 卷1, 己未, 銳刀賞, 挾刀賞, 雙劍賞, 用劍賞.

54 | 장서각 소장, 앞의 책, 卷1, 己未, 月刀賞, 本國劍賞.

55 | 純祖代에는 총7회(1803년, 1807년, 1812년, 1816년, 1820, 1824, 1829년)에 걸쳐서 賞시재에 대한 내용이 나오고 있다. 그러나 『御營廳中旬謄錄』 卷1만을 분석대상으로 하였기에 여기서는 언급을 하지 않기로 한다. 卷1의 대상 시기는 1747년(英祖 23)부터 1816년(純祖 20)까지이다.

56 | 장서각 소장, 앞의 책, 卷1, 癸亥.

57 | 장서각 소장, 앞의 책, 卷1, 癸亥, 提督劍賞, 倭劍賞, 挾刀賞, 藤牌賞, 本國劍賞, 雙劍賞, 平劍賞.

58 | 장서각 소장, 앞의 책, 卷1, 癸亥, 偃月刀賞, 倭劍交戰賞.

59 | 장서각 소장, 앞의 책, 卷1, 丁卯.

60 | 장서각 소장, 앞의 책, 卷1, 丁卯, 提督劍賞.

61 | 장서각 소장, 앞의 책, 卷1, 丁卯, 銳刀賞, 倭劍賞, 倭劍交戰賞.

62 | 장서각 소장, 앞의 책, 卷1, 丁卯, 挾刀賞, 偃月刀賞, 藤牌賞, 雙劍賞, 新劍賞, 本國劍賞, 平劍賞.

63 | 장서각 소장, 앞의 책, 卷1, 壬申.

64 | 장서각 소장, 앞의 책, 卷1, 壬申, 提督劍賞, 銳刀賞.

65 | 장서각 소장, 앞의 책, 卷1, 壬申, 挾刀賞, 藤牌賞, 新劍賞.

66 | 장서각 소장, 앞의 책, 卷1, 壬申, 偃月刀賞, 月刀賞, 平劍賞, 倭劍交戰賞, 雙劍賞.

67 | 장서각 소장, 앞의 책, 卷1, 丙子.

68 | 장서각 소장, 앞의 책, 卷1, 丙子, 提督劍賞, 銳刀賞.

69 | 장서각 소장, 앞의 책, 卷1, 丙子, 偃月刀賞, 挾刀賞, 本國劍賞, 倭劍賞, 倭劍交戰賞, 新劍賞, 雙劍賞.

70 | 1756년의 경우 用劍手・倭劍手만 기록되었으며 별파진이 鋭鈀에 합격하였다. 1758년과 1761년은 창手와 棍法手가 새로이 등장했는데 기존의 무예(長槍・竹長槍・短槍)로 분류할 수 없어 따로 처리하였다. 이외에 1765년, 1768년, 1771년, 1774년, 1779년은 군사들의 인원이 나오지 않고, 도검무예 명칭과 포상내역을 간략하게만 언급하고 있어서 제외하였다.

71 | 崔炯國, 「朝鮮後期 倭劍交戰 변화 연구」, 『역사민속학』 25, 2007, 94쪽.

72 | 正祖實錄』 卷6, 正祖 2년 9월 7일(癸巳).

73 | 정해은, 앞의 논문, 2007, 235~236쪽.

74 | 『御營廳中旬謄錄』에는 '平劍手'라고만 되어 있나. 따라시 平劍을 지칭하는 것인지, 다른 도검무예 전체를 포함하는 것인지를 정확하게 파악할 수 는 없다. 다만 平劍이라는 용어를 사용하였기에 필자는 平劍의 도검무예로 사용하였다.

75 | 수원시, 『장용영故事原典』, 수원시화성사업소, 2005, 47쪽. 『장용

영故事』卷2, 行장용영中日試射 技藝超等 入格別單 善騎隊 兼司僕 都潤身 馬上才超等 巡令手 兼司僕 金就興 신검超等 以上 兒馬帖一雙賜給.

76 | 『무예도보통지』卷3, 本國劍, (增) 俗稱新劍.

77 | 서울大學校奎章閣, 『大典通編下』, 卷4, 「兵典」, 試取, 觀武才初試, 1998, 77~78쪽.

78 | 法制處, 앞의 책, 1960, 213~214쪽.

79 | 수원시, 앞의 책, 卷2 己酉 閏5월 초6일, 2005, 84쪽.

80 | 수원시, 앞의 책, 卷1 戊申 9월 27일, 2005, 65쪽.

81 | 수원시, 앞의 책, 2005, 54~55쪽. 命壯勇營 十八技軍 每哨十五名 輪抄鍊藝 教壯勇營曰 各哨抄擇十八技軍 勸課肆藝 出於團束之意 而渠輩之 櫛風沐雨 觸寒飮署 已經二年 勞苦百端 在所軫念意 謂設初被抄之技藝 精鍊者次人下哨尙 今往來教場云 故舊抄之能技藝者 昨念親試 次第下哨 新抄之諸技 成樣者更考勤慢 次錄置姓名 一體下哨 以次意 並今該司把摠 知悉每哨三十名抄定數甚夥然 自今爲始十五名式輪抄鍊藝教官一人 有難專當擧行 左右列將勇衛中各一人 加定與前教官合三人 除本仕輪回董飭期於成就

82 | 수원시, 앞의 책, 卷2 庚戌 5월 초6일, 2005, 102쪽.

83 | 수원시, 앞의 책, 卷1 戊申 4월 초4일, 2005, 36쪽.

84 | 수원시, 앞의 책, 卷1 戊申 9월 초3일, 2005, 61~64쪽.

85 | 수원시, 앞의 책, 2005, 47쪽; 『壯勇營故事』卷2, 行壯勇營中日試射 技藝超等 入格別單 善騎隊 兼司僕 都潤身 馬上才超等 巡令手 兼司僕 金就興 新劍超等 以上 兒馬帖一雙賜給.

86 | 수원시, 앞의 책, 卷2 己酉 閏5월 초6일, 2005, 84쪽.

87 | 『무예도보통지』卷3, 本國劍, 俗稱新劍.

88 | 서울大學校奎章閣, 앞의 책, 1998, 77~78쪽.

89 | 法制處, 앞의 책, 1960, 213~214쪽.

90 | 수원시, 앞의 책, 卷3 壬子 2월 21일, 2005, 147~149쪽.

91 | 수원시, 앞의 책, 卷3 壬子 10월 24일, 2005, 170쪽.

92 | 『武藝圖譜通志』, 卷2, 雙手刀, 本名長刀 俗稱用劍平劍.

93 | 用劍軍은 일명 '槍劍軍'으로 불리기도 한다. 수원시, 앞의 책, 2005, 237쪽.

94 | 수원시, 앞의 책, 卷5 甲寅 9월 25일, 2005, 201~202쪽.

95 | 수원시, 앞의 책, 卷5 乙卯 3월 초10일, 2005, 223~226쪽.

96 | 수원시, 앞의 책, 卷5 乙卯 3월 초10일, 2005, 225쪽; 卷9 己未 10월 24일, 2005, 470쪽.

97 | 수원시, 앞의 책, 卷5 乙卯 9월 26일, 2005, 242쪽.

98 | 수원시, 앞의 책, 卷5 乙卯 12월 20일, 2005, 247~248쪽.

99 | 『武藝圖譜通志』, 卷3, 提督劍; 김위현, 『국역무예도보통지』, 민족문화사, 1984, 211쪽.

100 | 『武藝圖譜通志』, 卷3, 月刀; 김위현, 『국역무예도보통지』, 민족문화사, 1984, 248~249쪽.

101 | 수원시, 앞의 책, 卷6 丙辰 4월 초4일, 2005, 287~291쪽.

102 | 『武藝諸譜飜譯續集』, 啓明大學校出版部, 1999, 41~49쪽.

103 | 수원시, 앞의 책, 卷7 丁巳 3월 24일, 2005, 334~337쪽.

104 | 能技軍은 鳥銃 사격과 武藝 18技에 능한 군사를 말한다. 장용영에서는 步軍을 18技軍과 能技軍으로 나누었다. 수원시, 앞의 책, 2005, 351쪽.

105 | 수원시, 앞의 책, 卷8 戊午 8월 22일, 2005, 404~405쪽.

106 | 수원시, 앞의 책, 卷9 己未 10월 24일, 2005, 469~472쪽.

107 | 수원시, 앞의 책, 卷9 己未 12월 25일, 2005, 475쪽.

| 도판목록 |

제0장 들어가며

4 | **도검 [의례용, 군사용, 동북아시아(조선, 중국, 일본)]**, 『칼, 실용과 상징』 도록, 2008, 199쪽) - [고려대학교 박물관, 경인미술관]

11 | **무예통지 권법사진 - 대련자세28**, (좌)갑을상부

17 | **대쾌도(유숙)**, [서울대학교 박물관 소장]

18 | **책가도십폭병(冊架圖十幅屛)**, 『칼, 실용과 상징』 도록, 2008, 132쪽, 조선 129.0cm×409.0cm 중 한폭, [고려대학교 박물관, 경인미술관]

19 | **무예통지 권법사진 - 대련자세28**-(좌)갑을상부

20~21 | **『대사례도』 중 〈어사례도〉와 〈시사례도〉**, 조선 1743년(영조 19), 비단에 채색, 46.7cm×60.4cm, [연세대학교 박물관]

23 | **오명항왜검** -『수양세가 : 해주오씨추탄후손가』 도록, 2008, 211쪽, 27×93cm, [한국학중앙연구원 장서각 편]

24 | **『무예제보』**, 국립중앙도서관 마이크로필름(M古4-1-205), 목판본, [프랑스동양어학교]

24 | **『무예제보번역속집』 『무예제보번역속집』**, 고문헌총서 1, 1610년(광해군 2) 간행 (청구기호 399.11-최기남ㅁ), 목판본, [계명대학교 동산도서관]

24 | **『무예도보통지』**, 奎 2893-v1-4. 正祖命撰, 1790년(정조14), 4권 4책 목판본, [서울대학교 규장각]

26 | **칼의 세부 명칭 및 구조 - 검(劍)**, 『칼, 실용과 상징』도록, 2008, 197쪽, [고려대학교 박물관, 경인미술관]

27 | **칼의 세부 명칭 및 구조 - 도(刀)**, 『칼, 실용과 상징』도록, 2008, 196쪽, [고려대학교 박물관, 경인미술관]

30 | **『무예도보통지』 그림 10기** - 왜검교전(교검)

35 | **『무예도보통지』 그림 10기** - 월도, 제독검

40 | **녹사, 총리대신, 장교**, 『원행을묘정리의궤』中 인용, [한국학중앙연구원 장서각]

제1장 임진왜란 이후 도검무예의 수용과 추이

41 | **임진전란도**, [서울대학교 규장각]

45 | **마반거**, 민승기, 『조선의 무기와 갑옷』, [가람기획, 2004, 306쪽]

46 | **서총대친림사연도(瑞葱臺親臨賜宴圖)**, 조선 비단 위에 담채, 124.2cm×122.7cm, [국립중앙박물관]

48 | **『무예제보』의 등패**, 마이크로필름 (M古4-1-205), [국립중앙도서관]

51 | **좌장검(坐杖劍)**, 조선, 전체 59.1cm/192.5g, 칼몸 57.5cm/141.0g, 칼집 44.6cm/51.5g, 칼날 42.3cm/1.3cm, 자루 15.2cm, [고려대학교 박물관]

52 | **패월도(佩月刀)**, 조선
전체 116.0cm/1427.5g, 칼몸 104.7cm/861.5g, 칼집 91.6cm/566.0g, 칼날 80.3cm/3.0cm, 자루 22.4cm, [국립고궁박물관 (궁중유물전시관)]

54 | **언월청룡도(偃月靑龍刀)**, 조선
전체 69.4cm/876.0g, 너비 5.8cm, [육군사관학교 박물관]

56 | **신관도임연회도(新官到任宴會圖)**, 조선(19세기경), 지본채색, 140.2cm×103.3cm, [고려대학교 박물관]

56 | **검무도(劍舞刀)**, 조선, 칼몸 32.5cm / 80.0g 칼날 18.3cm / 2.9cm 자루 14.2cm, 칼몸 32.4cm / 78.0g 칼날 18.2cm / 2.9cm 자루 14.2cm

[고려대학교 박물관]

58 | **도(刀)**, 조선, 전체 72.3cm/838.5g, 칼몸 70.6cm/650.0g, 칼집 54.5cm/188.5g, 칼날 37.1cm/2.8cm, 자루 18.6cm, [고려대학교 박물관]

59 | **『융원필비』-환도(環刀)**, 조선, [육군사관학교 박물관] 전체 93.4cm/1821.5g, 칼몸 87.6cm/1486.0g, 칼집 73.4cm/335.5g, 칼날 67.6cm/3.5cm, 자루 20.0cm

61 | **주칠어피갑환도(朱漆魚皮甲環刀)**, 조선 전체 76.8cm/1623.0g, 칼몸 74.2cm/1426.0g, 칼집 57.1cm/197.0g, 칼날 54.3cm/3.1cm, 자루 23.5cm, [고려대학교 박물관]

62 | **백옥코등이별운검(白玉古銅別雲劍)**, 조선 전체 75.6cm/474.0g, 칼몸 72.0cm/307.0g, 칼집 56.2cm/167.0g, 칼날 52.7cm/1.9cm, 자루 19.4cm, [육군사관학교 박물관]

68 | **임란전승평양입성도병(壬亂戰勝平壤入城圖)**, [고려대학교 박물관]

71 | **『조선왕조실록』**, 1594년(선조 27) 6월 26일(계유) 기사

72 | **『조선왕조실록』**, 1595년(선조 28) 6월 21일(임술) 기사

73 | **『조선왕조실록』**, 1595년(선조 28) 7월 17일(무자) 기사

75 | **한타치(半太刀) (좌)**, 에도(江戶), 전체 103.8cm/1472.0g, 칼몸 99.5cm/1141.0g, 칼집 77.4cm/96.5g, 칼날 72.8cm/3.0cm, 자루 23.1cm, [경인미술관]

75 | **한타치와키자시(半太刀脇差) (우)**, 에도(江戶) 전체 70.7cm/834.5g, 칼몸 61.2cm/607.0g, 칼집 52.0cm/189.0g 칼날 43.9cm/2.7cm, 자루 17.3cm, 부속 20.4cm/38.5g, [경인미술관]

77 | **『기효신서』의 원앙진, 양의진, 삼재진圖**. 『군사문헌집23-紀效新書(上)』, 2011, 371-372쪽, [국방부군사편찬연구소]

82 | **『무예제보번역속집』 中 왜검**, [계명대학교 동산도서관]

제2장 18세기 도검무예의 정비와 실제

141 | **『무예도보통지』의 쌍수도**

286~305 | **『무예도보통지』 - 도검무예총도그림 (쌍수도, 예도, 왜검, 왜검교전, 제독검, 본국검, 쌍검, 월도, 협도, 등패)**

제3장 18세기 이후 도검무예 보급과 실태

307 | **왕세자두후평복진하도병(운검)**, [고려대학교 박물관]

308 | **정조세자책봉의례도中(운검)**, [서울대학교 박물관]

313 | **『대전통편』**, (奎 201) 6卷5冊 목판본, 37×23.6cm, [서울대학교 규장각]

315 | **북새선은도**, 제자 62.5cm×55.5cm, 그림 338.0cm×56.7cm, 기록 327.0cm×56.7cm, [국립중앙박물관]

323 | **『만기요람』**, 奎 6939-v1-10, 심상규, 서영보편, 필사본, 11권 10책, 1808년, 마이크로필름(82-16-279-A), [서울대학교 규장각]

324 | **『만기요람』「군정편」 시예**, [한국고전번역원 원문이미지 중]

334~335 | **『영조정순왕후 가례도감의궤(英祖貞純王后嘉禮都監儀軌)』**, 조선 1759(영조 35), 2책, 필사본, 32.8cm×45.9cm, [서울대학교 규장각]

342 | **『어영청중순등록』**, 마이크로필름(K2-3359) 필사본, 1747년(영조 23)-1846년(고종 4), [한국학중앙연구원 장서각]

342 | **『어영청등록』**, 마이크로필름(MF35-569-585) 필사본, 1625년(인조 3)-1884(고종 21), [한국학중앙연구원 장서각]

376 | **『장용영대절목』**. 마이크로필름(MF35-640) 필사본, 1791(정조 15)-1802(순조2), [한국학중앙연구원 장서각]

376 | **『장용영고사』**, 1785년(정조 9)-1800년(정조 24), (MF 35-665) 9권 8책 (4책 결본), [한국학중앙연구원 장서각]

383 | **마상편곤, 마상월도, 마상쌍검**, 민승기, 『조선의 무기와 갑옷』, [가람

마치며

곽낙현

용인대학교 졸업(학사: 검도 전공)
용인대학교 대학원 졸업(석사: 체육사 전공)
한국학중앙연구원 한국학대학원 졸업(박사: 한국사 전공)
현재 한국학중앙연구원 자료정보화실 전임연구원

〈주요논문〉

조선시대 도검에 관한 연구(1998), 이덕무의 생애와 무예관(2007), 조선전기 무과시취를 통해 본 무경칠서(2008), 조선후기 『기효신서절요』에 대한 검토(2011), 조선후기 도검무예 연구(2012), 백동수의 생애와 무예관(2013), 『무예도보통지』의 인용서목 고찰(2013), 조선후기 『장용영고사』를 통해 본 도검무예(2013), 『무예도보통지』 왜검 기법 연구(2013) 등 다수

〈주요저서〉

체육과 스포츠의 역사(경상대출판부, 2007), 스포츠인문학(레인보우북스, 2008) 공저

숭 실 대 학 교
한국문예연구소
학 술 총 서 44

조선의 칼과 무예

초판 1쇄 인쇄 2014년 3월 03일
초판 1쇄 발행 2014년 3월 10일
초판 2쇄 발행 2015년 9월 15일

저 자 | 곽낙현
펴 낸 이 | 하운근
펴 낸 곳 | 學古房

주 소 | 경기도 고양시 덕양구 통일로 140 삼송테크노밸리 A동 B224
전 화 | (02)353-9908 편집부(02)356-9903
팩 스 | (02)6959-8234
홈페이지 | http://hakgobang.co.kr/
전자우편 | hakgobang@naver.com, hakgobang@chol.com
등록번호 | 제311-1994-000001호

ISBN 978-89-6071-359-8 94390
978-89-6071-160-0 (세트)

값 : 32,000원

이 도서의 국립중앙도서관 출판시도서목록(CIP)은 서지정보유통지원시스템 홈페이지(http://seoji.nl.go.kr)와 국가자료공동목록시스템(http://www.nl.go.kr/kolisnet)에서 이용하실 수 있습니다.(CIP제어번호: CIP2014003954)